14.14 插画设计——梦幻风格插画

技术难度：★ ★ ★ ★ ★　☑专业级

技术要点：这个实例中有许多发光体，可以通过"内发光"和"外发光"命令来完成。渐变滑块的不透明度设置，使渐变颜色可以从有到无，即适合表现发光效果，也可以使不同图形能巧妙的融合在一起。

14.13 插画设计——Mix & match风格插画

技术难度：★★★★★　☑专业级

技术要点：通过钢笔工具和铅笔工具绘图，并创建虚线描边的效果，为图形添加投影，制作出一幅时尚的Mix & match风格插画。

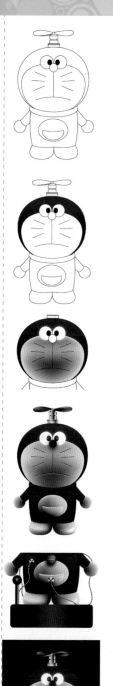

14.17 卡通设计——哆啦A梦

技术难度：★★★★★ ☑专业级

技术要点：本实例主要使用渐变和渐变网格表现图形的立体效果。渐变涉及实色到透明渐变，半透明到全透明渐变的调整。渐变网格则要掌握根据对象的明暗进行填色的方法。

In my solitude of heart
I feel the sigh of this widowed
evening veiled with mist and rain

Come on 创意!

14.6 字体设计——乐高积木字
技术难度：★★★★☆ ☑专业级

技术要点：将用路径分割文字，再通过3D效果制作出积木字，为了让文字有一块块积木堆积的感觉，使用了"偏移路径"命令。

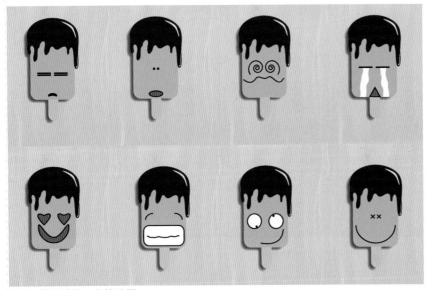

13.3 精通动画：表情动画

10.6 精通画笔：来自外星人的新年贺卡

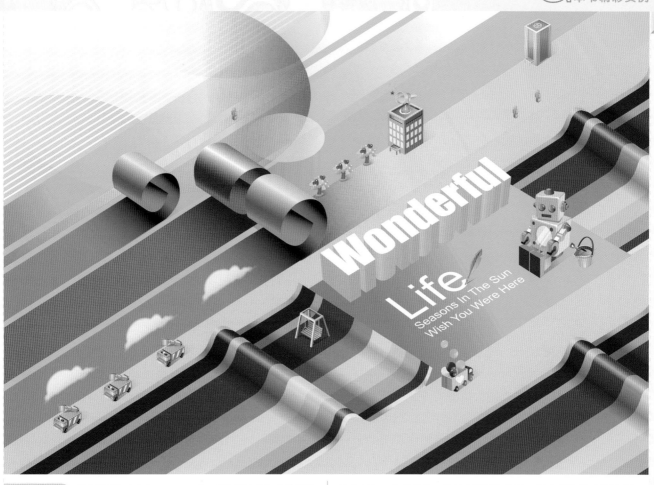

14.12 插画设计——矢量风格插画

技术难度：★★★★★ ☑专业级

技术要点：使用钢笔工具绘制图形和路径，再使用路径对图形进行分割，制作出若干小的图形，填充以绚丽的色彩，再通过透明渐变来表现明暗与光影，制作出一幅矢量气息浓郁的插画作品。

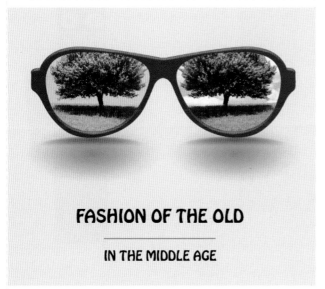

2.3.5 实战：镜像

5.7 精通路径编辑：条码生活

14.4 网站banner设计——设计周
技术难度：★ ★ ★ ☆ ☆ ☑专业级

技术要点：使用"凸出和斜角"命令将方形创建为立方体，并将符号作为贴图映射在立方体表面。

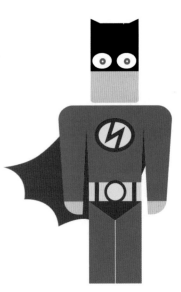

6.4 精通渐变网格：艺术花瓶

5.8 精通钢笔绘图：英雄小超人

14.6	**UI设计——纽扣图标**	技术要点：将圆形设置波纹效果，通过各项参数的调整，使波纹有粗、细、疏、密的变化。将波纹之间的角度稍错开一点，就出现了好看的纹理。另外，还通过纹理样式表现质感，投影表现立体感，描边虚线化表现缝纫效果。
	技术难度：★★★★★ ☑专业级	

3.7 精通形状生成器：Logo设计

5.6 精通铅笔工具：创意脸部涂鸦

9.7 精通蒙版：趣味照片

14.3 特效设计——许愿瓶

技术难度：★★★★☆ ☑专业级

技术要点：输入文字并定义为符号，作为贴图备用。绘制瓶子的半边轮廓，通过"绕转"效果制作为3D瓶子，为它贴文字符号，影藏瓶身，只显示贴图。

14.9 创意设计——音符灯泡

14.7 字体设计——CG风格特效字

14.15 工业设计——F1方程式赛车

技术难度：★★★★★ ☑专业级

技术要点：车身主要用钢笔绘制图形，用混合和渐变填色，用符号作为装饰图形。赛车的结构看似复杂，但只要分成几个部分来表现，就会使制作过程变得有条理，并且轻松多了。

14.10 创意设计——看风景

14.11 创意设计——图形的游戏

14.18 动漫设计——美少女
技术难度：★★★★★ ☑专业级

技术要点：使用Illustrator的绘图工具绘制可爱的卡通美少女，表现皮肤与头发的质感。

7.5 精通混合：向日葵

12.3 精通3D：平台玩具设计

10.8 精通符号：替换符号

14.1 特效设计——放飞心灵

10.5 精通画笔：艺术涂鸦字

8.5 精通特效字：巧克力字

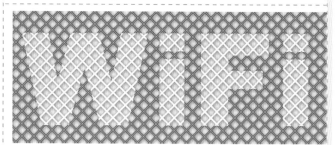

3.2.9 实战：绘制矩形网格

11.5 精通效果：水滴字

7.3.1 实战：用变形建立封套扭曲

7.1.6 实战：混合对象的编辑技巧

6.4 精通渐变网格：艺术花瓶

14.8 海报设计——香水海报

9.5 精通蒙版：人在画外

14.5 包装设计——可爱糖果瓶

11.6 精通效果：数码相机

2.5 精通变换操作：制作旋转特效海报

9.3.1 实战：用不透明度蒙版创建点状人物

10.7 精通符号：淡雅插画

7.3.2 实战：用网格建立封套扭曲

7.4 精通混合：小金鱼

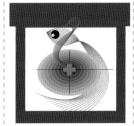

2.6 精通变换操作：线的构成艺术

6.2.6 实战：为网格对象着色

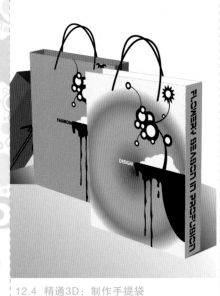

9.8 精通蒙版：奇妙字符画

8.4 精通路径文字：小鲸鱼

9.2.1 实战：创建剪切蒙版

12.4 精通3D：制作手提袋

6.1.5 实战：为多个对象同时应用渐变

11.7 精通外观：多重描边字

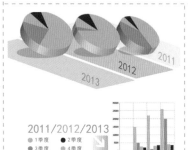

8.3.5 实战：编辑图表图形

4.4.3 实战：使用图案库

8.2.8 实战：将文字转换为轮廓

4.3.2 实战：重新着色图稿

7.3.4 实战：编辑封套内容

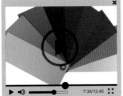

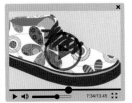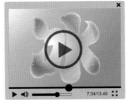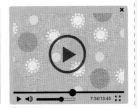

AI格式素材

动物1.ai	动物2.ai	动物3.ai	动物4.ai	风景7.ai	风景8.ai	风景9.ai	风景10.ai	蝴蝶1.ai	蝴蝶2.ai	蝴蝶3.ai
动物5.ai	动物6.ai	动物7.ai	动物8.ai	蝴蝶4.ai	蝴蝶5.ai	花纹1.ai	花纹2.ai	花纹3.ai	花纹4.ai	花纹5.ai
动物9.ai	动物10.ai	动物11.ai	动物12.ai	花纹6.ai	花纹7.ai	花纹8.ai	花纹9.ai	花纹10.ai	花纹11.ai	花纹12.ai
动物13.ai	动物14.ai	动物15.ai	风景1.ai	花纹13.ai	花纹14.ai	花纹15.ai	花纹16.ai	花纹17.ai	花纹18.ai	花纹19.ai

EPS格式素材

1.eps	2.eps	3.eps	4.eps	5.eps	1.eps	2.eps	3.eps	4.eps	5.eps	1.eps
6.eps	7.eps	8.eps	9.eps	10.eps	6.eps	7.eps	8.eps	9.eps	10.eps	6.eps
11.eps	12.eps	13.eps	14.eps	15.eps	11.eps	12.eps	13.eps	14.eps	15.eps	11.eps
16.eps	17.eps	18.eps	19.eps	20.eps	16.eps	17.eps	18.eps	19.eps	20.eps	16.eps

色谱表（电子书）　　　　　CMYK色谱手册（电子书）

Illustrator CC
高手成长之路

李金蓉 / 编著

清华大学出版社

北京

内 容 简 介

本书采用Illustrator CC功能讲解+实战练习+技术提高型实例+综合应用型实例的形式，全面、深入地解读Illustrator CC各项功能和使用技巧。通过172个实例将软件功能与实战操作完美结合，功能涵盖绘图、上色、渐变、网格、混合、封套扭曲、文字、图表、图层、蒙版、画笔、符号、效果、外观、图形样式、3D、透视网格、Web和动画等；实例类型涵盖插画、包装、海报、平面广告、产品造型、工业设计、字体设计、UI、VI、动漫、动画等设计项目。读者在动手实践的过程中，能够充分体验Illustrator学习和使用的乐趣。

本书的光盘中提供了实例素材和效果文件。此外，还附赠了75个视频教学录像及其他设计素材和学习资料。

本书适合Illustrator初学者，以及从事平面设计、包装设计、插画设计、动画设计和数码艺术创作的人员学习使用，亦可作为相关培训机构的教材。

图书在版编目（CIP）数据

Illustrator CC高手成长之路/李金蓉编著.—北京：清华大学出版社，2015（2018.8重印）
ISBN 978-7-302-38392-5

Ⅰ.①I… Ⅱ.①李… Ⅲ.①图形软件 Ⅳ.①TP391.41

中国版本图书馆CIP数据核字（2014）第250893号

责任编辑：陈绿春
封面设计：潘国文
责任校对：徐俊伟
责任印制：宋　林

出版发行：清华大学出版社
　　　　　网　　址：http://www.tup.com.cn，http://www.wqbook.com
　　　　　地　　址：北京清华大学学研大厦A座　　　　　邮　　编：100084
　　　　　社 总 机：010-62770175　　　　　　　　　　　邮　　购：010-62786544
　　　　　投稿与读者服务：010-62776969，c-service@tup.tsinghua.edu.cn
　　　　　质 量 反 馈：010-62772015，zhiliang@tup.tsinghua.edu.cn
印 刷 者：北京鑫丰华彩印有限公司
装 订 者：三河市溧源装订厂
经　　销：全国新华书店
开　　本：203mm×260mm　　　印　张：20　　插　页：8　　　字　数：638千字
　　　　　（附DVD1张）
版　　次：2015年4月第1版　　　印　次：2018年8月第4次印刷
定　　价：89.00元

产品编号：056309-01

Adobe Illustrator是平面设计、插画设计、包装设计、动画设计，以及数码艺术创作的重要软件，深受艺术家和广大电脑美术爱好者的喜爱。

本书全面、深入地解读Illustrator CC各项功能和使用技巧。书中采用Illustrator CC功能讲解+实战练习+技术提高型实例+综合应用型实例的形式，将软件功能介绍与操作实践完美结合。全书贯穿了学用结合的理念，因此，软件功能介绍不仅完整、翔实，实例数量更是多达172个。其中，既有绘图、上色、渐变、网格、混合、封套扭曲、文字、图表、图层、蒙版、画笔、符号、效果、外观、图形样式、3D、透视网格、Web和动画等Illustrator CC功能学习型实例，也有插画、包装、海报、平面广告、产品造型、工业设计、字体设计、UI、VI、动漫、动画等设计项目实战案例。

各种类型的实例充分展现了绘图与绘画技术、图形与图像合成技术、插画技术、3D技术、特效技术、动画技术和相片级真实效果表现等重要技术。书中还穿插了大量提示和技术看板，分析了各种关键技巧在实际应用中发挥的作用，使读者可以充分分享笔者的创作经验。

为了便于初学者能够快速入门，本书的配套光盘中还特别提供了75个Illustrator视频教学录像，有如老师亲自在旁指导。此外，还附赠了《CMYK色谱手册》和《色谱表》电子书、AI格式和EPS格式矢量素材。

本书由李金蓉主笔，此外，参与编写工作的还有李金明、贾一、徐培育、包娜、李宏宇、李哲、郭霖蓉、周倩文、王淑英、李保安、李慧萍、王树桐、王淑贤、贾占学、周亚威、王丽清、白雪峰、贾劲松、宋桂华、于文波、宋茂才、姜成增、宋桂芝、尹玉兰、姜成繁、王庆喜、刑云龙、赵常林、杨山林、陈晓利、杨秀英、于淑兰、杨秀芝、范春荣等。由于水平有限，书中难免有疏漏之处。如果您有什么意见或者在学习中遇到问题，请与我们联系，Email：ai_book@126.com。

作者

第1章　步入AI奇幻世界：初识Illustrator

Illustrator CC高手成长之路

第2章 全面掌握绘图法则：Illustrator基本操作

第3章 体验趣味图形游戏：绘图与上色

第4章　探索特殊绘图方法：图像描摹与高级上色

第5章　突破AI核心功能：路径与钢笔工具

Illustrator CC高手成长之路

第9章　影像达人：图层与蒙版

第10章　绘画达人：画笔与符号

第11章　特效达人：效果、外观与图形样式

第1章

步入AI奇幻世界：初识
Illustrator

1.1 认识数字化图形

计算机中的图形和图像是以数字方式记录和存储的，按照用途可分为两大类，一类是矢量图形，另外一类是位图图像。Illustrator是矢量图形软件，不过它也可以处理位图。

1.1.1 矢量图形与位图

矢量图形（也称为矢量形状或矢量对象）是由称作矢量的数学对象定义的直线和曲线构成的。矢量图形的特点是无论怎样旋转和缩放，图形都会保持清晰，因此，非常适合制作需要在各种输出媒体中按照不同大小使用的图稿，如Logo、徽标和图标等。例如，图1-1所示为一幅矢量插画，如图1-2所示是将图形放大300％后的局部效果，可以看到，图形仍然光滑、清晰。

图1-1

图1-2

位图在技术上称为栅格图像，它的基本单位是像素。像素呈方块状，因此，位图是由千千万万个小方块（像素）组成的，如图1-3所示。用数码相机拍摄的照片、通过扫描仪扫描的图片，以及在计算机屏幕上抓取的图像都属于位图。位图的特点是颜色过渡细腻，也容易在不同的软件之间交换。位图与矢量图形最大的区别在于，将其旋转和缩放时细节会变得不清晰。例如，图1-4所示是将矢量图形转换为位图以后的放大局部效果，可以看到，图像已经变得模糊了。此外，位图占用的存储空间也比矢量图大。

图1-3

图1-4

> **提示：**
>
> 在平面设计领域，常用的矢量图形软件有Illustrator、CorelDRAW和FreeHand；常用的位图软件有Photoshop、Painter；常用的排版软件有InDesign、PageMaker。

> **技术看板：Adobe公司及其软件产品**
>
> Illustrator是Adobe公司的矢量软件产品。Adobe公司成立于1982年，总部位于美国加州的圣何塞市，其产品遍及图形设计、图像制作、数码视频、电子文档和网页制作等领域，如大名鼎鼎的位图软件Photoshop、动画软件Flash、排版软件InDesign、视频特效编辑软件After Effects、视频剪辑软件Premiere Pro等均出自该公司。

1.1.2 文件格式

文件格式决定了图稿数据的存储内容和存储方式，以及文件是否与一些应用程序兼容。常用的矢量格式有Illustrator的AI格式、CorelDRAW的CDR格式、AutoCAD的DWG格式、Microsoft的WMF格式、WordPerfect的WPG格式、Lotus的PIC格式和Venture的GEM格式等。

Illustrator支持AI、EPS、PSD、PDF、JPEG、TIFF、SWG、GIF、SWF、PICT和PCX等格式。在Illustrator中执行"文件>存储"命令保存文件时，可以将图稿存储为4种基本格式，即AI、PDF、EPS和SVG，如图1-5所示。这些格式可以保留所有Illustrator数据，它们是Illustrator的本机格式。执行"文件>导出"命令，可以将图稿导出为其他格式，以便在其他程序中使用，如图1-6所示。

图1-5

图1-6

提示：

如果文件用于其他矢量软件，可以保存为AI或EPS格式，它们能够保留Illustrator创建的所有图形元素，并且可以被许多程序使用；如果要在Photoshop中对文件进行处理，可以保存为PSD格式；PDF格式主要用于网上出版；TIFF是一种通用的文件格式，几乎受到所有的扫描仪和绘图软件支持；JPEG用于存储图像，可以压缩文件（有损压缩）；GIF是一种无损压缩格式，可应用在网页文档中；SWF是基于矢量的格式，被广泛地应用在Flash中。

1.1.3 颜色模式

常用的颜色模式有灰度、RGB、HSB、CMYK和Web 安全RGB模式。使用Illustrator的"拾色器"和"颜色"面板时，可以选择以上颜色模式来调整颜色，如图1-7、图1-8所示。不同的颜色模式有着不同的色域范围，例如，RGB模式就比CMYK模式的色域范围广。如果图形用于屏幕显示或Web显示，可以使用RGB模式；如果用于印刷，则需要使用CMYK模式，它能确保在屏幕上看到的颜色与最终的输出效果基本一致，不会产生太大的偏差。

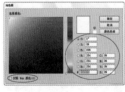 

图1-7　　　　　　图1-8

- 灰度模式：灰度模式的图像由256级灰度颜色组成，没有彩色信息。
- RGB模式：RGB模式由红（Red）、绿（Green）和蓝（Blue）三个基本颜色组成，每种颜色都有256种不同的亮度值，

因此，该模式可以产生约1670余万种颜色（256×256×256）。在 RGB 模式下，每种RGB 成分都可以使用从 0（黑色）~255（白色）的值，当三种成分值相等时，产生灰色，如图1-9所示；所有成分的值均为 255 时，结果是纯白色，如图1-10所示；所有成分的值均为0 时，结果是纯黑色，如图1-11所示。

图1-9　　　　图1-10　　　　图1-11

- HSB模式：HSB模式利用色相（Hue）、饱和度（Saturation）和亮度（Brightness）来表现色彩。其中H滑块用于调整色相，如图1-12所示；S滑块用于调整颜色的饱和度，如图1-13所示；B滑块用于调整颜色的明暗度，如图1-14所示。

图1-12　　　　图1-13　　　　图1-14

- CMYK模式：CMYK模式由青、洋红、黄和黑四种基本颜色组成。在该模式下，每种油墨可使用从 0~100% 的值，如图1-15所示；低百分比的油墨更接近白色，如图1-16所示；高百分比的油墨更接近黑色，如图1-17所示。

图1-15　　　　图1-16　　　　图1-17

- Web安全RGB模式：Web安全色是指能在不同操作系统和不同浏览器之中安全显示的216种RGB颜色。

技术看板：设置和转换文档的颜色模式

执行"文件>新建"命令创建文档时，可以选择一种颜色模式。文档的颜色模式显示在标题栏的文件名称旁边。创建或打开一个文件以后，如果要转换文档的颜色模式（如从RGB模式转换为CMYK模式），可以执行"文件>文档颜色模式"下拉菜单中的命令。

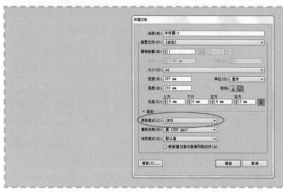

1.2　了解Illustrator CC新增功能

Illustrator CC 新增了大量实用性较强的功能，可以让用户体验更加流畅的创作流程，随着灵感快速设计出色的作品。值得一提的是，现在通过同步色彩、同步设置、存储至云端，能够让多台电脑之间的色彩主题、工作区域和设置专案保持同步。除此之外，在Illustrator CC中还可以直接将作品直接发布到 Behance，并立即从世界各地的创意人士那里获得意见和回应。

1.2.1　"新增功能"对话框

启动 Illustrator 时会显示"新增功能"对话框。该对话框中列出了Illustrator CC增加的部分新功能，以及每项功能的说明和相关视频，如图1-18所示。单击视频缩略图，即可播放相关的视频短片。

"新增功能"对话框

图1-18

1.2.2　新增的修饰文字工具

新增的修饰文字工具可以编辑文本中的每一个字符，进行移动、缩放或旋转操作。这种创

造性的文本处理方式，可以创建更加美观和突出的文字效果，如图1-19、图1-20所示。

正常的文本　　用修饰文字工具编辑后的效果

图1-19　　　　　　　图1-20

1.2.3　增强的自由变换工具

使用自由变换工具时，会显示一个窗格，其中包含了可以在所选对象上执行的操作，如透视扭曲、自由扭曲等，如图1-21所示。

图1-21

提示:

修饰文字工具、自由变换工具支持触控设备（触控笔或触摸驱动设备）。此外，操作系统支持的操作现在也可以在触摸设备上得到支持。例如，在多点触控设备上，可以通过合并/分开手势来进行放大/缩小；将两个手指放在文档上，同时移动两个手指可在文档内平移；轻扫或轻击以在画板中导航；在画板编辑模式下，使用两个手指可以将画板旋转90°。

1.2.4 在Behance上共享作品

通过Illustrator CC可以将作品直接发布到Behance上（"文件>在Behance上共享"命令），如图1-22所示。Behance是一个展示作品和创意的在线平台。在这个平台上，不仅可以大范围、高效率地传播作品，还可以选择从少数人、或者从任何具有Behance账户的人中，征求他们对作品的反馈和意见。

图1-22

 1.2.5 云端同步设置

使用多台计算机工作时，管理和同步首选项可能很费时，并且容易出错。Illustrator CC可以将工作区设置（包括首选项、预设、画笔和库）同步到 Creative Cloud，此后使用其他计算机时，只需将各种设置同步到计算机上，即可享受始终在相同工作环境中工作的无缝体验。同步操作只需单击Illustrator文档窗口左下角的 图标，打开一个菜单，单击"立即同步设置"按钮即可。

 1.2.6 多文件置入功能

新增的多文件置入功能（"文件>置入"命令）可以同时导入多个文件。导入时可以查看文件的预览缩略图，还可以定义文件置入的精确位置和范围。

 1.2.7 自动生成边角图案

Illustrator CC可以非常轻松地创建图案画笔。例如，以往要获得最佳的边角拼贴效果需要繁琐的调整（尤其是在使用锐角或形状时），现在则可以自动生成，并且边角与描边也能够很好地匹配，如图1-23、图1-24所示。

图1-23　　　　　　　　图1-24

1.2.8 可包含位图的画笔

定义艺术、图案和散点类型的画笔时，可以包含栅格图像（位图），如图1-25、图1-26所示。并可调整图像的形状或进行必要的修改，快速轻松地创建衔接完美、浑然天成的设计图案。

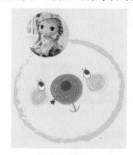

图1-25

图1-26

1.2.9 可自定义的工具面板

在Illustrator CC中，用户可以根据自己的使用习惯，灵活定义工具面板，例如可以将常用的工具整合到一个新的工具面板中。

1.2.10 可下载颜色资源的Kuler面板

将电脑连接到互联网后，可以通过"Kuler"面板访问和下载由在线设计人员社区所创建的数千个颜色组，为配色提供参考。

1.2.11 可生成和提取CSS代码

CSS即级联样式表。它是一种用来表现HTML（标准通用标记语言的一个应用）或XML（标准通用标记语言的一个子集）等文件样式的计算机语言。使用 Illustrator CC 创建 HTML 页面的版面时，可以生成和导出基础 CSS 代码，这些代码用于决定页面中组件和对象的外观。CSS 可以控制文本和对象的外观（与字符和图形样式相似）。

1.2.12 可导出CSS 的 SVG图形样式

当多名设计人员合作创建图稿时，设计人员会遵循一个主题。例如，设计网站时创建的各种资源在样式以及外观和风格方面密切关联。一名设计人员可以使用其中的某些样式，而另一名设计人员则使用其他样式。在 Illustrator CC 中，使用"文件>存储为"命令将图稿存储为 SVG 格式时，可以将所有 CSS 样式与其关联的名称一同导出，以便于不同的设计人员识别和重复使用。

1.3 了解Illustrator CC应用功能

Adobe Illustrator是进行平面设计、插画设计、数码艺术创作的最重要的软件之一。它功能强大，深受艺术家、插画家和广大电脑美术爱好者的青睐。

1.3.1 绘图功能

Illustrator不仅拥有钢笔、铅笔、画笔、矩形、椭圆、多边形和极坐标网格等数量众多的专业绘图工具，还提供了标尺、参考线、网格和测量等辅助工具，可以绘制任何图形，创建各种效果，如图1-27、图1-28所示。

图1-27   图1-28

1.3.2 图层与蒙版

图层用于管理组成图稿的所有对象，蒙版用于遮盖对象，创建图形合成效果。Illustrator可以创建两种类型的蒙版，剪切蒙版可以遮盖图形，不透明度蒙版可以让图形产生透明效果。如图1-29所示为一个图形文件，如图1-30所示为剪切蒙版效果，如图1-31所示为不透明度蒙版效果。

图1-29   图1-30   图1-31

1.3.3 混合功能

混合功能可以让两个或多个图形、路径和文字等混合，产生从颜色到形状的全面过渡效果。如图1-32所示为几根线条路径，如图1-33所示为通过混合这些路径制作出的羽毛。

图1-32　　　　　　　图1-33

1.3.4　封套扭曲

封套扭曲是Illustrator中最具灵活性的变形功能，它可以让对象按照一个图形的外观形状产生变形扭曲。如图1-34所示为两个图形素材，如图1-35所示为通过封套扭曲制作的不锈钢水壶。

图1-34　　　　　　　图1-35

1.3.5　3D效果

使用3D效果功能可以将二维图形创建为3D图形。更奇妙的是，还可以为3D对象添加光源和贴图。如图1-36所示为一个平面的插画，如图1-37所示是通过3D效果制作的立体效果。

图1-36　　　　　　　图1-37

1.3.6　渐变与渐变网格

渐变是创建细腻的颜色过渡效果的功能。渐变网格更为强大，它可以精确地控制颜色的混合位置，制作出照片级的真实效果。如图1-38所示为使用渐变网格制作的机器人，如图1-39所示是它的网格结构图。

图1-38　　　　　　　图1-39

1.3.7　文字功能

Illustrator可以创建3种类型的文字，即点文字、区域文字和路径文字。此外，Illustrator的文字编辑功能也非常多，如可通过"字形"面板获得特殊形式的字符，用"制表符"面板设置段落或文字对象的制表位等。如图1-40所示为通过路径文字制作的中国结。

图1-40

1.3.8　符号

在需要绘制大量相似的图形，如花草、地图上的标记、技术图纸时，可以将一个基本图形定义为符号，再通过符号来快速、大批量地创建类似的对象，这样不仅省时又省力，需要修改时，只需编辑"符号"面板中的符号样本即可，非常方便。如图1-41、图1-42所示为符号在地图上的应用。

图1-41　　　　　　　图1-42

1.3.9 图表

Illustrator可以制作柱形图、条形图、折线图、面积图、散点图和雷达图等不同类型的图表，如图1-43所示。此外，还可以将图形添加到现有的图表中，如图1-44所示，也可以创建3D效果的图表，或者将不同类型的图表组合在一个图表中。

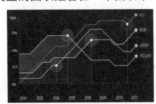

图1-43

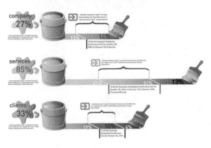

图1-44

1.3.10 图像描摹与实时上色

图像描摹功能可以快速、准确地将照片或其他位图图像转换为矢量图形。实时上色功能可以非常灵活地为图形交叉形成的区域和轮廓上色，还可以利用重叠路径创建新的形状。如图1-45所示为一个美少女矢量图稿，如图1-46所示为实时上色后的效果。

图1-45　　　　　图1-46

1.3.11 模板和资源库

Illustrator提供了200多个专业设计模版，使用模板中的现成内容，可以快速创建名片、信封、标签、证书、明信片、贺卡和网站。此外，Illustrator中还包含数量众多的资源库，如画笔库、符号库、图形样式库和色板库等，如图1-47～图1-49所示。这些资源为创作提供了极大的方便。

图1-47　　　　图1-48　　　　图1-49

1.4　软件的安装与卸载

安装和卸载Illustrator CC前，应先关闭正在运行的所有应用程序，包括其他Adobe应用程序、Microsoft Office和浏览器窗口。

1.4.1 安装Illustrator CC的系统需求

Illustrator CC可以在PC机和Mac（苹果）机上运行。由于这两种操作系统存在差异，Illustrator CC的安装要求也有所不同。

Microsoft Windows	Mac OS
Intel Pentium4 或 AMD Athlon64 处理器	Intel 多核处理器（支持 64 位）
Microsoft Windows 7（装有 Service Pack 1），Windows 8 或 Windows 8.1	Mac OS X V10.6.8、V 10.7、V10.8 或 V10.9
32 位需要 1GB 内存（推荐 3GB）；64 位需要 2GB 内存（推荐 8GB）	2GB 内存（推荐 8GB）

（续表）

Microsoft Windows	Mac OS
2GB 可用硬盘空间用于安装；安装过程中需要额外的可用空间	2GB 可用硬盘空间用于安装；安装过程中需要额外的可用空间（无法安装在使用区分大小写的文件系统的卷或可移动闪存设备上）
1024×768 屏幕（推荐 1280×800），16 位显卡	1024×768 屏幕（推荐 1280×800），16 位显卡
兼容双层 DVD 的 DVD-ROM 驱动器	兼容双层 DVD 的 DVD-ROM 驱动器
用户必须具备宽带网络连接并完成注册，才能激活软件、验证会籍并获得在线服务	用户必须具备宽带网络连接并完成注册，才能激活软件、验证会籍并获得在线服务

1.4.2 实战：安装Illustrator CC

01 将Illustrator CC DVD安装光盘放入光驱，在光盘根目录Adobe CC文件夹中双击Setup.exe文件，运行安装程序，开始初始化，如图1-50所示。初始化完成后，显示"欢迎"窗口，如图1-51所示。

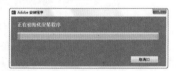

图1-50

02 单击"安装"按钮，弹出的对话框中会显示当前用户的Adobe ID，如图1-52所示。如果没有Adobe ID，对话框中会给出链接地址，单击该地址可以打开Adobe网站，在线注册一个Adobe ID。

图1-51 图1-52

03 单击"登录"按钮，显示"许可协议"窗口，如图1-53所示。单击"接受"按钮，显示"序列号"窗口，如图1-54所示，输入安装序列号。

04 单击"下一步"按钮，切换到"选项"窗口，选择简体中文版，如图1-55所示。单击"安装"按钮，开始安装软件。默认情况下，Illustrator安装在C盘，如果要修改安装

位置，可单击文件夹状图标，在打开的对话框中为软件指定其他安装位置。

05 安装完成后，会出现一个对话框，如图1-56所示，单击"关闭"按钮关闭该对话框，最后双击桌面的快捷图标即可运行Illustrator CC。

图1-53 图1-54

图1-55 图1-56

1.4.3 实战：卸载Illustrator CC

01 打开 Windows 菜单，选择"控制面板"命令，如图1-57所示。打开"控制面板"窗口，单击"卸载程序"命令，如图1-58所示。

02 在弹出的对话框中选择Illustrator CC，单击"卸载"命令，如图1-59所示。

03 弹出"卸载选项"对话框，如图1-60所示，单击"卸载"按钮即可卸载软件。如果要取消卸载，可以单击"取消"按钮。

图1-57

图1-58

图1-59

图1-60

1.5 Illustrator CC的工作界面

　　Illustrator CC的工作界面在保持上一个版本基本风格的同时，也进行了一定的改进，使用起来更加灵活，工作区域也变得更加开阔。

1.5.1 实战：文档窗口

01 运行Illustrator CC。按下Ctrl+O快捷键，弹出"打开"对话框，按住Ctrl键单击光盘中的两个素材文件，将它们选择，如图1-61所示，单击"确定"按钮，在Illustrator 中打开文件。可以看到，Illustrator的工作界面由菜单栏、文档窗口、工具面板、状态栏、面板和控制面板等组成，如图1-62所示。

图1-61

图1-62

文档窗口内的黑色矩形框是画板，画板内部是绘图区域，也是可以打印的区域，画板外为暂存区域。暂存区也可以绘图，但不能打印出来。执行"视图>显示/隐藏画板"命令，可以显示或隐藏画板。

02 文档窗口（包含画板和暂存区）是用于绘图的区域。当同时打开多个文档时，Illustrator会为每一个文档创建一个窗口。所有窗口都停放在选项卡中，单击一个文档的名称，即可将其设置为当前操作的窗口，如图1-63所示。按下Ctrl+Tab快捷键，可以循环切换各个窗口。

图1-63

03 在一个文档的标题栏上单击并向下拖动，可将其从选项卡中拖出，成为浮动窗口，这时可以拖动标题栏移动窗口，也可拖动边框调整窗口的大小，如图1-64所示。将窗口拖回选项卡，可将其停放回去。

图1-64

04 如果打开的文档较多，选项卡中不能显示所有文档的名称，可单击选项卡右侧的双箭头 ▶▶，在下拉菜单中选择需要的文档，将其

设置为当前文档，如图1-65所示。如果要关闭一个窗口，可单击其右上角的 ✕ 按钮。如果要关闭所有窗口，可以在选项卡上单击右键，选择快捷菜单中的"关闭全部"命令，如图1-66所示。

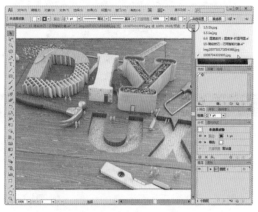

图1-65

图1-66

05 执行"编辑>首选项>用户界面"命令，打开"首选项"对话框，在"亮度"选项中可以调整界面亮度（从黑色~浅灰色共4种），如图1-67、图1-68所示。

图1-67

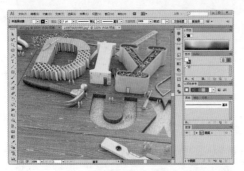

图1-68

技术看板：状态栏

状态栏位于文档窗口的底部。单击状态栏中的▶按
钮，在下拉菜单的"显示"选项内中可以选择状态栏
中显示的内容。

- 画板名称：显示当前使用的画板名称。
- 当前工具：显示当前使用的工具名称。
- 日期和时间：显示当前的日期和时间。
- 还原次数：显示可用的还原和重做的次数。
- 文档颜色配置文件：显示文档使用的颜色配置文件的名称。

1.5.2 实战：工具面板

01 Illustrator的工具面板中包含用于创建和编辑图形、图像和页面元素的工具，如图1-69所示。单击工具面板顶部的双箭头按钮，可将其切换为单排或双排显示，如图1-70所示。

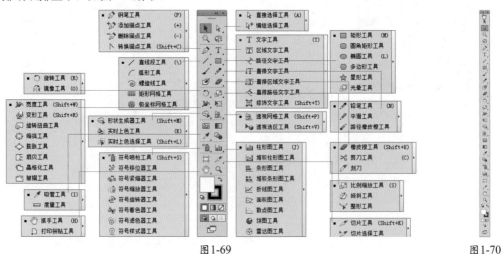

图1-69　　　　　　　　　　　　图1-70

02 单击一个工具即可选择该工具，如图1-71所示。如果工具右下角有三角形图标，表示这是一个工具组，在这样的工具上单击可以显示隐藏的工具，如图1-72所示。按住鼠标按键，将光标移动到一个工具上，然后放开鼠标，即可选择隐藏的工具，如图1-73所示。按住 Alt单击一个工具组，可以循环切换各个隐藏的工具。

03 单击工具组右侧的拖出按钮，如图1-74所示，会弹出一个独立的工具组面板，如图1-75所示。将光标放在面板的标题栏上，单击并向工具面板边界处拖动，可将其与工具面板停放在一起（水平或垂直方向都可停靠），如图1-76所示。如果要关闭工具组，可将其从工具面板中拖出，再单击面板组右上角的 ✕ 按钮。

   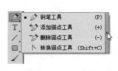

图1-71　　　图1-72　　　图1-73　　　　图1-74　　　图1-75　　　图1-76

技术看板：将常用的工具放在一个面板中

如果经常使用某些工具，可以将它们整合到一个新的工具面板中，以方便使用。操作方法很简单，只需执行"窗口>工具>新建工具面板"命令，在打开的对话框中单击"确定"按钮，创建一个工具面板，然后将所需工具拖入该面板加号处即可。

创建工具面板

将工具拖入新面板

提示：

按下键盘中的快捷键可以选择相应的工具，例如，按下P键，可以选择钢笔工具 。如果要查看一个工具的快捷键，可以将光标停留在该工具上。如果单击工具面板顶部的 ◄◄ 按钮并向外拖动，则可将其从停放中拖出，放置在窗口的任何位置。

1.5.3 实战：菜单命令

01 Illustrator有9个主菜单，如图1-77所示，每个菜单中都包含不同类型的命令。单击一个菜单即可打开该菜单，带有黑色三角标记的命令表示还包含下一级的子菜单。

Ai 文件(F) 编辑(E) 对象(O) 文字(T) 选择(S) 效果(C) 视图(V) 窗口(W) 帮助(H)

图1-77

02 选择菜单中的一个命令即可执行该命令。有些命令右侧提供了快捷键，如图1-78所示，例如，按下Ctrl+G快捷键，可以执行"对象>编组"命令。有些命令右侧只有字母，没有快捷键，可通过按下Alt键+主菜单的字母，打开主菜单，再按下该命令的字母来执行这一命令。例如，按下Alt+S+I键，可以执行"选择>反向"命令，如图1-79所示。

图1-78 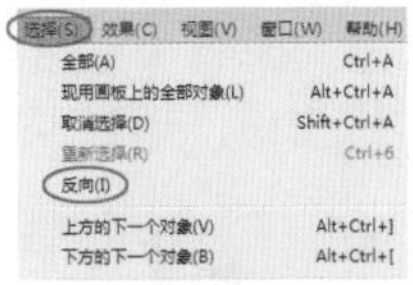   图1-79

03 在面板上或选取的对象上单击右键可以显示快捷菜单，如图1-80、图1-81所示，菜单中显示的是与当前工具或操作有关的命令。

图1-80 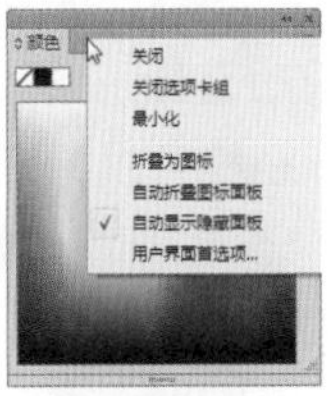   图1-81

提示：

在菜单中，命令名称后带有"…"状符号的，表示执行该命令时会弹出一个对话框。

1.5.4 实战：面板

Illustrator 的许多编辑操作需要借助相应的面板才能完成。执行"窗口"菜单中的命令可以打开所需面板。

01 默认情况下，面板成组停放在窗口的右侧，如图1-82所示。单击面板右上角的 ◄◄ 按钮，可以将面板折叠成图标状，如图1-83所示。单击一个图标，可以展开该面板，如图1-84所示。

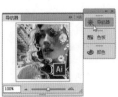

图1-82 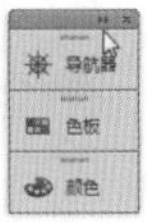   图1-83   图1-84

02 在面板组中，上下拖动面板的名称可以重新组合面板，如图1-85、图1-86所示。

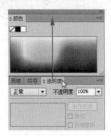

图1-85　　　　　　　图1-86

03 将一个面板名称拖动到窗口的空白处，如图1-87所示，可将其从面板组中分离出来成为浮动面板，如图1-88所示。拖动浮动面板的标题栏可以将它放在窗口中的任意位置。

图1-87　　　　　　　图1-88

04 单击面板顶部的◆按钮，可以逐级隐藏或显示面板选项，如图1-89～图1-91所示。

图1-89　　　　　　　图1-90

图1-91

05 在一个面板的标题栏上单击并将其拖动到另一个面板的底边处，当出现蓝线时放开鼠标，可以链接这两个面板，如图1-92、图1-93所示。链接的面板可以同时移动（拖动标题栏上面的黑线），也可以单击◆按钮，将其中的一个最小化。

图1-92　　　　　　　图1-93

06 单击面板右上角的 按钮，可以打开面板菜单，如图1-94所示。如果要关闭浮动面板，可单击它右上角的 按钮；如果要关闭面板组中的面板，可在它的标题栏上单击右键，在弹出的菜单中选择"关闭"命令。

图1-94

技术看板：调整面板大小

将光标放在面板底部或右下角，单击并拖动鼠标可以将面板拉长、拉宽。例如，使用"渐变"面板时，就可以将面板拉宽，以便更准确地编辑渐变颜色。

1.5.5　实战：控制面板

控制面板中集成了"画笔"、"描边"和"图形样式"等多个面板，如图1-95所示，这意味着不必打开这些面板，便可在控制面板中进行相应的操作。控制面板还会随着当前工具和所选对象的不同而变换选项内容。

图1-95

01 单击带有下划线的蓝色文字，可以打开面板或对话框，如图1-96所示。在面板或对话框以外的区域单击，可将其关闭。

02 单击菜单箭头按钮 ▼，可以打开下拉菜单或下拉面板，如图1-97所示。

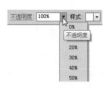

图1-96　　　　　　　图1-97

03 在文本框中双击，选中字符，如图1-98所示，重新输入数值并按下回车键即可修改数值，如图1-99所示。

04 拖动控制面板最左侧的手柄栏，如图1-100所示，可将其从停放中移出，放在窗口底部或其他位置。要隐藏或重新显示控制面板，可以通过"窗口>控制"命令来切换。

图1-98 　　　图1-99 　　　　图1-100

05 单击控制面板最右侧的 ▼≡ 按钮，可以打开面板菜单，如图1-101所示。菜单中带有"√"号的选项为当前在控制面板中显示的选项，单击一个选项去掉"√"号，可在控制面板中隐藏该选项。移动了控制面板后，如果想要将它恢复到默认的位置，可以执行该面板菜单中的"停放到顶部"或"停放到底部"命令。

图1-101

提示：

按下Shift+Tab快捷键，可以隐藏面板；按下Tab快捷键，可以隐藏工具面板、控制面板和其他面板；再次按下相应的按键可以重新显示被隐藏的项目。

1.5.6 实战：自定义工作区

在Illustrator窗口中，工具面板、面板、控制面板等的摆放位置称为工作区。Illustrator为简化某些任务设计了几个预设的工作区，它们在"窗口>工作区"下拉菜单中，如图1-102所示。例如，选择"上色"工作区时，窗口中就会显示用于编辑颜色的各个面板。下面介绍怎样创建自定义的工作区。

01 首先根据工作需要或使用习惯，将窗口中的面板摆放到一个顺手的位置，并将不需要的面板关闭，如图1-103所示。

图1-102

图1-103

02 执行"窗口>工作区>新建工作区"命令，打开"新建工作区"对话框，如图1-104所示，输入工作区的名称并单击"确定"按钮，即可存储工作区。以后要使用该工作区时，可以在"窗口>工作区"下拉菜单中选择它，如图1-105所示。

图1-104

图1-105

提示：

如果要恢复为Illustrator默认的工作区，可以执行"窗口>工作区>基本功能"命令。如果要重命名或删除工作区，可以执行"窗口>工作区>管理工作区"命令，打开"管理工作区"对话框进行设置。

1.5.7 实战：自定义快捷键

Illustrator为常用工具和命令提供了快捷键，并允许用户根据自己的习惯自定义快捷键。使用快捷键可以提高操作效率。

 执行"编辑>键盘快捷键"命令，打开"键盘快捷键"对话框，可以看到，在工具列表中，编组选择工具 没有快捷键，如图1-106所示，单击该工具的快捷键列，如图1-107所示。

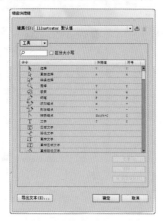

图1-106

图1-107

提示：

如果要定义菜单命令的快捷键，可单击"工具"选项右侧的 ▼ 按钮，打开下拉列表选择"菜单命令"，对话框中就会出现全部菜单命令，此时即可进行设定。单击"键盘快捷键"对话框中的"导出文本"按钮，可以将Illustrator所有工具和命令的快捷键导出为文本文件。

 按下Shift+A组合键，将其指定给编组选择工具 ，如图1-108所示。

图1-108

 单击"确定"按钮，弹出"存储键集文件"对话框，输入一个名称，如图1-109所示，单击"确定"按钮关闭对话框。在工具面板中可以看到，Shift+A已经成为编组选择工具 的快捷键了，如图1-110所示。

图1-109

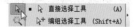

图1-110

1.6 文档的基本操作

"文件"菜单中包含了用于创建和保存文档，以及导入和导出图形的各种命令。

1.6.1 新建文档

执行"文件>新建"命令或按下Ctrl+N快捷键，打开"新建文档"对话框，如图1-111所示。输入文件的名称，设置大小和颜色模式等选项，单击"确定"按钮，即可创建一个空白文档。

图1-111

- 名称：可以输入文档的名称。默认的名称是"未标题-1"，保存文档时，文件名会自动出现在存储文件的对话框内。
- 配置文件/大小：在"配置文件"下拉列表中可以选择不同输出类型的文档配置文件，包括"打印"、"Web"和"移动设备"等。选择一个选项后，在"大小"下拉列表中选择具体的文档尺寸，Illustrator会自动提供颜色模式、单位、方向和透明度等参数。例如，要创建一个在iPad上使用的文档，可以先在"配置文件"下拉列表中选择"设备"，然后在"大小"下拉列表中选择"iPad"，如图1-112所示。

图1-112

- 画板数量：可设置文档中包含的画板数量。
- 宽度/高度/单位/取向：如果要自定义文档的尺寸，可在这几个选项中输入文档的宽度、高度值和使用的单位。单击"取向"选项中的纵向按钮和横向按钮，可以切换文档的方向。
- 出血：可设置文档边缘预留的出血尺寸。
- 颜色模式：可以为文档指定颜色模式，包括

RGB模式和CMYK模式。

- 栅格效果：可以为文档中的栅格效果指定分辨率，准备以较高分辨率输出到高端打印机时，应将此选项设置为"高"。
- 预览模式：可以为文档设置默认的预览模式。选择"默认值"，表示以彩色显示矢量图稿，放大或缩小时可以保持曲线的平滑度；选择"像素"，可以显示具有位图外观的图稿，但不会实际将图稿栅格化为位图；选择"叠印"，可以模拟混合、透明和叠印在分色输出中的显示效果。
- 使新建对象与像素网格对齐：在文档中创建图形时，让对象自动对齐到像素网格上。
- 模板：单击该按钮，可以打开"从模板新建"对话框，从模板中创建文档。

1.6.2 从模板中创建文档

Illustrator提供了许多现成的模板，如信纸、名片、信封、小册子、标签、证书、明信片、贺卡和网站等。使用模版可以节省创作时间，提高工作效率。

执行"文件>从模板新建"命令，打开"从模板新建"对话框，如图1-113所示，选择一个模板文件，单击"确定"按钮即可从模版中创建一个文档，模板中的字体、段落、样式、符号、裁剪标记和参考线等都会加载到新建的文档中，如图1-114所示。

图1-113

图1-114

1.6.3 打开文件

执行"文件>打开"命令或按下Ctrl+O快捷键，弹出"打开"对话框，选择一个文件（按住Ctrl键单击可以选择多个文件），如图1-115所示，单击"打开"按钮即可将其打开。如果文件较多而不便于查找，可单击对话框右下角的 ▼ 按钮，在下拉列表中选择一种文件格式，对话框中就只会显示该格式的文件，如图1-116所示。

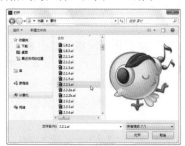

图1-115

图1-116

技术看板：打开最近使用过的文件

"文件>最近打开的文件"下拉菜单中包含了用户最近在Illustrator中使用过的10个文件，单击一个文件的名称，可直接将其打开。

1.6.4 保存当前文件

新建文件或对现有文件进行了处理之后，需要及时保存，以免因断电或死机等意外情况造成劳动成果付之东流。执行"文件>存储"命令或按下Ctrl+S快捷键，可以保存对当前文件所作的修改，文件会以原有格式存储。如果这是一个新建的文档，则会弹出"存储为"对话框。

1.6.5 另存一份文件

如果要将当前文件以另外一个名称、另一种格式保存，或保存到其他位置，可以使用"文件>存储为"命令来另存文件。执行该命令时会弹出"存储为"对话框，如图1-117所示。

图1-117

- 文件名：用来设置文件的名称。
- 保存类型：在下拉列表中可以选择文件的保存格式，包括AI、PDF、EPS、AIT、SVG和SVGZ等。

技术看板：保存一个文件副本

执行"文件>存储副本"命令，可基于当前文件保存一个相同的副本文件。副本文件名称的后面有"复制"二字。如果不想存储对当前文件做出的修改，可通过该命令创建文件的副本，再将当前文件关闭。

1.6.6 存储为模板文件

如果要将当前文件保存为模板，可以执行"文件>存储为模板"命令，将文件存储为AIT（Illustrator 模板）格式。文件中的尺寸、颜色模式、辅助线、网格、字符与段落属性、画笔、符号、透明度和外观等都可以存储在模板中。需要使用该模版时，可以执行"文件>从模板新建"命令，打开"从模板新建"对话框选择模板文件。

1.6.7 存储为Microsoft Office使用的文件

执行"文件>存储为 Microsoft Office 所用格式"命令，可以创建一个能够在 Microsoft Office 中使用的 PNG 文件。如果要自定义PNG设置，如分辨率、透明度和背景颜色，可以使用"文件>导出"命令来操作。

图1-120

Illustrator 支持大部分 Photoshop 数据，如图层、文本和路径等。在这两个程序间交换文件时，这些内容可以继续编辑。

01 运行Illustrator和Photoshop。分别在这两个软件中执行"文件>打开"命令，打开光盘中的素材文件，如图1-118、图1-119所示。下面将Illustrator矢量图形导入Photoshop中。

图1-118

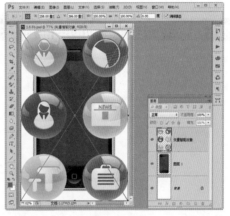

图1-121

图1-119

02 在Illustrator中按下Ctrl+A快捷键选择所有图形，如图1-120所示，按下Ctrl+C快捷键复制，切换到Photoshop中，按下Ctrl+V快捷键，弹出"粘贴"对话框，选择"像素"选项并按下"确定"按钮图形，如图1-121所示。按住Shift键拖动定界框将图形调小，如图1-122所示，按下回车键即可置入对象。

图1-122

03 在Photoshop中单击"图层1"，选择手机图层，如图1-123所示，按下Ctrl+A快捷键选中该图层中的全部内容，按下Ctrl+C快捷键复制，切换到Illustrator中，按下Ctrl+V快捷键，即可将其粘贴到Illustrator文档中，如图1-124所示。

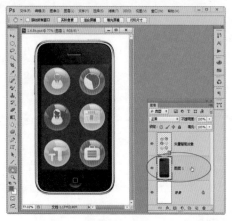

图1-123

图1-124

技术看板：可自动更新的智能对象

将Illustrator文件粘贴到Photoshop文档时，如果在弹出的"粘贴"对话框中选择"智能对象"选项，则会生成为智能对象，智能对象是嵌入Photoshop中的文件，它与Illustrator中的源文件保持着链接关系。在Photoshop中执行"图层>智能对象>编辑内容"命令时，可以在Illustrator中打开源文件，而如果在Illustrator中修改源文件并保存，则Photoshop中的智能对象会自动更新到与之相同的状态。

在Illustrator修改智能对象

Photoshop中的智能对象会自动更新

1.6.9 实战：置入AutoCAD文件

如果要将Photoshop、AutoCAD、FreeHand、CorelDRAW和Microsoft Word等程序创建的文件，以及文本文件、JPEG图像和TIFF图像等导入Illustrator，可以使用"置入"命令来操作。

01 按下Ctrl+N快捷键创建一个文档，执行"文件>置入"命令，打开"置入"对话框，选择光盘中的AutoCAD文件并勾选"显示导入选项"，如图1-125所示，单击"置入"按钮，在弹出的对话框中选择"缩放以适合画板"，如图1-126所示。

图1-125

图1-126

02 单击"确定"按钮，在画板中单击并拖动鼠标，定义图形大小，即可置入文件，如图1-127所示。Illustrator 支持大多数 AutoCAD 数据，包括 3D 对象、形状和路径、外部引用、区域对象、键对象（映射到保留原始形状的贝塞尔对象）、栅格对象和文本对象。将AutoCAD绘制的施工图、平面图等置入Illustrator中，添加颜色和其他图形后，可以制作成效果图。

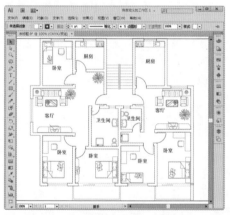

图1-127

提示：

DXF 和 DWG 格式都是AutoCAD生成的文件格式。其中，DWG是用于存储 AutoCAD 中创建的矢量图形的标准文件格式；DXF是用于导出 AutoCAD 绘图或从其他应用程序导入绘图的绘图交换格式。Illustrator可以导入从 2.5 版直至 2006 版的 AutoCAD文件。

1.6.10　实战：打开和置入照片

01 执行"文件>打开"命令，选择光盘中的照片素材，如图1-128所示，单击"打开"按钮，

即可在Illustrator中打开该图像，如图1-129所示。

图1-128

图1-129

02 执行"文件>置入"命令，打开"置入"对话框，选择光盘中的照片素材，如图1-130所示，单击"置入"按钮，可将其置入到现有的文档中，如图1-131所示。

图1-130

图1-131

1.6.11 管理链接的文件

通过"置入"命令置入文件时，如果勾选"置入"对话框中的"链接"选项，如图1-132所示，则被置入的图稿实际上并没有存在于Illustrator文档中，而是同源文件保持链接关系，也就是说图稿与文档各自独立，此时文档占用的存储空间较小，如果未勾选"链接"选项，则可以将图稿嵌入Illustrator文档中。

图1-132

置入图稿后，可以使用"链接"面板识别、选择、监控和更新链接的文件，如图1-133所示。

图1-133

- 修改的图稿⚠：如果图稿的源文件被其他程序修改，则该图稿的缩略图右侧会出现⚠状图标。如果要更新图稿，可将其选择，然后单击更新链接按钮🔄。

- 缺失的图稿：如果图稿源文件的存储位置发生了改变、文件被删除或名称被修改，则图稿缩略图的右侧会显示❌状图标。使用选择工具▶选择该图稿，单击重新链接按钮🔗，可在打开的对话框中重新链接图稿。

- 嵌入的图稿📷：嵌入到文档中的图稿，其缩览图右侧会显示出📷状图标。如果是采用链接方式置入的图稿，可以使用选择工具▶选择图稿文件，单击控制面板中的"嵌入"命令，将其嵌入文档中。嵌入图稿后，文件会变大。

- 链接的图稿：即置入时勾选"链接"选项，链接到文档中的图稿。

- 编辑原稿✏：选择一个链接的图稿后，单击编辑源稿按钮✏，或执行"编辑>编辑原稿"命令，可以运行制作源文件的软件，并载入源文件。此时可以对文件进行修改，完成修改并保存后，链接到Illustrator中的文件会自动更新。

- 转至链接🔽：在"链接"面板中选择一个链接的图稿后，单击转至链接按钮🔽，该图稿便会出现在文档窗口的中央，并处于选中状态。

- 显示链接信息▶：单击该按钮，可以展开下拉面板查看当前图稿的链接信息，包括文件名称、格式和文档位置等。

1.6.12 导出文件

如果要将Illustrator文件导出，以便Photoshop、Flash、Microsoft Office、Auto CAD和3ds Max等程序使用，可以执行"文件>导出"命令，打开"导出"对话框，选择文件的保存位置并输入文件名称，在"保存类型"下拉列表中选择文件的格式，如图1-134所示。

图1-134

1.7　查看图稿

在Illustrator中绘制和编辑图稿时，需要经常缩放窗口、调整对象在窗口中的显示位置，以便更好地观察对象的细节。Illustrator提供了缩放工具、抓手工具和"导航器"面板等不同的工具，可以调整窗口的显示比例。

1.7.1　实战：用缩放工具和抓手工具查看图稿

01 按下Ctrl+O快捷键，打开光盘中的素材文件，如图1-135所示。选择缩放工具 🔍 ，将光标放在图稿上（光标会变为🔍状），单击可放大窗口的显示比例，如图1-136所示。

图1-135

图1-136

02 如果想要查看某一范围内的对象，可单击并拖出一个矩形框，如图1-137所示，放开鼠标后，矩形框内的对象会填满整个窗口，如图1-138所示。

03 放大窗口的显示比例后，按住空格键（切

换为抓手工具 ✋ ）并拖动鼠标可以移动画面，让对象的不同区域显示在画面中心，如图1-139所示。

图1-137

图1-138

提示：

使用绝大多数工具时，按住键盘中的空格键都可以切换为抓手工具 ✋ 。

04 如果要缩小窗口的显示比例，可以使用缩放工具 🔍 按住Alt键（光标会变为🔍状）单击，如图1-140所示。

图1-139

图1-140

技术看板：通过快捷键查看图稿

"视图"菜单中包含用于缩放窗口的各项命令。其中，"画板适合窗口大小"命令可以将画板缩放至适合窗口显示的大小；"实际大小"命令可以将画面显示为实际的大小，即缩放比例为100%。这些命令都有快捷键，可以通过快捷键来操作，这要比直接使用缩放工具和抓手工具更加方便。例如，可以按下Ctrl++或Ctrl+-快捷键调整窗口比例，然后按住空格键移动画面。

放大(Z)	Ctrl++
缩小(M)	Ctrl+-
画板适合窗口大小(W)	Ctrl+0
全部适合窗口大小(L)	Alt+Ctrl+0
实际大小(E)	Ctrl+1

1.7.2 实战：用导航器面板查看图稿

当窗口的放大倍率较高、不能显示完整的图稿时，可通过"导航器"面板快速定位窗口的显示中心。

01 按下Ctrl+O快捷键，打开光盘中的素材文件，如图1-141所示。执行"窗口>导航器"命令，打开"导航器"面板，如图1-142所示。

图1-141　　　　　　　　图1-142

02 拖动面板底部的 状滑块，可以自由调整窗口的显示比例，如图1-143、图1-144所示。单击放大按钮 和缩小按钮 ，可按照预设的倍率放大或缩小窗口。如果要按照精确的比例缩放窗口，可以在面板左下角的文本框内输入数值并按下回车键。

图1-143　　　　　　　　图1-144

03 在"导航器"面板中的对象缩览图上单击（面板中的红色矩形框代表了文档窗口中正在查看的区域），即可将单击点定位为画面的中心，如图1-145、图1-146所示。

图1-145　　　　　　　　图1-146

1.7.3 实战：切换轮廓模式与预览模式

01 按下Ctrl+O快捷键，打开光盘中的矢量素材文件。在默认状态下，图稿以预览模式显示，即显示填色和描边，如图1-147所示。如果图形比较复杂，在这种模式下绘图时，屏幕的刷新速度会变得很慢，遇到这种情况，可以执行"视图>轮廓"命令或按下Ctrl+Y快捷键，切换为轮廓模式，显示对象的轮廓框，如图1-148所示。在这样的状态下编辑图稿不仅会减少屏幕的刷新时间，还可以清楚地看到对象的轮廓和路径。

键，重新切换为预览模式。下面来看一下，怎样通过"图层"面板切换个别对象的显示模式。

03 打开"图层"面板，按住Ctrl键单击一个图层前的眼睛图标👁，可以将该图层中的对象切换为轮廓模式（眼睛图标会变为◎状），如图1-149、图1-150所示。需要重新切换为预览模式时，按住Ctrl键单击◎图标即可。

图1-147　　　　　　　图1-148

02 执行"视图>预览"命令或按下Ctrl+Y快捷

图1-149　　　　　　　图1-150

技术看板：在多个窗口中绘图

处理图形的细节时，如果想要观察整体效果，可以执行"窗口>新建窗口"命令，复制出一个窗口。再执行"窗口>排列>平铺"命令，让这两个窗口平铺排列，然后为每个窗口设置不同的显示比例，这样就可以边修改图形、边观察整体效果了。

复制出一个窗口　　　　　　　两个窗口平铺排列并设置不同的显示比例

1.7.4　切换屏幕模式

单击Illustrator工具面板底部的▣按钮，可以显示一组屏幕模式命令，如图1-151所示，通过这些命令可以切换屏幕模式。

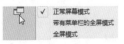

图1-151

- 正常屏幕模式：默认的屏幕模式。窗口中会显示菜单栏、标题栏、滚动条和其他屏幕元素，如图1-152所示。
- 带有菜单栏的全屏模式：显示有菜单栏，没有标题栏的全屏窗口，如图1-153所示。

图1-152

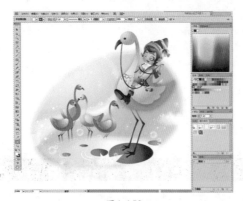

图1-153

- 全屏模式：显示没有标题栏、菜单栏，只有滚动条的全屏窗口，如图1-154所示。

图1-154

提示：

按下F键可在各个屏幕模式间切换。此外，不论在哪一种模式下，按下Tab键都可以隐藏工具面板、面板和控制面板，再次按下Tab键可以显示隐藏的项目。

1.8 使用辅助工具

标尺、参考线和网格是辅助工具，在精确绘图时，这些工具可以帮助准确定位和对齐对象，以及进行测量操作。

1.8.1 实战：标尺

标尺可以帮助准确定位和测量画板中的对象。

01 按下Ctrl+O快捷键，打开光盘中的素材文件，如图1-155所示。执行"视图>标尺>显示标尺"命令，或按下Ctrl+R快捷键，显示标尺，如图1-156所示。

图1-155　　　　　图1-156

02 标尺上的0点位置称为原点。将光标放在窗口左上角水平标尺与垂直标尺的交界处，单击并拖动鼠标可以拖出十字线，如图1-157所示，将它拖放在需要的位置，即可将该处设置为标尺的新原点，如图1-158所示。

图1-157　　　　　图1-158

03 如果要将原点恢复为默认位置，可以在窗口左上角水平标尺与垂直标尺的相交处双击。显示标尺后，移动光标时，标尺内的标记会显示光标的精确位置。此外，在标尺上单击右键打开下拉菜单，选择菜单中的选项可以修改标尺的单位，如英寸、毫米、厘米、像素等。如果要隐藏标尺，可以执行"视图>标尺>隐藏标尺"命令或按下Ctrl+R快捷键。

技术看板：全局标尺与画板标尺的区别

Illustrator 分别为文档和画板提供了单独的标尺，即全局标尺和画板标尺。在"视图>标尺"下拉菜单中选择"更改为全局标尺"或"更改为画板标尺"命令，可以切换这两种标尺。

全局标尺显示在窗口的顶部和左侧，标尺原点位于窗口的左上角；画板标尺显示在画板的顶部和左侧，原点位于画板的左上角。它们的区别在于，如果选择画板标尺，原点将根据活动的画板而变化，不同的画板标尺也可以有不同的原点。此外，如果使用了图案填充对象，则修改全局标尺的原点时会影响图案拼贴位置；修改画板标尺的原点，图案不会受到影响。

全局标尺　修改全局标尺的原点时图案发生改变

1.8.2 实战：参考线和智能参考线

参考线可以帮助用户对齐文本和图形对象。智能参考线是一种智能化的参考线，它仅在需要时出现，可以相对于其他对象创建、对齐、编辑和变换当前对象。

01 按下Ctrl+O快捷键，打开光盘中的素材文件，如图1-159所示。按下Ctrl+R快捷键显示标尺，如图1-160所示。

图1-159　　　　　图1-160

02 将光标放在水平标尺上，单击并向下拖动，拖出水平参考线，如图1-161所示。在垂直标尺上拖出垂直参考线，如图1-162所示。如果按住Shift键拖动，可以使参考线与标尺上的刻度对齐。

图1-161　　　　　图1-162

03 执行"视图>参考线>锁定参考线"命令，取消该命令前的勾选，解除参考线的锁定。使用选择工具单击并拖动参考线，可将其移动，如图1-163所示。如果要删除一条参考线，可单击它，然后按下Delete键。

04 执行"视图>参考线>清除参考线"命令，删除所有参考线，执行"视图>智能参考线"命令，启用智能参考线，使用选择工具单击并拖动对象，此时智能参考线会自动出现，帮助用户对齐对象，如图1-164所示。

图1-163　　　　　图1-164

05 将光标放在定界框外，单击并拖动鼠标旋转对象，可以显示旋转角度，如图1-165所示。拖动定界框上的控制点缩放对象，可以显示对象的长度值和宽度值，如图1-166所示。如果要隐藏智能参考线，可以执行"视图>智能参考线"命令。

图1-165　　　　　图1-166

技术看板：将图形转换为参考线

选择一个矢量对象，执行"视图>参考线>建立参考线"命令，可以将图形转换为参考线。如果要从此类参考线中释放图形，可以选择参考线，然后执行"视图>参考线>释放参考线"命令。

选择矢量图形　　　　　将图形转换为参考线

1.8.3 实战：网格和透明度网格

网格出现在图稿的背后，在对称布置对象时非常有用，但不能打印。透明度网格可以帮助用户查看图稿中是否包含透明区域，以及透明区域的透明程度。

01 按下Ctrl+O快捷键，打开光盘中的素材文件，如图1-167所示。执行"视图>显示网格"命令，在图形后面显示网格，如图1-168所示。

图1-167　　　　　　　图1-168

02 执行"视图>对齐网格"命令，启用对齐功

能，此后创建图形或进行移动、旋转和缩放等操作时，当对象的边界在网格线的2个像素之内时，会对齐到网格点上。例如，使用选择工具 ⯑ 单击并拖动对象进行移动操作时，可以对齐到网格上，如图1-169所示。

03 按下Ctrl+Z快捷键撤销移动操作。执行"视图>隐藏网格"命令隐藏网格，使用选择工具 ⯑ 单击对象，将其选择，如图1-170所示。

图1-169　　　　　　　图1-170

04 在控制面板的"不透明度"选项中将对象的不透明度设置为50%，如图1-171所示。执行"视图>显示透明度网格"命令，在图稿背后显示透明度网格，此时可以看到图稿的透明效果，如图1-172所示。如果要隐藏透明度网格，可以执行"视图>隐藏透明度网格"命令。

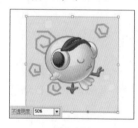 

图1-171　　　　　　　图1-172

第2章

全面掌握绘图法则：
Illustrator基本操作

2.1 选择对象

在Illustrator中要编辑一个对象时，首先要准确地将其选择。Illustrator提供了许多用于选择对象的工具和命令。下面就来介绍它们的使用方法。

2.1.1 实战：用选择工具选择对象

01 按下Ctrl+O快捷键，打开光盘中的素材文件，如图2-1所示。

图2-1

02 选择工具面板中的选择工具，将光标放在对象上（光标会变为状），单击鼠标即可选中对象，所选对象周围会出现定界框，如图2-2所示。如果单击并拖出一个矩形选框，则可以选中选框内的所有对象，如图2-3所示。

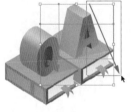

图2-2　　　　　　　　图2-3

03 选择对象后，如果要添加选择其他对象，可按住 Shift 键分别单击它们，如图2-4所示。如果要取消某些对象的选择，也是按住 Shift 键单击它们，如果要取消所有对象的选择，可在空白区域单击，如图2-5所示。

图2-4　　　　　　　　图2-5

2.1.2 实战：用魔棒工具选择对象

如果要快速选择文档中具有相同填充内容、描边颜色、不透明度和混合模式等属性的所有对象，可以通过魔棒工具和"魔棒"面板来操作。

01 打开光盘中的素材文件，如图2-6所示。双击魔棒工具，选择该工具并弹出"魔棒"面板。

02 在面板中勾选一个或多个选项。例如，如果要选择所有填充了渐变的对象，可勾选"填充颜色"，如图2-7所示。"容差"值决定了符合被选取条件的对象与当前单击的对象的相似程度。该值较低时，只能选择与当前单击的对象非常相似的其他对象，该值越高，可以选择范围更广的对象。

图2-6　　　　　　　　图2-7

03 用魔术棒工具在一个渐变对象上单击，即可同时选择所有填充了相同渐变的对象，如图2-8、图2-9所示。如果要添加选择其他对象，可按住 Shift 键单击它们，如果要取消选择某些对象，可按住 Alt 键单击它们。

图2-8　　　　　　　　图2-9

2.1.3 实战：用编组选择工具选择编组对象

当图形数量较多时，可以将相同类型的多个对象编到一个组中，以便于编辑修改。编组选择工具 可以选择组和组中的单个对象。

01 打开光盘中的素材文件，如图2-10所示。使用编组选择工具 在对象上单击，可以选择组中的一个对象，如图2-11所示。

图2-10

图2-11

02 双击可以选择对象所在的组，如图2-12所示。如果该组为多级嵌套结构（即组中还包含组），则每多单击一次，便会多选择一个组，如图2-13所示为单击3次选择的组。

图2-12

图2-13

2.1.4 实战：按照堆叠顺序选择对象

在Illustrator中绘图时，新绘制的图形总是位于前一个图形的上方。当多个图形堆叠在一起时，可通过下面的方法选择它们。

01 打开光盘中的素材文件，如图2-14所示。图稿中的3只小鸡堆叠在一起，使用选择工具 ▶ 先单击位于中间的小鸡，将其选择，如图2-15所示。

图2-14

图2-15

02 如果要选择它上方最近的对象，可以执行"选择>上方的下一个对象"命令，效果如图2-16所示。如果要选择它下方最近的对象，可以执行"选择>下方的下一个对象"命令，效果如图2-17所示。

图2-16

图2-17

03 按住 Ctrl 单击对象，可以循环选中位于光标下方的各个对象。

2.1.5 实战：用图层面板选择对象

编辑复杂的图形时，小的对象经常会被大的图形遮盖，想要选择被遮盖的对象比较困难。如遇到这种情况，可通过"图层"面板选择对象。

01 打开光盘中的素材文件。单击"图层"面板中的 ▶ 按钮，展开图层列表，如图2-18所示。

图2-18

02 如果要选择一个对象，可在对象的选择列，即 ◯ 状图标处单击，该图标会变为 ◎▪ 状（图标的颜色取决于"图层选项"对话框中所设置的图层颜色），如图2-19所示。按住 Shift 单击其他选择列，可以添加选择其他对象，如图2-20所示。

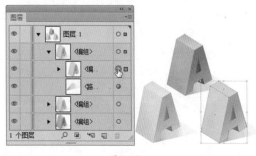

图2-19

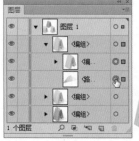

图2-20

03 如果要选择一个组中的所有对象，或图层中的所有对象，可以在组或图层的选择列单击，如图2-21、图2-22所示。

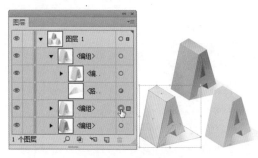

图2-21

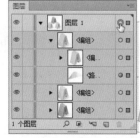

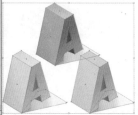

图2-22

技术看板：识别"图层"面板中的选择图标

在"图层"面板中选择对象后，选择列会出现不同的图标。当图层的选择列显示 ◎▪ 状图标时，表示该图层中所有的子图层、组都被选择；如果图标显示为 ◯▪ 状，则表示只有部分子图层或组被选择。

图层中所有对象都被选择　　　　　　　只有部分对象被选择

2.1.6　选择特定类型的对象

"选择>对象"下拉菜单中包含各种选择命令，如图2-23所示，它们可以自动选择文档中特定类型的对象。

图2-23

- 同一图层上的所有对象：选择一个对象后，如图2-24所示，执行该命令，可以选择与所选对象位于同一图层上的其他对象，如图2-25所示。

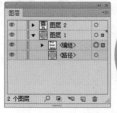

图2-24

图2-25

- 方向手柄：选择一个对象后，如图2-26所示，执行该命令可以选择当前对象中所有锚点的方向线和控制点，如图2-27所示。

图2-26　　　　　　图2-27

- 没有对齐像素网格：选择没有对齐到像素网格上的对象。

- 毛刷画笔描边：选择添加了毛刷画笔描边的对象。
- 画笔描边：选择添加了画笔描边的对象。
- 剪切蒙版：选择文档中所有的剪切蒙版图形。
- 游离点：选择文档中所有的游离点（即无用的锚点）。
- 文本对象：选择文档中所有的文本对象，包括点状文字、区域文字和空文本框。

2.1.7　全选、反选和重新选择

选择一个或多个对象后，如图2-28所示，执行"选择>反向"命令，可以取消原有对象的选择，而选择所有未被选中的对象，如图2-29所示。执行"选择>全部"命令，可以选择文档中的所有对象。选择对象后，执行"选择>取消选择"命令，或在画板空白处单击，可以取消选择。取消选择以后，如果要重复使用上一个选择命令，可执行"选择>重新选择"命令。

图2-28　　　　　　图2-29

2.1.8　存储所选对象

编辑复杂的图形时，如果经常选择某些对象或锚点，可以使用"选择>存储所选对象"命令，将这些对象或锚点的选中状态保存，以后操作中需要选择它们时，在"选择"菜单的底部单击它们的名称，即可调用该选择状态。存储选择状态后，如果要删除某些对象或修改名称，可以使用"选择>编辑所选对象"命令来操作。

　2.2　组织与排列对象

在Illustrator中绘制复杂的图稿时，会创建大量的图形，图形的排列方法、堆叠顺序等会影响图稿的最终效果。下面介绍图形的组织与排列方法。

2.2.1　实战：移动对象

01 打开光盘中的素材文件，如图2-30所示。使用选择工具 ▶ 单击对象，将其选择，如图2-31所示。

图2-30

图2-31

02 按住鼠标按键拖动可以移动对象，如图2-32所示。按住Shift键拖动，可沿水平、垂直或对角线方向移动；按住Alt键（光标变为 ▶ 状）拖动，可以复制对象，如图2-33所示。

图2-32

图2-33

提示：

使用选择工具 ▶ 选择对象后，按下"→、←、↑、↓"键，可以将所选对象沿相应的方向轻微移动1个点的距离。如果同时按住方向键和Shift键，则可以移动10个点的距离。

2.2.2　实战：在不同的文档间移动对象

01 按下Ctrl+O快捷键，弹出"打开"对话框，按住Ctrl键单击光盘中的两个素材文件，如图2-34所示，按下回车键，将它们打开。此时会创建两个文档窗口，如图2-35所示。

图2-34

图2-35

02 使用选择工具 ▶ 单击奶牛图形，如图2-36所示，按住鼠标按键不放，将光标移动到另一个文档窗口的标题栏上，如图2-37所示。

图2-36

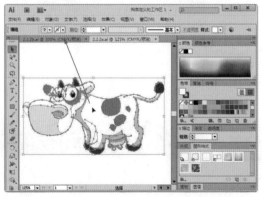

图2-37

03 停留片刻，切换到该文档，如图2-38所示，将光标移动到画面中，再放开鼠标按键，即可将图形拖入该文档，如图2-39所示。

图2-38

图2-39

2.2.3　复制、粘贴与删除

选择对象后，执行"编辑>复制"命令，可将其复制到剪贴板，画面中的对象保持不变。执行"编辑>剪切"命令，则可将对象剪切到剪贴板中。

选择对象后，按下Delete键可将其删除。

选择一个对象，如图2-40所示，按下Ctrl+C快捷键将其复制。复制（或剪切）对象后，可以通过下面方法进行粘贴。

图2-40

● 粘贴：执行"编辑>粘贴"命令，可以将对象粘贴在文档窗口的中心位置。

● 贴在前面：如果当前没有选择任何对象，执行"编辑>贴在前面"命令时，粘贴的对象会位于被复制的对象的上方，且与它重合；如果选择了一个对象，如图2-41所示，再执行该命令，则粘贴的对象仍与被复制的对象重合，但它的堆叠顺序会排在所选对象之上，如图2-42所示。

图2-41　　　　　　　　图2-42

● 贴在后面："贴在后面"与"贴在前面"命令效果相反。如果没有选择任何对象，执行该命令时，粘贴的对象会位于被复制的对象的下方，且与之重合；如果执行该命令前选择了一个对象，则粘贴的对象仍与被复制的对象重合，但它的堆叠顺序会排在所选对象之下，

● 就地粘贴：执行"编辑>就地粘贴"命令，可以将对象粘贴到当前画板上，粘贴后的位置与复制该对象时所在的位置相同。

● 在所有画板上粘贴：如果创建了多个画板（单击"画板"面板中的 📄 按钮），执行"编辑>在所有画板上粘贴"命令，可以在所有画板的相同位置都粘贴对象。

2.2.4　编组

在Illustrator中，一个复杂的对象往往包含许多图形。为了便于选择和管理，可以将多个对象编为一组，此后进行移动、旋转和缩放等操作时，它们会一同变化。编组后，可随时选择组中的部分对象进行单独处理。

选择多个对象，如图2-43、图2-44所示，执行"对象>编组"命令或按下Ctrl+G快捷键，即可将它们编为一组。组在"图层"面板中显示为"<编组>"，如图2-45所示。编组后的对象还可以与其他对象再次编组，这样的组称为嵌套结构的组。

图2-43

图2-44　　　　　　　　图2-45

使用选择工具  可以选择整个组。如果要选择组中对象，可以使用编组选择工具 来操作。如果要取消编组，可以选择编组对象，执行"对象>取消编组"命令或按下Shift+Ctrl+G快捷键。对于包含多个组的编组对象，则需要多次按下该快捷键才能解散所有的组。

提示：

编组有时会改变图形的堆叠顺序。例如，将位于不同图层上的对象编为一个组时，图形会调整到同一个图层上。

2.2.5　在隔离模式下编辑组中对象

使用选择工具 双击编组的对象，如图2-46所示，进入隔离模式。此时，当前对象（称为"隔离对象"）以全色显示，其他对象的颜色会变淡，并且"图层"面板中只显示处于隔离状态下对象，如图2-47所示。在隔离模式下可以轻松选择和编辑特定对象或对象的某些部分，而不受其他图形的干扰，也不会影响其他图形。如果要退出隔离模式，可单击文档窗口左上角的 按钮。

提示：

可以隔离的对象包括图层、子图层、组、符号、剪切蒙版、复合路径、渐变网格和路径。

图2-46

图2-47

2.2.6　调整对象的堆叠顺序

在Illustrator中绘图时，最先创建的图形位于最下方，以后创建的图形会依次堆叠在它的上方。如果要调整图形的堆叠顺序，可以选择图形，如图2-48所示，然后执行"对象>排列"下拉菜单中的命令，如图2-49所示。

图2-48

图2-49

● 置于顶层：将所选对象移至最顶层，如图2-50所示。

- 前移一层：将所选对象的堆叠顺序向前移动一个位置，如图2-51所示。

图2-50 　　　　　图2-51

- 后移一层：将所选对象的堆叠顺序向后移动一个位置。
- 置于底层：将所选对象移至最底层。
- 发送至当前图层：单击"图层"面板中的一个图层，如图2-52所示，执行该命令后，可以将所选对象移动到当前选择的图层中，如图2-53所示。

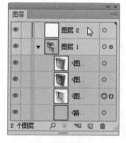 

图2-52 　　　　　图2-53

2.2.7 用图层面板调整堆叠顺序

在Illustrator中绘图时，图形的堆叠顺序与"图层"面板中图层的堆叠顺序是一致的。单击"图层"面板中的一个图层并将其拖动到指定位置，即可调整堆叠顺序，如图2-54、图2-55所示。通过这种方法可以调整图层、子图层的顺序，也可将一个图层移动到另一个图层中，使其成为该图层的子图层。

图2-54

图2-55

提示：

如果要反转图层的堆叠顺序，可以选择需要调整顺序的图层，执行面板菜单中的"反向顺序"命令。

2.2.8 对齐对象

选择多个对象后，单击"对齐"面板中的对齐按钮，可以沿指定的轴将它们对齐。如图2-56所示为"对齐"面板，对齐按钮分别是：水平左对齐，水平居中对齐，水平右对齐，垂直顶对齐，垂直居中对齐，垂直底对齐。如图2-57所示为需要对齐的对象及按下各个按钮后的对齐结果。

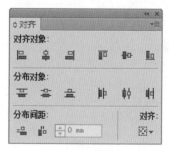

图2-56

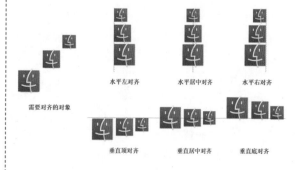

图2-57

技术看板：相对于指定的对象对齐和分布

在进行对齐和分布操作时，如果要以所选对象中的一个对象为基准来对齐或分布其他对象，可在选择对象之后，再单击一下这个对象，然后单击所需的对齐或分布按钮。如果要相对于画板对齐，可单击 按钮，打开下拉菜单选择"对齐画板"命令。

选择3个对象　　　　　　　单击其中的黄色对象　　　　　　基于所选对象对齐其他对象

2.2.9　分布对象

分布对象

如果要按照一定的规律分布多个对象，可以将它们选择，再通过"对齐"面板中的按钮来进行操作，如图2-58、图2-59所示。这些按钮分别是：垂直顶分布 ，垂直居中分布 ，垂直底分布 ，水平左分布 ，水平居中分布 ，水平右分布 ，如图2-59所示为需要分布的对象及按下各按钮后的分布结果。

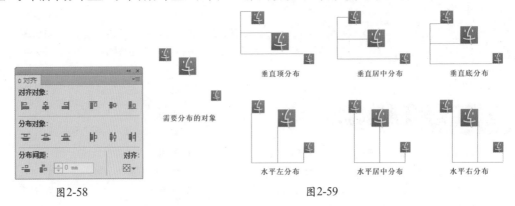

图2-58　　　　　　　　　　　　　　　　　图2-59

按照设定的距离分布对象

选择多个对象后，如图2-60所示，单击其中的一个图形，如图2-61所示，然后在"分布间距"选项中输入数值，如图2-62所示，再单击垂直分布间距按钮 或水平分布间距按钮 ，即可让所选图形按照设定的数值均匀分布，如图2-63、图2-64所示。

选择3个图形　　　单击中间的图形　设置分布间距为10mm　单击垂直分布间距按钮 　单击水平分布间距按钮

图2-60　　　　　　　图2-61　　　　　　　图2-62　　　　　　　图2-63　　　　　　　图2-64

技术看板：基于路径宽度对齐和分布对象

在默认状态下，Illustrator 会根据对象的路径计算对齐和分布情况。当处理具有不同描边粗细的路径时，从外观上看，它们并没有对齐。如果遇到这种情况，可以从"对齐"面板菜单中选择"使用预览边界"命令，改为使用描边边缘来作为参考，再进行对齐和分布操作。

选择对象　　单击▣按钮　　　选择"使用预览边界"命令　　再单击▣按钮

2.3 变换操作

变换操作包括移动、旋转、镜像、缩放和倾斜等操作。"变换"面板、"对象>变换"命令或专用的工具都可以进行变换，拖动定界框则可完成多种变换。

2.3.1 定界框、中心点和参考点

使用选择工具 ▶ 进行选择时，对象周围会出现一个定界框，如图2-65所示。定界框四周的小方块是控制点，拖动它们可以旋转、镜像和缩放对象。定界框中心有一个 ■ 状的中心点，在进行旋转和缩放等操作时，对象会以中心点为基准进行变换，如图2-66所示为缩放对象时的效果。

 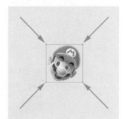

图2-65　　　　　　图2-66

使用旋转、镜像、比例缩放和倾斜等工具时，如果在中心点以外的区域单击，可以设置一个参考点（参考点为 ◇ 状），如图2-67所示，这时对象会以该点为基准产生变换，如图2-68所示。如果要将参考点重新恢复到对象的中心，可以双击旋转等变换工具，在打开的对话框中单击"取消"按钮。

 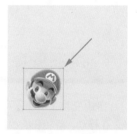

图2-67　　　　　　图2-68

技术看板：重置定界框

进行旋转操作以后，对象的定界框也会发生旋转，如果要复位定界框，可以执行"对象>变换>重置定界框"命令。

选择对象　　　　　进行旋转

重置定界框

图2-69　　　　　　　　图2-70

2.3.2　实战：通过定界框变换对象

01 打开光盘中的素材文件。使用选择工具 ▶
选择对象，如图2-69所示。将光标放在定
界框外，当光标变为 ⤴ 状时，单击并拖动
鼠标可以旋转对象，如图2-70所示。按住
Shift键操作，可以将旋转角度限制为45°
的倍数。

02 将光标放在控制点上，当光标变为 ↔、↕、
↖、↗ 状时，单击并拖动鼠标可以拉伸对
象，如图2-71所示。按住Shift键操作可进行
等比缩放，如图2-72所示。

图2-71　　　　　　　　图2-72

2.3.3　实战：用自由变换工具变换对象

　　自由变换工具 ▦ 可以更加灵活地进行变换操
作。在移动、旋转和缩放时，操作方法与选择工具 ▶
相同。该工具的特别之处是可以进行扭曲和透视。

01 打开光盘中的素材文件，如图2-73所示。使
用选择工具 ▶ 选择条码签。

图2-73

02 选择自由变换工具 ▦，将光标放在控制点上，
如图2-74所示，先单击鼠标，然后按住Ctrl键拖
动鼠标即可扭曲对象，如图2-75所示。

图2-74

图2-75

03 如果按住Ctrl+Alt键拖动鼠标，可以创建

对称的扭曲效果，如图2-76所示；按住
Ctrl+Alt+Shift键拖动鼠标，可创建透视效
果，如图2-77所示。设置好扭曲的条码签
后，按住Ctrl键切换为选择工具 ▶，将图形
移动到纸箱上，如图2-78所示。

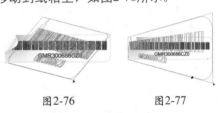

图2-76　　　　　　　　图2-77

图2-78

2.3.4　实战：旋转

01 打开光盘中的素材文件，如图2-79所示。使
用选择工具 ▶ 选取光盘。

02 使用旋转工具 ↻ 单击并拖动对象，可基于中心

点进行旋转，如图2-80所示。如果要进行小幅度的旋转，可在远离对象的位置拖动鼠标。

度值，然后单击"确定"按钮，如图2-81、图2-82所示。旋转角度为正值时，对象沿逆时针方向旋转；为负值时，顺时针旋转。单击"对话框"中的"复制"按钮，则可以旋转并复制出一个对象。

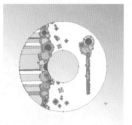

图2-79　　　　　　　图2-80

03 如果要设置精确的旋转角度，可以双击旋转工具 🔄，在打开 "旋转"对话框中输入角

图2-81　　　　　　　图2-82

技术看板：单独旋转对象和图案

如果对象填充了图案，可以在"旋转"对话框中选择单独旋转对象、单独旋转图案或二者同时旋转。此外，双击缩放、镜像和倾斜工具时，也可以在打开的对话框中设定变换内容。

填充了图案的图形　　　　　"旋转"对话框选项

勾选"变换对象"　　勾选"变换图案"　　勾选"变换对象"和"变换图案"

2.3.5　实战：镜像

01 打开光盘中的素材文件，如图2-83所示。执行"视图>智能参考线"命令，如图2-84所示，启用智能参考线。

02 使用选择工具 ▶ 选中图形，如图2-85所示。选择镜像工具 ◁，将光标放在眼镜的水平中心处，定位准确时会突出显示锚点，如图2-86所示。

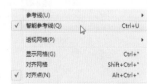

图2-83　　　　　　　图2-84

图2-85　　　　　　　图2-86

03 按住Alt键单击，将参考点定位在此处，同时弹出"镜像"对话框，选择"垂直"选项，如图2-87所示，单击"复制"按钮复制图像，如图2-88所示。

图2-87　　　　　　　图2-88

04 保持对象的选取状态，执行"编辑>编辑颜色>调整色彩平衡"命令，调整图稿的颜色，如图2-89、图2-90所示。

图2-89　　　　　　　图2-90

提示：

使用镜像工具 拖动所选对象可以翻转对象。按住Shift键操作，对象会以45°为增量进行旋转。

2.3.6　实战：缩放

01 打开光盘中的素材文件，如图2-91所示。使用选择工具 选取小熊，按住Alt键拖动鼠标进行复制，如图2-92所示。

图2-91　　　　　　　图2-92

02 双击比例缩放工具 ，打开"比例缩放"对话框，选择"等比"选项并输入数值，进行等比缩放，如图2-93、图2-94所示。如果选择"不等比"选项，则可分别指定"水平"和"垂直"缩放比例，进行不等比缩放。如果要进行自由缩放，使用比例缩放工具 直接拖动所选对象即可。在离对象较远的位置拖动，可进行小幅度的缩放。

图2-93　　　　　　　图2-94

03 使用选择工具 按住Shift+Alt键继续复制小熊，如图2-95所示。

图2-95

技术看板：缩放描边和效果

在进行缩放操作时，如果对象添加了描边和效果，则在"比例缩放"对话框中选择"比例缩放描边和效果"选项，可同时缩放对象、描边和添加的效果。如果对象填充了图案，可以选择单独缩放对象、图案或两者同时缩放。

原图形　　　　未选择"比例缩放描边和效果"

选择"比例缩放描边和效果"

2.3.7 实战：倾斜

01 打开光盘中的素材文件，如图2-96所示。使用选择工具 选取卡通形象。

图2-96

02 选择倾斜工具 ，单击并拖动鼠标即可倾斜对象。鼠标的拖动方向不同，倾斜的方向也不同。如果要沿对象的垂直轴倾斜对象，可上、下拖动鼠标（按住 Shift 键可保持其原始宽度），如图2-97所示；如果要沿对象的水平轴倾斜对象，可左、右拖动鼠标（按住 Shift 键可保持其原始高度），如图2-98所示。

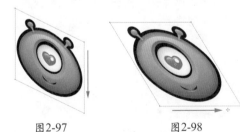

图2-97　　　　　　图2-98

03 如果要按照指定的方向和角度倾斜对象，可在选取对象后，双击倾斜工具 ，打开"倾斜"对话框，首先选择沿哪条轴（"水平"、"垂直"或指定轴的"角度"）倾斜对象，然后在"倾斜角度"选项内输入角度值并单击"确定"按钮，如图2-99所示，如图2-100所示。如果单击"复制"按钮，则可以复制对象，并倾斜复制后得到的对象。

图2-99　　　　　　图2-100

2.3.8 实战：通过再次变换制作花纹

进行变换操作以后，保持对象的选取状态，按下Ctrl+D快捷键可以再次应用相同的变换。下面就来通过这种方法制作漂亮的花纹。

01 按下Ctrl+N快捷键，新建一个文档。选择极坐标网格工具 ，按住Alt键在画板中单击，弹出"极坐标网格工具选项"对话框，设置网格的宽度与高度均为29mm，同心圆分隔线为0，径向分隔线为55，如图2-101所示，单击"确定"按钮创建一个网格图形。

02 在控制面板中设置描边颜色为洋红色，宽度为0.5pt，如图2-102所示。

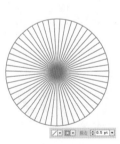

图2-101　　　　　　图2-102

03 选择旋转工具 ，将光标放在网格图形的底边，如图2-103所示，按住Alt键单击，弹出"旋转"对话框，设置"角度"为45°，如图2-104所示，单击"复制"按钮，旋转并复制一个网格图形，如图2-105所示。按下Ctrl+D快捷键再次变换出一个新的网格图形，如图2-106所示。

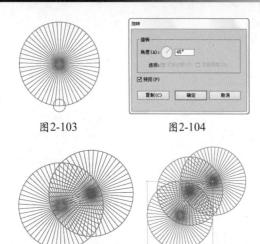

图2-103　　　　　图2-104

对象后，在面板中输入数值并按下回车键。如图2-110所示为"变换"面板，如图2-111所示为面板菜单。选择菜单中的命令可以仅变换对象或图案，也可同时应用变换。

图2-110　　　　　　图2-111

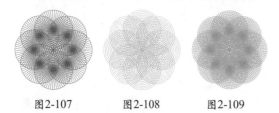

图2-105　　　　　图2-106

04 继续按下Ctrl+D快捷键变换图形，直到组成一个完整的花朵，如图2-107所示。制作不同的极坐标图形，再通过"再次变换"命令可以制作出如图2-108、图2-109所示的花朵图案。

图2-107　　　图2-108　　　图2-109

 　**2.3.9　精确变换**

"变换"面板可以进行精确的变换操作，例如，可以将对象移动到指定的位置，缩放到精确尺寸，或同时进行移动和缩放。操作方法是选取

- 参考点定位器▦：移动、旋转或缩放对象时，对象将以参考点为基准进行变换。默认情况下，参考点位于对象的中心，如果要改变它的位置，可单击参考点定位器上的空心小方块。
- X/Y：分别代表了对象在水平和垂直方向上的位置。在这两个选项中输入数值可以精确定位对象在文档窗口中的位置。
- 宽/高：分别代表了对象的宽度和高度。在这两个选项中输入数值可以将对象缩放到指定的宽度和高度。如果要进行等比缩放，可以单击选项右侧的◎按钮，再输入缩放值。
- 旋转△：可以输入对象的旋转角度。
- 倾斜◿：可以输入对象的倾斜角度。
- 缩放描边和效果：勾选该项，可以对描边和效果同时应用变换。
- 对齐像素网格：勾选该项，可以将对象对齐到像素网格上。

2.4　撤销操作与还原图稿

在编辑图稿的过程中，如果某一步操作出现了失误，或对创建的效果不满意，可以撤销操作、恢复图稿。

2.4.1　还原与重做

执行"编辑>还原"命令或按下Ctrl+Z快捷键，可以撤销对图稿所进行的最后一次操作，返回到前一步编辑状态中。连续按Ctrl+Z快捷键，可依次向前撤销操作。执行"还原"命令后，如果要取消还原操作，可以执行"编辑>重做"命令，或按下Shift+Ctrl+Z快捷键。

2.4.2　恢复文件

当打开了一个文件并对它进行编辑之后，如果对编辑效果不满意，或在编辑过程中进行了无法撤销的操作，可以执行"文件>恢复"命令，将文件恢复到上一次保存时的状态。

2.5　精通变换操作：制作旋转特效海报

01 打开光盘中的素材文件，如图2-112所示。使用选择工具 ▶ 选取图像，如图2-113所示。

图2-112　　　　　　　图2-113

02 执行"效果>扭曲和变换>变换"命令，打开"变换效果"对话框，设置缩放、移动和旋转参数，"副本"设置为40，单击参考点定位器 ▦ 右侧中间的小方块，将变换参考点定位在人像右侧边缘的中间位置，如图2-114所示。单击"确定"按钮，复制出40个人像，他们每一个都较前一个缩小95%、旋转-10°并水平移动，生成图2-115所示的旋转特效。

图2-114　　　　　　　图2-115

03 文档中有两个画板，右侧的画板中有一个图像背景，如图2-116所示。使用选择工具 ▶ 将人像移动到该画板上，最终效果如图2-117所示。

图2-116　　　　　　　图2-117

> **提示：**
>
> 在"变形效果"对话框中选择"随机"选项，可在指定的变换数值内随机变换对象。选择"对称X"或"对称Y"时，可基于X轴或Y轴镜像对象。

2.6　精通变换操作：线的构成艺术

01 按下Ctrl+O快捷键，打开光盘中的素材文件，如图2-118所示。

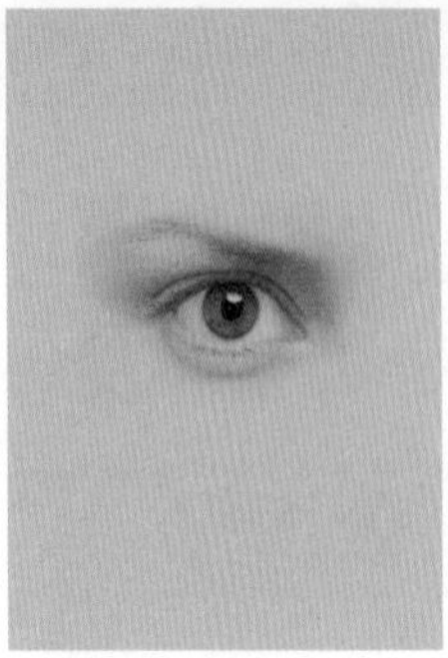

图2-118

02 选择星形工具，下面的操作要一气呵成，中间不能放开鼠标。先拖动鼠标创建一个星形（可按下↑键增加边数，按下↓键减少边数），如图2-119所示；不要放开鼠标，按下~键，然后迅速向外、向右上方拖动鼠标形成一条弧线，随着鼠标的移动会生成更多的星形，如图2-120所示；沿逆时针方向拖动鼠标，使鼠标的移动轨迹呈螺旋状向外延伸，如图2-121所示，这样就可以得到如图2-122所示的图形。按下Ctrl+G快捷键编组。

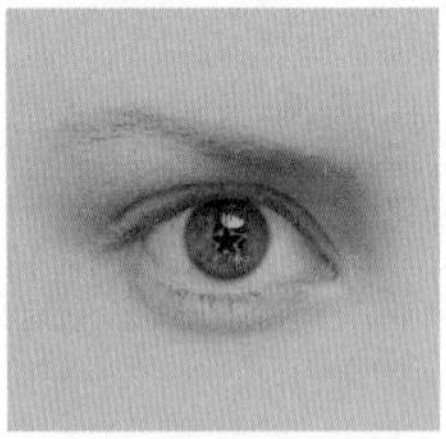

图2-119

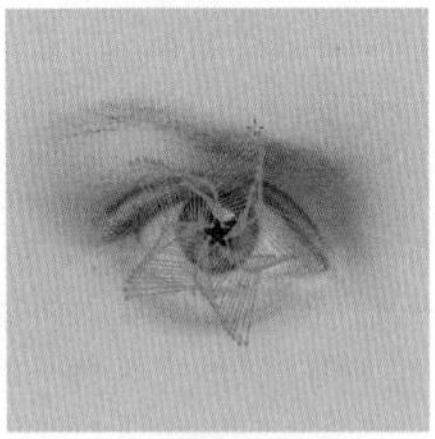

图2-120

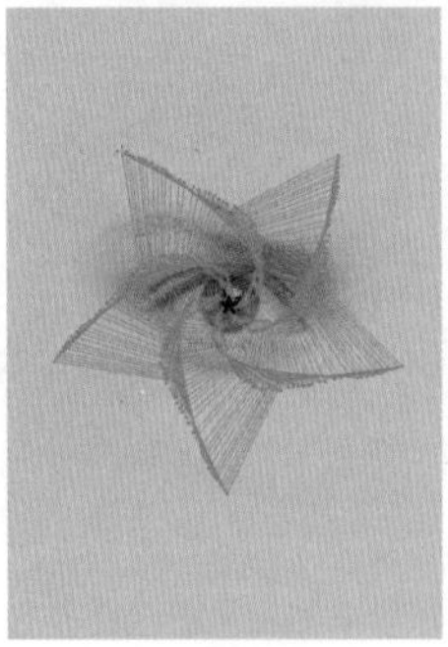

图2-121

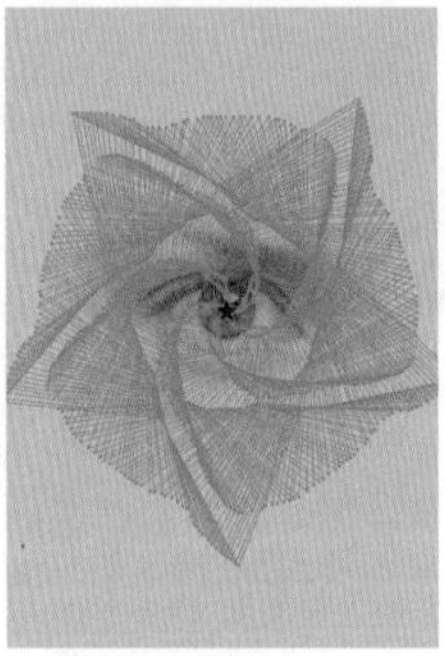

图2-122

03 按住Ctrl键在画板以外的区域单击，取消路径的选择，查看图形效果，如图2-123所示。使用选择工具选取图形，将描边宽度设置为0.5pt，如图2-124所示。

04 在“透明度”面板中设置图形的混合模式为“正片叠底”，如图2-125、图2-126所示。

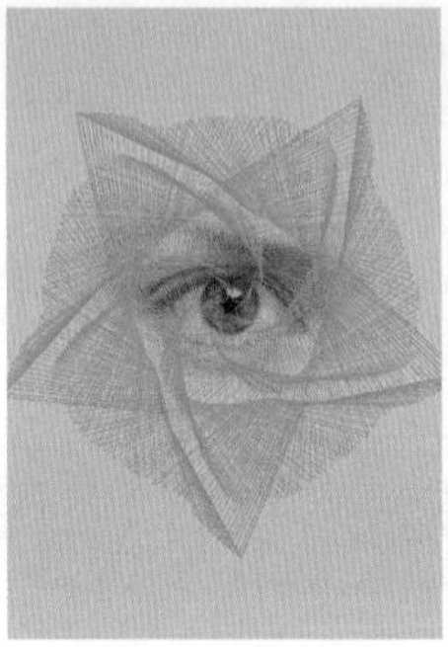

图2-123

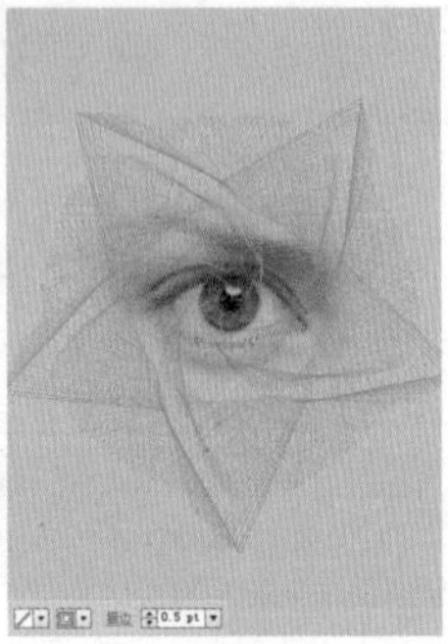

图2-124

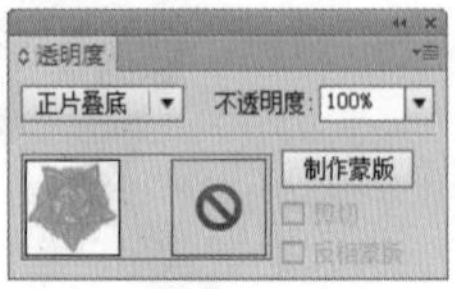

图2-125

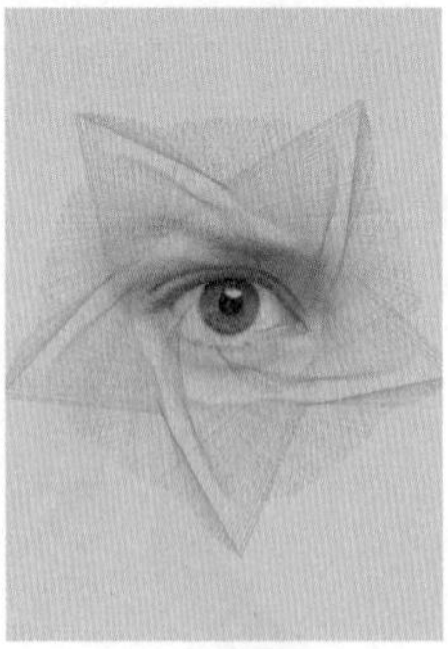

图2-126

05 按下Ctrl+C快捷键复制，按下Ctrl+F快捷键粘贴到前面，设置混合模式为“叠加”，如图2-127所示。将光标放在定界框的一角，拖动鼠标将图形旋转，如图2-128、图2-129所示。最后，输入文字，效果如图2-130所示。

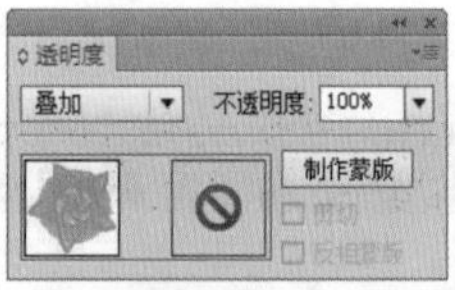

图2-127

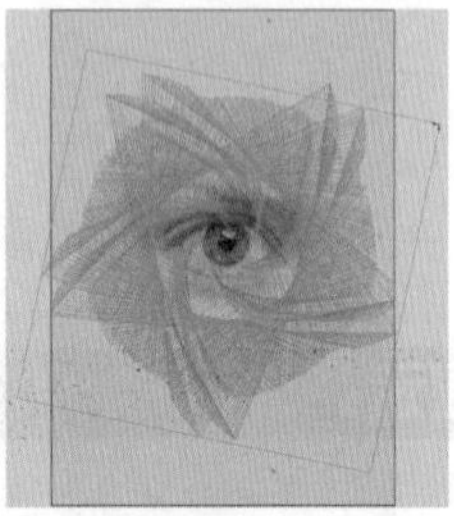

图2-128

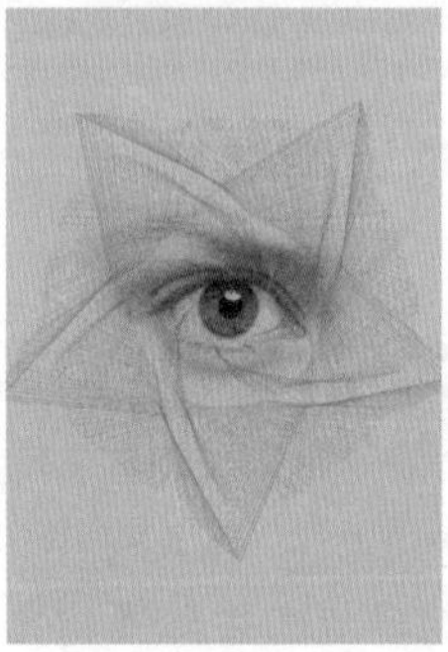

图2-129

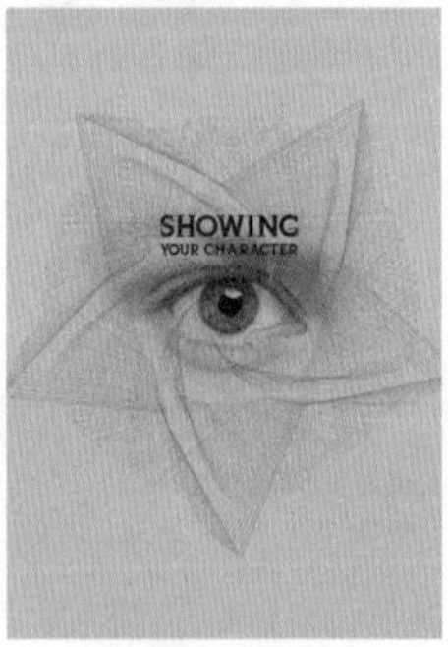

图2-130

第3章

体验趣味图形游戏：
绘图与上色

 **3.1　了解绘图模式**

在Illustrator中绘图时，新创建的图形总是堆叠在原有图形的上方。如果想要改变这种绘图方式，例如，放置在现有图形的下方或内部绘图，可以单击工具面板底部的按钮，如图3-1所示，然后再绘图。

- 正常绘图 ：默认的绘图模式，即新创建的对象总是位于最顶部，如图3-2、图3-3所示。

图3-1　　　　图3-2　　　　　图3-3

- 背面绘图 ：没有选择画板的情况下，可以在所选图层上的最底部绘图，如图3-4所示。如果选择了画板，则在所选对象下方绘制。

- 内部绘图 ：选择一个对象，如图3-5所示，单击该按钮后，可在所选对象的内部绘图，

如图3-6所示。通过这种方式可以创建剪切蒙版，使新绘制的对象显示在所选对象的内部。

图3-4　　　　　图3-5　　　　　图3-6

技术看板：两种剪切蒙版的区别

通过内部绘图模式创建的剪切蒙版会保留剪切路径上的内容，而使用"对象>剪切蒙版>建立"命令创建的剪切蒙版则会隐藏这些内容。

两个图形　　　　内部绘图　　　用"建立"命令
　　　　　　　　　　　　　　　创建剪切蒙版

 **3.2　绘制基本图形**

直线段工具 、矩形工具 、椭圆工具 、多边形工具 和矩形网格工具 等都属于最基本的绘图工具。选择这几种工具后，在画板中单击并拖动鼠标可自由创建图形；如果想要创建精确的图形，可在画板中单击，然后在弹出的对话框中设置与图形相关的参数和选项。

图3-7　　　　　　　　图3-8

3.2.1　绘制直线段

直线段工具 用于创建直线。在绘制的过程中按住Shift键，可以创建水平、垂直或以45°角方向为增量的直线；如果按住Alt键，直线会以单击点为中心向两侧沿伸；如果要创建指定长度和角度的直线，可在画板中单击，打开"直线段工具选项"对话框设置参数，如图3-7、图3-8所示。

3.2.2　绘制弧线

弧形工具 用于创建弧线。在绘制的过程中按下X键，可以切换弧线的凹凸方向，如图3-9、图3-10所示；按下C键，可在开放式图形与闭合图形之间切换，如图3-11所示为创建的闭合图形；按住Shift键，可以保持固定的角度；按下"↑、↓、←、→"键可以调整弧线的斜率。如果要创建更为精确的弧线，可在画板中单击，在打开的对话框中设置参数，如图3-12所示。

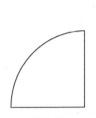

图3-9　　　　　图3-10

图3-11　　　　　图3-12

- 参考点定位器 ▢：单击参考点定位器上的空心方块，可以设置绘制弧线时的参考点。
- X轴长度/Y轴长度：用来设置弧线的长度和高度。
- 类型：在下拉列表中选择"开放"，可创建开放式弧线；选择"闭合"，则可创建闭合式弧线。
- 基线轴：选择下拉列表中的"X轴"，可以沿水平方向绘制；选择"Y轴"，则沿垂直方向绘制。
- 斜率：用来指定弧线的斜率方向，可输入数值或移动滑块来进行调整。
- 弧线填色：选择该选项后，会用当前的填充颜色为弧线所形成的区域填色。

3.2.3　绘制螺旋线

螺旋线工具 ◎ 用来创建螺旋线，如图3-13所示。选择该工具后，单击并拖动鼠标即可绘制螺旋线，在拖动鼠标的过程中移动光标可以旋转螺旋线；按下R键，可以调整螺旋线的方向，如图3-14所示；按住Ctrl键可调整螺旋线的紧密程度，如图3-15所示；按下↑键可增加螺旋，按下↓键则减少螺旋。如果要更加精确地绘制图形，可在画板中单击，打开"螺旋线"对话框设置参数，如图3-16所示。

图3-13　　　　　图3-14

图3-15　　　　　图3-16

- 半径：用来指定从中心到螺旋线最外侧的点的距离。该值越高，螺旋的范围越大。
- 衰减：用来指定螺旋线的每一螺旋相对于上一螺旋应减少的量。该值越小，螺旋的间距越小，如图3-17、图3-18所示。

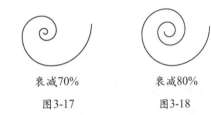

衰减70%　　　　　衰减80%

图3-17　　　　　图3-18

- 段数：决定螺旋线路径段的数量，如图3-19、图3-20所示。

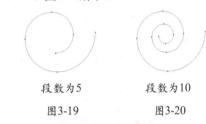

段数为5　　　　　段数为10

图3-19　　　　　图3-20

- 样式：可以设置螺旋线的方向。

3.2.4　绘制矩形和正方形

矩形工具 ▮ 用来创建矩形和正方形，如图3-21、图3-22所示。选择该工具后，单击并拖动鼠标可以创建任意大小的矩形；按住Alt键操作（光标变为☷状），可由单击点为中心向外绘制矩形；按住Shift键，可绘制正方形；按住Shift+Alt键，可由单击点为中心向外绘制正方形。如果要创建一个指定大小图形，可在画板中单击，打开"矩形"对话框设置参数，如图3-23所示。

图3-21　　　图3-22　　　图3-23

3.3.5 绘制圆角矩形

圆角矩形工具用来绘制圆角矩形,如图3-24所示。它的使用方法及快捷键都与矩形工具相同。不同的是,在绘制的过程中按下"↑"键,可增加圆角半径直至成为圆形;按下"↓"键则减少圆角半径直至成为方形;按下"←"或"→"键,可以在方形与圆形之间切换。如果要绘制指定大小的圆角矩形,可在画板单击,打开"圆角矩形"对话框设置参数,如图3-25所示。

图3-24 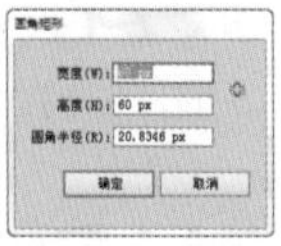   图3-25

3.2.6 绘制圆形和椭圆形

椭圆工具用来创建圆形和椭圆形,如图3-26、图3-27所示。选择该工具后,单击并拖动鼠标可以绘制任意大小的椭圆;按住Shift键可创建圆形;按住Alt键,可由单击点为中心向外绘制椭圆;按住Shift+Alt键,则由单击点为中心向外绘制圆形。如果要创建指定大小的椭圆或圆形,可在画板中单击,打开"椭圆"对话框设置参数,如图3-28所示。

图3-26   图3-27   图3-28

3.2.7 绘制多边形

多边形工具用来创建三边和三边以上的多边形,如图3-29~图3-31所示。在绘制的过程中,按下"↑"键或"↓"键,可增加或减少多边形的边数;移动光标可以旋转多边形;按住Shift键操作可以锁定一个不变的角度。如果要指定多边形的半径和边数,可以在希望作为多边形中心的位置单击,打开"多边形"对话框进行设置,如图3-32所示。

3边形   5边形   8边形"多边形"对话框
图3-29   图3-30   图3-31   图3-32

3.2.8 绘制星形

星形工具用来创建各种形状的星形,如图3-33、图3-34所示。在绘制的过程中,按下"↑"和"↓"键可增加和减少星形的角点数;拖动鼠标可以旋转星形;如果要保持不变的角度,可以按住Shift键来操作;如果按下Alt键,则可以调整星形拐角的角度,图3-35、图3-36所示为通过这种方法创建的星形。

5角星形   8角星形
图3-33   图3-34

按住Alt键创建5角星   按住Alt键创建8角星
图3-35   图3-36

如果要更加精确地绘制星形,可以选择星形工具,在希望作为星形中心的位置单击,打开"星形"对话框进行设置,如图3-37所示。

图3-37

- 半径1:用来指定从星形中心到星形最内点的距离。
- 半径2:用来指定从星形中心到星形最外点的距离。
- 角点数:用来指定星形具有的点数。

3.2.9 实战:绘制矩形网格

01 选择矩形网格工具▦,在画板中单击,弹出"矩形网格工具选项"对话框,设置参数如图3-38所示,单击"确定"按钮创建网格。设置描边颜色为蓝色,描边粗细为1.5pt,无填充颜色,如图3-39所示。

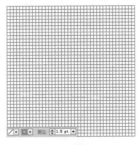

图3-38 图3-39

图3-46

02 保持图形的选取状态，双击旋转工具 🔄，在打开的对话框中设置旋转"角度"为45°，旋转图形，如图3-40、图3-41所示。

05 使用矩形工具 ▭ 创建一个矩形，如图3-47所示。单击"图层"面板底部的 ▣ 按钮，创建剪切蒙版，将矩形以外的图形隐藏，如图3-48所示。

图3-40 图3-41

图3-47 图3-48

03 执行"效果>风格化>投影"命令，添加"投影"效果，使网格产生立体感，如图3-42、图3-43所示。

06 单击"图层"面板底部的 ▣ 按钮，新建"图层2"。 展开"图层1"，将位于最下方的<编组>子图层拖动到 ▣ 按钮上复制，如图3-49所示，然后将复制后的图层拖动到"图层2"中，使它成为"图层2"的子图层，如图3-50所示。

图3-42 图3-43

04 将<编组>图层拖动到创建新图层按钮 ▣ 上进行复制，如图3-44所示。在组后面的选择列单击，选择该组对象（即复制后的矩形网格），如图3-45所示，调整描边颜色和描边粗细，使网格产生凸起和发亮效果，如图3-46所示。

图3-44 图3-45

07 在该图层的选择列单击，如图3-51所示，选择图形，单击工具面板底部的按钮，如图3-52所示，将图形恢复为默认的描边和填色设置，然后再将填色内容设置为无，设置描边颜色为白色、宽度为1.5pt，如图3-53所示。

图3-51 图3-52 图3-53

08 使用文字工具 Ｔ 在画板空白处输入文字，然后拖动到网格上，如图3-54所示。在"图层2"的选择列单击，如图3-55所示，选择该图层中的网格和文字，执行"对象>剪切蒙版>建立"命令，创建剪切蒙版，将文字以外的网格隐藏，如图3-56所示。

图3-54

图3-55

图3-56

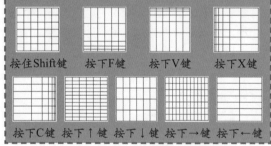

技术看板：矩形网格创建技巧

使用矩形网格工具▦时，按住Shift键可以创建正方形网格；按住Alt键，会以单击点为中心向外绘制网格；按下F键，网格中的水平分隔线间距可由下而上以10%的倍数递减；按下V键，水平分隔线的间距可由上而下以10%的倍数递减；按下X键，垂直分隔线的间距可由左向右以10%的倍数递减；按下C键，垂直分隔线的间距可由右向左以10%的倍数递减；按下↑键，可以增加水平分隔线的数量；按下↓键，则减少水平分隔线的数量；按下→键，可以增加垂直分隔线的数量；按下←键，可以减少垂直分隔线的数量。

按住Shift键　按下F键　按下V键　按下X键

按下C键　按下↑键　按下↓键　按下→键　按下←键

📡 **3.2.10　实战：绘制极坐标网格**

01 打开光盘中的素材文件。选择极坐标网格工具⊛，在画板中单击，弹出"极坐标网格工具选项"对话框，设置参数如图3-57所示，单击"确定"按钮创建极坐标网格，如图3-58所示。

图3-57　　　　　　图3-58

02 保持图形的选取状态。选择自由变换工具，在定界框的控制点上单击，如图3-59所示，然后按住Ctrl+Alt+Shift键拖动鼠标，进行透视扭曲，如图3-60所示。

图3-59　　　　　　图3-60

03 执行"窗口>色板库>渐变>金属"命令，打开该色板库，单击如图3-61所示的金属色渐变，为图形填色，在控制面板中将描边颜色设置为白色，描边宽度设置为18pt，如图3-62所示。使用选择工具▶将图形移动到婴儿下方，如图3-63所示。

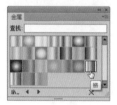

图3-61　　　　　　图3-62

图3-63

技术看板：极坐标网格创建技巧

使用极坐标网格工具⊛时，按住Shift键，可绘制圆形网格；按住Alt键，将以单击点为中心向外绘制极坐标网格；按下↑键，可增加同心圆的数量；按下↓键，则减少同心圆的数量；按下→键，可增加分隔线的数量；按下←键，则减少分隔线的数量；按下X键，同心圆会逐渐向网格中心聚拢；按下C键，同心圆会逐渐向边缘扩散；按下V键，分隔线会逐渐向顺时针方向聚拢；按下F键，分隔线会逐渐向逆时针方向聚拢。

按住Shift键　按下↑键　　按下↓键　　按下→键

按下←键　按下X键　按下C键　按下V键　按下F键

 ### 3.2.11　实战：绘制光晕图形

01 按下Ctrl+O快捷键，打开光盘中的素材文件，如图3-64所示。

图3-64

02 选择光晕工具 ，在画板中单击，放置光晕中央手柄，如图3-65所示；然后拖动鼠标设置中心的大小和光晕的大小并旋转射线角度（按下"↑"或"↓"键可添加或减少射线），如图3-66所示；放开鼠标按键，在画板的另一处再次单击并拖动鼠标，添加光环并放置末端手柄（按下"↑"或"↓"键可添加或减少光环）；最后放开鼠标按键，创建光晕图形，如图3-67所示。

03 保持图形的选取状态，按下Ctrl+J快捷键复制，连按两下Ctrl+F快捷键将图形粘贴到前面，增加光晕强度，如图3-68所示。

图3-65　　　　　图3-66

图3-67　　　　　图3-68

修改光晕图形

光晕图形是矢量对象，它包含中央手柄和末端手柄，手柄可以定位光晕和光环，中央手柄是光晕的明亮中心，光晕路径从该点开始，如图3-69所示。使用选择工具 选择光晕，双击光晕工具 ，可以打开"光晕工具选项"对话框修改光晕参数，如图3-70所示。如果要将光晕恢复为默认值，可以按住Alt键单击"光晕选项"对话框中的"重置"按钮。

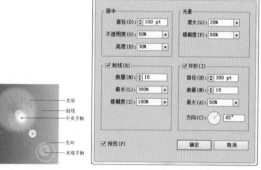

图3-69　　　　　　　图3-70

- "居中"选项组：用来设置闪光中心的整体直径、不透明度和亮度。
- "光晕"选项组：通过"增大"选项可以指定光晕整体大小的百分比；"模糊度"选项可以设置光晕的模糊程度（0%为锐利，100%为模糊）。
- "射线"选项组：可以指定射线的数量、最长的射线和射线的模糊度（0%为锐利，100%为模糊）。
- "环形"选项组：可以指定光晕中心点（中心手柄）与最远的光环中心点（末端手柄）之间的路径距离、光环数量和最大的光环，以及光环的方向或角度。

提示：

选择光晕对象后，执行"对象>扩展"命令，可以将其扩展为普通图形。

3.3 填色与描边的设定

填色和描边是为对象上色的一种方法。填色是指在开放或闭合的路径内部填充颜色、图案或渐变，描边则是指将路径设置为可见的轮廓。描边可以具有宽度（粗细）、颜色和虚线样式，也可以使用画笔进行风格化描边。创建路径或形状后，可以随时添加和修改填色和描边属性。

3.3.1 了解填色和描边

工具面板底部包含填色和描边设置选项，如图3-71所示。如果要为对象设置填色或者描边，首先应选择对象，然后单击工具面板或"色板"面板中的填色或描边图标，将其设置为当前编辑状态，再通过"颜色"、"色板"、"颜色参考"、"描边"和"画笔"等面板设置填色和描边内容。例如，图3-72所示是为对象填充图案的操作，图3-73所示是为对象描边的操作。

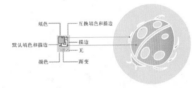

图3-71

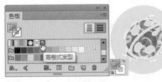

图3-72

图3-73

提示：

绘图时，可以按下X键将填色或描边设置为当前编辑状态。

3.3.2 填色和描边按钮

选择图形对象后，如图3-74所示，单击工具面

板底部的默认填色和描边按钮，可以将对象的填色和描边颜色设置为默认的颜色（白色填充、黑色描边），如图3-75所示。单击互换填色和描边按钮，可切换填色和描边的颜色，如图3-76所示。单击颜色按钮，可以使用单色填充；单击渐变按钮，可以使用渐变色进行填充；单击无按钮，可以将当前选定的填色或描边设置为无颜色。

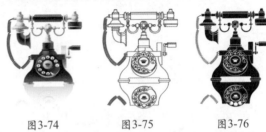

图3-74　　　　图3-75　　　　图3-76

3.3.3 用控制面板填色和描边

控制面板也包含填色和描边设置选项。如果要设置填色，只需在填色下拉面板中选择相应的填充内容即可，如图3-77所示。如果要设置描边，可在描边下拉面板中选择描边内容，如图3-78所示。

图3-77　　　　图3-78

技术看板：拾取现有的填色和描边属性

在没有选择任何对象的情况下，使用吸管工具在一个对象上单击，拾取该对象的填色和描边属性，然后将光标移至另一对象上，按住Alt键（光标变为状）单击鼠标，可以将拾取的属性应用到该对象中。如果选择了一个对象，则使用吸管工具在另外一个对象上单击，可以将它的填色和描边属性应用到所选对象上。

3.3.4　描边面板

　　"描边"面板可以控制描边粗细、描边对齐方式、斜接限制、线条连接和线条端点的样式，还可以将描边设置为虚线，并控制虚线的次序，如图3-79所示。

图3-79

● 粗细：用来设置描边线条的宽度，该值越高，描边越粗。

● 端点：可设置开放式路径两个端点的形状。按下平头端点按钮 🔲，路径会在终端锚点处结束，如果要准确对齐路径，该选项非常有用；按下圆头端点按钮 🔲，路径末端呈半圆形圆滑效果；按下方头端点按钮 🔲，会向外延长到描边"粗细"值一半的距离结束描边，如图3-80所示。

平头端点　　　　　　圆头端点

方头端点

图3-80

● 边角：用来设置直线路径中边角处的连接方式，包括斜接连接 🔲、圆角连接 🔲 和斜角连接 🔲，如图3-81所示。

斜接连接　　　　圆角连接　　　　斜角连接

图3-81

● 限制：用来设置斜角的大小，范围为1~500。

● 对齐描边：如果对象是封闭的路径，可按下相应的按钮来设置描边与路径对齐的方式，包括使描边居中对齐 🔲、使描边内侧对齐 🔲 和使描边外侧对齐 🔲，如图3-82所示。

使描边居中对齐　使描边内侧对齐　使描边外侧对齐

图3-82

3.3.5　虚线描边

　　选择图形，如图3-83所示，勾选"描边"面板中的"虚线"选项，然后在"虚线"文本框中设置虚线线段的长度，在"间隙"文本框中设置线段的间距，即可用虚线描边路径，如图3-84、图3-85所示。

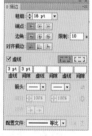

图3-83　　　　　　图3-84　　　　　　图3-85

　　按下 🔲 按钮，可以保留虚线和间隙的精确长度，如图3-86所示；按下 🔲 按钮，可以使虚线与边角和路径终端对齐，并调整到适合的长度，如图3-87所示。

图3-86 　　　　　　图3-87

小技巧：修改虚线样式

创建虚线描边后，在"端点"选项中可以修改虚线的端点，使其呈现不同的外观。按下 🔲 按钮，可创建具有方形端点的虚线；按下 🔲 按钮，可创建具有圆形端点的虚线；按下 端 按钮，可扩展虚线的端点。

方形端点　　　圆形端点　　　扩展虚线端点

3.3.6 在路径端点添加箭头

"描边"面板的"箭头"选项可以为路径的起点和终点添加箭头，如图3-88、图3-89所示。单击 ⇄ 按钮，可互换起点和终端箭头。如果要删除箭头，可以在"箭头"下拉列表中选择"无"选项。

图3-88　　　　　　图3-89

● 在"缩放"选项中可以调整箭头的缩放比例，按下 ⚙ 按钮，可同时调整起点和终点箭头的缩放比例。

● 按下 ⇥ 按钮，箭头会超过到路径的末端，如图3-90所示；按下 ⇥ 按钮，可以将箭头放置于路径的终点处，如图3-91所示。

图3-90　　　　　　图3-91

● 配置文件：选择一个配置文件后，可以让描边的宽度发生变化。单击 ▷◁ 按钮，可进行纵向翻转；单击 ✕ 按钮，可进行横向翻转。

3.3.7 实战：修改描边宽度

宽度工具 ✐ 可以自由调整路径的描边宽度，使描边呈现粗细变化。

01 打开光盘中的素材文件。选择宽度工具 ✐，将光标放在路径上，路径上会出现带手柄的空心圆形图标，如图3-92所示，它是宽度点，单击并向外侧拖动鼠标可以将描边调宽，如图3-93所示；向内侧拖动则可以将路径调窄，如图3-94所示。如果要创建非对称的宽度效果，可以按住Alt键单击，并向路径的一侧拖动鼠标，如图3-95所示。

图3-92　　　　　　图3-93

图3-94　　　　　　图3-95

02 拖动外侧的空心圆可以调整描边宽度，如图3-96所示。如果要调整一侧的描边宽度，可以按住Alt键拖动空心圆，如图3-97所示。

图3-96　　　　　　图3-97

03 拖动宽度点（路径上的空心圆）可以移动它的位置，如图3-98所示。如果要删除宽度点，可以单击它，将其选择（按住Shift键单击可选择多个宽度点），然后按下Delete键。通过前面介绍的方法，将路径调整为烟雾状，如图3-99所示。

图3-98　　　　　　图3-99

3.3.8 轮廓化描边

选择添加了描边的对象，如图3-100所示，执行"对象>路径>轮廓化描边"命令，可以将描边转换为闭合式路径，如图3-101所示。生成的路径会与原填色对象编组在一起，用编组选择工具 可将其选择并移开，如图3-102所示。

图3-100   图3-101   图3-102

技术看板：多重描边

通过在"外观"面板中复制描边，可以创建多重描边效果，为每一个描边指定不同的颜色并修改描边宽度，可以制作出具有多重轮廓的艺术特效字。

将描边选项拖动到 按钮上复制并修改描边   通过多重描边制作的特效字

3.4 设置颜色

创建或选对象后，可以通过"拾色器"、"颜色"面板、"色板"面板、"颜色参考"面板和"实时颜色"对话框等为其设置填色和描边颜色，或者修改当前颜色。

3.4.1 实战：用拾色器设置颜色

使用"拾色器"时，可以通过选择色域和色谱、定义颜色值或单击色板等方式设置颜色。

01 双击工具面板、"颜色"或"色板"面板中的填色或描边图标，如图3-103所示，打开"拾色器"，如图3-104所示。

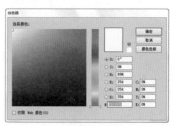

图3-104

02 在竖直的渐变条上单击，可以定义颜色范围，如图3-105所示。在色域中单击可以调整颜色深浅，如图3-106所示。如果知道所需颜色的色值，则可在颜色模型右侧的文本框中输入数值来精确定义颜色，例如，可以指定R（红）、G（绿）和B（蓝）的颜色值来确定显示颜色，指定C（青）、M（品红）、Y（黄）和K（黑）的百分比来设置印刷色。

图3-103

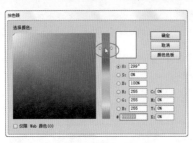

图3-105

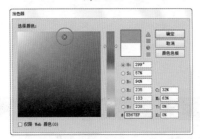

图3-106

03 定义好一种颜色后，勾选S单选钮，拖动渐变条可以颜色的调整饱和度，如图3-107所示。勾选B单选钮，拖动颜色条可以调整颜色的明度，如图3-108所示。

图3-107

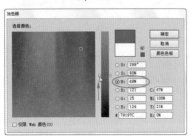

图3-108

04 如果图形要用于网络，可以勾选"仅限Web颜色"选项，此时对话框中只显示Web安全颜色，如图3-109所示。单击对话框右侧的"颜色色板"按钮，则可以显示各种印刷色，如图3-110所示。如果要切换回去，可单击"颜色模型"按钮，调色完成后，单击"确定"按钮关闭对话框即可。

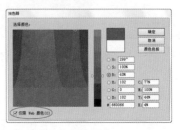

图3-109

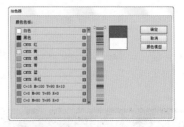

图3-110

技术看板：Web安全色和溢色

Web安全颜色是浏览器使用的216种颜色。如果当前选择的颜色不能在网上准确显示，"拾色器"中就会出现非Web安全色警告 ⊘ 。单击警告图标或它下面的颜色块，可以用颜色块中的颜色（系统提供的与当前颜色最为接近的Web安全颜色）替换当前颜色。

如果当前设置的颜色无法用油墨准确打印出来（如霓虹色），就会出现溢色警告 ⚠ 。单击该图标或它下面的颜色块（系统提供的与当前颜色最为接近的CMYK颜色），可将其替换为印刷色。

3.4.2 实战：用颜色面板设置颜色

01 打开"颜色"面板，先单击填色或描边图标，定义当前要调整的项目，如图3-111所示，然后拖动滑块即可自由调整颜色，如图3-112所示。输入颜色值并按下回车键，可精确定义颜色。如果出现溢色或非Web安全色，面板中会显示相应的警告图标。

图3-111

图3-112

02 如果要调整颜色的明度，可以按住 Shift键拖动一个颜色滑块，此时，其他滑块会同时移动，通过这种方式可以调出更浅或更深的颜色，如图3-113、图3-114所示。如果选择了一种全局色或专色，则直接拖动滑块即可调整明度。

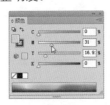
图3-113

图3-114

03 将光标放在面板底部的色谱上，光标会变为吸管工具 ，此时单击并在色谱上拖动可以拾取色谱中的颜色，如图3-115所示。如果想要删除填色或描边，可以单击色谱上方的 图标；单击白色和黑色色板，可以将填色或描边设置为白色或黑色。

04 将光标放在面板底部，单击并向下方拖曳，可以将面板拉高，如图3-116所示。

图3-115

图3-116

提示：

在"颜色"面板菜单中，可以选择灰度、RGB、HSB、CMYK，以及Web安全RGB模式等颜色模式来调整颜色。所选模式仅影响"颜色"面板中显示的颜色范围，并不会改变文档的颜色模式。

3.4.3 实战：用颜色参考面板设置颜色

使用"拾色器"和"颜色"面板等设置颜色后，"颜色参考"面板会自动生成与之协调的颜色方案，可以作为激发颜色灵感的工具。

01 打开光盘中的素材文件，如图3-117所示。使用编组选择工具 单击背景图形，如图3-118所示。

图3-117

图3-118

02 打开"颜色参考"面板。单击左上角的设置为基色图标，将基色设置为当前颜色，如图3-119所示。单击右上角的 按钮，在打开的下拉列表中选择"五色组合"颜色协调规则，然后再单击图3-120所示的色板，将背景修改为该颜色，如图3-121所示。

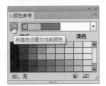
图3-119

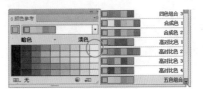
图3-120

图3-121

03 在画板空白处单击取消选择，将"颜色参考"面板中的色块直接拖动到图形上，可直接修改图形颜色，如图3-122所示。通过这种方法修改其他图形的颜色，如图3-123所示。

图3-122

图3-123

"颜色参考"面板选项

- 颜色协调规则菜单和当前颜色组：单击面板顶部的 ▼ 按钮，可以在打开的下拉列表中选择一个颜色协调规则，Illustrator会基于当前选择的颜色自动生成一个颜色方案。例如，选择"单色"颜色协调规则，可创建包含所有相同色相，但饱和度级别不同的颜色组；选择"高对比色"或"五色组合"颜色协调规则，可创建一个带有对比颜色、视觉效果更强烈的颜色组。

- 将颜色限定为指定的色板库 ▦﹒：如果要将颜色限定于某一色板库，可单击该按钮，再从打开的下拉菜单中选择色板库。

- 编辑颜色 ◉：单击该按钮，可以打开"重新着色图稿"对话框。

- 将颜色保存到"色板"面板 ◧：单击该按钮，可以将当前的颜色组或选定的颜色保存为"色板"面板中的颜色组，如图3-124、图3-125所示。

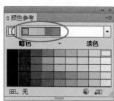
图3-124

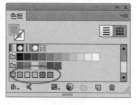
图3-125

3.4.4　实战：用色板面板设置颜色

"色板"面板中提供了预先设置的颜色、渐变和图案（统称为"色板"）。单击一个色板，即可将其应用到所选对象的填色或描边中，也可以将自己调整颜色、渐变或绘制的图案保存到该面板中。

01 打开光盘中的素材文件，如图3-126所示。使用编组选择工具 ▸⁺ 在小猫的面部单击，如图3-127所示。

图3-126

图3-127

02 打开"色板"面板，将填色设置为当前编辑状态，单击如图3-128所示的色板，为所选图形填色，如图3-129所示。

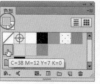
图3-128

图3-129

03 采用同样方法选择其他图形并填色，效果如图3-130所示。按下Ctrl+A快捷键选择所有图形，在"颜色"面板中将描边设置为当前编辑状态，并单击 ◿ 按钮删除描边颜色，如图3-131、图3-132所示。

图3-130

图3-131

图3-132

04 选择背景图形，如图3-133所示。按下X键，将填色设置为当前编辑状态。单击"色板"面板中的图案色板，填充图案，如图3-134、图3-135所示。

图3-133

图3-134

图3-135

"色板"面板选项

"色板"面板中包含图3-136所示的选项。选择一个对象时，如果它的填色或描边使用了"色板"面板中的颜色、渐变或图案，则面板中该色板会突出显示。选择"色板"面板菜单中的"小列表"或"大列表"命令，会以列表的形式显示"色板"，如图3-137所示。

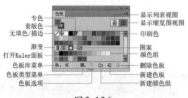

图3-136

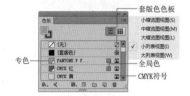

图3-137

图3-138　　　　　　　　图3-139

- 无填色/描边 ☑：单击该图标，可以从对象中删除填色和描边。
- 套版色：利用它填充或描边的对象可以从 PostScript 打印机进行分色打印。例如，套准标记使用"套版色"，印版可以在印刷机上精确对齐。套版色色板是内置色板，不能删除。
- 专色：是预先混合的用于代替或补充CMYK四色油墨的特殊油墨，如金属色油墨、荧光色油墨和霓虹色油墨等。
- 全局色：编辑全局色时，图稿中所有使用该颜色的对象都会自动更新。
- 印刷色/CMYK符号：印刷色是使用四种标准的印刷色油墨（青色、洋红色、黄色和黑色）组合成的颜色。在默认情况下，Illustrator会将新色板定义为印刷色。
- 颜色组/新建颜色组 ▢：颜色组是为某些操作需要而预先设置的一组颜色，它可以包含印刷色、专色和全局印刷色，但不能包含图案、渐变、无或套版色色板。如果要创建颜色组，可以按住Ctrl键单击颜色，将它们选择，然后单击新建颜色组按钮 ▢。
- 色板库菜单 ▨：单击该按钮，可以在打开的下拉菜单中选择一个色板库。
- 色板类型菜单 ▥：打开下拉菜单选择一个选项，可以在面板中单独显示颜色、渐变、图案或颜色组，如图3-138、图3-139所示。
- 色板选项 ▤：单击该按钮，可以打开"色板"选项对话框。
- 新建色板 ▢/删除色板 ⬚：单击新建色板按钮 ▢，可以创建一个新的色板。在"色板"面板中选择一种颜色，单击删除色板按钮 ⬚，可将其删除。

3.4.5　使用色板库

为方便用户创作，Illustrator提供了大量色板库、渐变库和图案库。单击"色板"面板底部的 ▨ 按钮打开下拉菜单，即可找到它们，如图3-140所示。其中，"色标簿"下拉菜单中包含了印刷中常用的PANTONE颜色，如图3-141所示。打开一个色板库后，它会出现在一个新的面板中，单击面板底部的 ◀ 或 ▶ 按钮，可以切换到相邻的色板库中，如图3-142、图3-143所示。

图3-140　　　　　　　图3-141

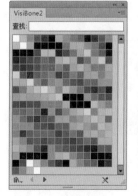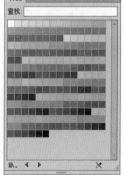

图3-142　　　　　　　图3-143

使用色板库中的一个图案、渐变或专色时，它会自动添加到"色板"面板中。在色板库中选择、排序和查看色板的方式与在"色板"面板中的操作一样。但是不能在"色板库"面板中添加、删除或编辑色板。

技术看板：印刷用专色

单击"色板"面板中的 按钮，在"色标簿"下拉菜单中可以选择各种印刷用专色。其中PANTONE是最常用的专色。PANTONE是一间美国公司研究出来的配色系统，英文全名是 Pantone Matching System，简称为 PMS，其专色系统基于三本颜色样本 (PANTONE formula guide solid coated、PANTONE formula guide solid uncoated、PANTONE formula guide solid matte)，并分别用粉纸、书纸及哑粉纸，以及14种基本油墨合成，配成1114种专色。

3.5 组合对象

使用Illustrator绘图时，许多看似很复杂的对象，往往是由多个简单的图形组合而成的。这要比直接绘制复杂对象简单得多。

3.5.1 路径查找器面板

选择两个或多个重叠的图形后，单击"路径查找器"面板中的按钮，可以对它们进行合并、分割和修剪等操作，从而得到新的图形。如图3-144所示为"路径查找器"面板。

图3-144

- 联集 ：将选中的多个图形合并为一个图形。合并后，轮廓线及其重叠的部分融合在一起，最前面对象的颜色决定了合并后的对象的颜色，如图3-145、图3-146所示。

图3-145　　　　　　图3-146

- 减去顶层 ：用最后面的图形减去它前面的所有图形，保留后面图形的填色和描边，如图3-147、图3-148所示。
- 交集 ：只保留图形的重叠部分，删除其他部分，重叠部分显示为最前面图形的填色和

描边，如图3-149、图3-150所示。

图3-147　　　　　　图3-148

图3-149　　　　　　图3-150

- 差集 ：只保留图形的非重叠部分，重叠部分被挖空，最终的图形显示为最前面图形的填色和描边，如图3-151、图3-152所示。

图3-151　　　　　　图3-152

- 扩展：按住Alt键单击联集 、减去顶层 、交集 和差集 按钮，可以创建复合形状（可保留原图形各自的轮廓），如图3-153、图3-154所示。创建复合形状后，单击"扩展"按钮，可扩展图形，删除修剪后生成的多余路径，如图3-155所示。这就相当于没有按住

Alt键而直接单击联集 等按钮。

图3-153　　　　　　图3-154

图3-155

● 分割 ：对图形的重叠区域进行分割，使之成为单独的图形，分割后的图形可以保留原图形的填色和描边，并自动编组。如图3-156、图3-157所示是用小房子分割锁头的效果。

图3-156　　　　　　图3-157

● 修边 　：将后面图形与前面图形重叠的部分删除，保留对象的填色，无描边，如图3-158、图3-159所示。

图3-158　　　　　　图3-159

● 合并 　：不同颜色的图形合并后，最前面的图形保持形状不变，与后面图形重叠的部分将被删除。如图3-160所示为原图形，如图

3-161所示为合并后将图形移动开时的效果。

图3-160　　　　　　图3-161

● 裁剪 　：只保留图形的重叠部分，最终的图形无描边，并显示为最后面图形的颜色，如图3-162、图3-163所示。

图3-162　　　　　　图3-163

● 轮廓 　：只保留图形的轮廓，轮廓颜色为它自身的填充色，如图3-164、图3-165所示。

图3-164　　　　　　图3-165

● 剪去后方对象 　：用最前面的图形减去它后面的所有图形，保留最前面图形的非重叠部分及描边和填色，如图3-166、图3-167所示。

图3-166　　　　　　图3-167

提示：

"效果"菜单中包含各种"路径查找器"效果，使用它们组合对象后，仍然可以选择和编辑原始对象，并可通过"外观"面板修改或删除效果。但这些效果只能应用于组、图层和文本对象。

3.5.2 复合形状

打开一个文件，如图3-168所示。选择画面中的图形，在"路径查找器"面板中单击"形状模式"选项组中的按钮，即可组合对象并改变图形的结构。例如单击联集按钮 ，如图3-169所示，这两个图形会合并为一个图形，如图3-170所示。

如果按住Alt键单击联集按钮 ，则可以创建复合形状。复合形状能够保留原图形各自的轮廓，它对图形的处理是非破坏性的，如图3-171所示。可以看到，图形的外观虽然变为一个整体，但两个图形的轮廓都完好无损。

图3-168   图3-169

 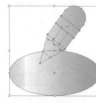

图3-170   图3-171

创建复合形状后，单击"扩展"按钮，可以删除多余的路径。如果要释放复合形状，即将原有图形重新分离出来，可以选择对象，打开"路径查找器"面板菜单，选择其中的"释放复合形状"命令。

3.5.3 实战：用复合路径组合对象

复合路径是由一条或多条简单的路径组合而成的图形，常用来制作挖空效果，即在路径的重叠处呈现孔洞。

01 打开光盘中的素材文件，如图3-172所示。使用选择工具 选择花朵图形，将其移动到裙子上，如图3-173所示。

图3-172   图3-173

02 按下Ctrl+A快捷键选择花朵和裙子。执行"对象>复合路径>建立"命令，即可创建复合路径，如图3-174、图3-175所示。

图3-174   图3-175

03 创建复合路径后，使用编组选择工具 在图形上双击，选中花朵图形，如图3-176所示，移动它的位置，孔洞区域也会随之改变，如图3-177所示。如果要释放复合路径，可以选择对象，执行"对象>复合路径>释放"命令。

图3-176   图3-177

提示：

创建复合路径时，所有对象都使用最后面的对象的填充内容和样式。不能改变单独一个对象的外观属性、图形样式和效果，也无法在"图层"面板中单独处理对象。如果要使复合路径中的孔洞变成填充区域，可以选择要反转的部分，打开"属性"面板，单击 按钮。

技术看板：复合形状与复合路径的区别

复合形状是通过"路径查找器"面板组合的图形，可以生成相加、相减、相交等不同的运算结果，而复合路径只能创建挖空效果。

● 图形、路径、编组对象、混合、文本、封套、变形和复合路径，以及其他复合形状都可以用来创建复合形状，而复合路径则由一条或多条简单的路径组成。
● 由于要保留原始图形，复合形状要比复合路径的文件更大，并且，在显示包含复合形状的文件时，计算机要一层一层地从原始对象读到现有的结果，因此，屏幕的刷新速度会变慢。如果要制作简单的挖空效果，可以用复合路径代替复合形状。
● 释放复合形状时，其中的各个对象可以恢复为创建前的效果，释放复合路径时，所有对象可以恢复为原来各自独立的状态，但它们不能恢复为创建复合路径前的填充内容和样式。

  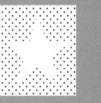

原图形　　复合形状生成的挖空效果　复合路径生成的挖空效果　释放复合形状　　释放复合路径

3.5.4 实战：顽皮猴

01 使用椭圆工具 ⬭ 按住Shift键创建一个圆形，设置填充颜色为赭石色，描边颜色为黑色，描边宽度为1pt，如图3-178所示。再绘制一个小一些的圆形，修改填充颜色，如图3-179所示。

图3-178　　　　　　图3-179

02 绘制一个大圆，如图3-180所示。使用选择工具 ▶ 单击并拖出一个选框，选中两个小圆，如图3-181所示。

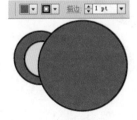 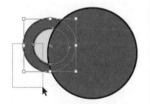

图3-180　　　　　　图3-181

03 执行"视图>智能参考线"命令，启用智能参考线。选择镜像工具 ⬎，将光标放在如图3-182所示的位置，当捕捉到大圆的锚点后，会突出显示锚点，此时按住Alt键单击，弹出"镜像"对话框，选择"垂直"选项，如图3-183所示，单击"复制"按钮，在右侧复制出相同的图形，如图3-184所示。小猴子的头部和耳朵就制作完成了。下面来制作小猴子的眼睛、鼻子和嘴巴。

图3-182　　　　　　图3-183

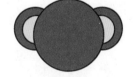

图3-184

04 使用椭圆工具 ⬭ 按住Shift键创建3个圆形，如图3-185所示。用选择工具 ▶ 将它们选择，如图3-186所示。单击"路径查找器"面板中的 ⬚ 按钮，将这几个图形组合，如图3-187、图3-188所示。

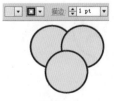

图3-185　　　　　　图3-186

图3-187 　　　　　　　图3-188

05 使用椭圆工具 ⬭ 绘制两个圆形，如图3-189、图3-190所示。将它们选择，如图3-191所示，单击"路径查找器"面板中的 ⬚ 按钮，然后将图形的填充颜色设置为黑色，如图3-192所示。

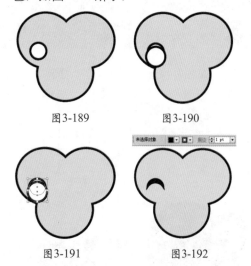

图3-189　　　　　　　图3-190

图3-191　　　　　　　图3-192

06 选择镜像工具 ⬚，按住Alt键在图3-193所示的位置单击，弹出"镜像"对话框，选择"垂直"选项，如图3-194所示，单击"复制"按钮复制图形，如图3-195所示。

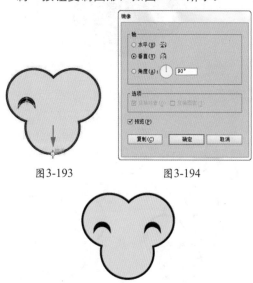

图3-193　　　　　　　图3-194

图3-195

07 使用椭圆工具 ⬭ 绘制两个圆形，一个填充黑色，一个填充白色，作为小猴子的鼻子，如图3-196、图3-197所示。

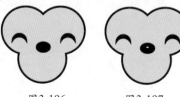

图3-196　　　　　　　图3-197

08 下面来制作小猴子的嘴巴。使用弧形工具 ╱ 绘制一条弧线，如图3-198所示。选择旋转工具 ⟳，在图形上单击并拖动鼠标将其旋转，如图3-199所示。

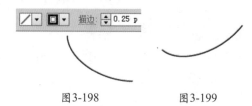

图3-198　　　　　　　图3-199

09 选择宽度工具 ⬚，将光标放在路径上，如图3-200所示，单击并向外侧拖动鼠标，将路径拉宽，如图3-201、图3-202所示。

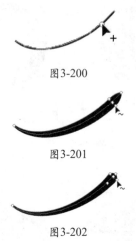

图3-200

图3-201

图3-202

10 使用选择工具 ▶ 将弧线拖动到小猴子面部，如图3-203所示，选择小猴子的五官图形，移动到头部图形上，如图3-204所示。

图3-203　　　　　　　图3-204

3.6　精通路径查找器：鱼形标志

01 打开光盘中的素材文件，如图3-205所示。使用选择工具 ▶ 选择鱼形和文字，如图3-206所示。

图3-205

图3-206

02 单击"路径查找器"面板中的 ⬚ 按钮，对图形进行分割，如图3-207所示。

图3-207

03 使用编组选择工具 ▶+ 选择鱼形底部的文字块，如图3-208所示，按下Delete键删除，如图3-209所示。删除其他图形，包括"i"字上方的小点和"s"的顶边，如图3-210所示。

图3-208

图3-209　　　　　图3-210

04 使用椭圆工具 ⬭ 按住Shift键创建两个圆形，一个作为"i"字上方的小点，另一个作为鱼的眼睛，如图3-211所示。使用编组选择工具 ▶+ 选择各个文字块，分别填色，如图

3-212～图3-214所示。

图3-211

图3-212

图3-213　　　　　图3-214

05 使用直线段工具 ╱ 按住Shift键创建一条直线，如图3-215所示。保持图形的选取状态，执行"效果>扭曲和变换>波纹效果"命令，打开"波纹效果"对话框，将直线扭曲成波纹状，如图3-216、图3-217所示。

06 使用选择工具 ▶ 按住Alt+Shift键向下拖动线条进行复制，如图3-218所示。

图3-215

图3-216

图3-217

图3-218

3.7　精通形状生成器：Logo设计

01 按下Ctrl+N快捷键，新建一个文档。使用椭圆工具 ⬭ 按住Shift键创建一大、一小两个圆形，如图3-219所示。

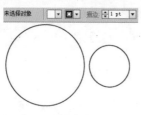

图3-219

02 按下Ctrl+A快捷键选择这两个图形，如图3-220所示。单击"对齐"面板中的水平居中对齐 ⊕和垂直居中对齐 ⊕ 按钮，对齐图形，如图3-221、图3-222所示。

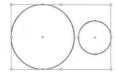

图3-220　　　　图3-221

图3-222

03 单击"路径查找器"面板中的 ⊡ 按钮，如图3-223所示，用小圆剪切大圆，形成一个圆环。设置它的填充颜色为黑色，无描边，如图3-224所示。

图3-223　　　　图3-224

04 使用矩形工具 ▭ 创建一个矩形，如图3-225所示。选择圆环和矩形，如图3-226所示，单击"对齐"面板中的水平居中对齐按钮 ⊕，对齐图形，如图3-227所示。单击"路径查找器"面板中的 ⊡ 按钮，用矩形分割圆环，如图3-228所示。

图3-225　　图3-226　　图3-227　　图3-228

05 使用选择工具 ▶ 按住Alt+Shift键水平拖动图形进行复制，如图3-229所示。按下Ctrl+D

快捷键，再次复制出一个图形，如图3-230所示。

图3-229

图3-230

06 选择这3个圆环，如图3-231所示，使用形状生成器工具 在最左侧的圆环上单击，然后按住鼠标按键，向另两个图形拖动，将这3个图形合并，如图3-232所示。

图3-231

图3-232

提示：
使用形状生成器工具 按住Alt键单击一个图形，可将其删除。

07 使用编组选择工具 ▶ 选择左侧的图形，设置它的填充颜色为蓝色，如图3-233所示。选择最右侧的图形，填充洋红色，如图3-234所示。

图3-233　　　　图3-234

08 使用矩形工具 ▭ 创建一个矩形，填充黑色，无描边，如图3-235所示。保持图形的选取状态，选择斜工具 ，按住 Shift 键（可保持其原始宽度）单击并向下拖动鼠标，进行扭曲，如图3-236所示。

图3-237

09 使用选择工具 将该图形拖动到圆环上方。按住Alt键拖动图形，再复制出一个，如图3-237所示。图3-238所示为该Logo在VI设计系统上的应用。

图3-238

3.8　精通描边：京剧邮票

01 打开光盘中的素材文件，如图3-239所示。京剧人物位于一个单独的图层中，处于锁定状态，"底纹"图层中有一个龙形花纹，处于隐藏状态。单击"图层"面板底部的 按钮，新建一个图层，如图3-240所示。

图3-239

图3-240

02 选择矩形工具 ，在画板中单击，弹出"矩形"对话框，输入参数设置矩形的大小，如图3-241所示，单击"确定"按钮创建一个矩形，填充红色无描边，如图3-242所示。

图3-241　　　　　图3-242

03 按下Ctrl+C快捷键复制矩形，按下Ctrl+F快捷键将图形粘贴到前面。设置描边颜色为白色，描边粗细为3.5pt，无填色。在"描边"面板中按下圆头端点按钮 ，勾选"虚线"选项，设置参数如图3-243所示，生成邮票齿孔效果，如图3-244所示。

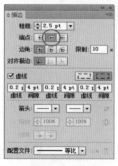

图3-243　　　　　图3-244

04 选择文字工具 **T**，在画板中单击后输入数字，在"字符"面板中设置字体、大小及字间距，如图3-245、图3-246所示。使用文字工具 **T** 在数字"1"上单击并拖动鼠标，将其选取，设置大小为12pt，如图3-247、图3-248所示。

图3-245

图3-246

图3-247

图3-248

05 在邮票左下角输入文字，如图3-249所示。按下Ctrl+A快捷键全选，按下Ctrl+G快捷键编组。使用选择工具 ▶ 在邮票上单击，按住Shift+Alt键向右侧拖动到另一京剧人物下方进行复制，如图3-250所示。

图3-249

图3-250

06 使用直接选择工具 ▷ 在右侧的红色矩形上单击，将其选取，设置填充颜色为黄色，如

图3-251所示。用同样方法复制邮票并修改颜色，如图3-252所示。

图3-251

图3-252

07 在"底纹"图层前面单击，显示眼睛图标 👁 ，将该图层中的内容显示出来，如图3-253、图3-254所示。

图3-253

图3-254

第4章

探索特殊绘图方法：
图像描摹与高级上色

4.1 图像描摹

图像描摹是从位图中生成矢量图的一种快捷方法。通过这项功能可以让照片、图片等瞬间变为矢量插画，也可基于一幅位图快速绘制出矢量图。

4.1.1 实战：描摹位图

01 打开光盘中的JPEG格式照片素材。使用选择工具 选择图像，如图4-1所示。

02 在控制面板中单击"图像描摹"右侧的 按钮，打开下拉列表选择一个选项，即可按照预设的要求自动描摹图像，生成矢量对象，如图4-2、图4-3所示。在"图层"面板中，对象会命名为"图像描摹"，如图4-4所示。

03 保持描摹对象的选取状态，在控制面板中单击"预设"选项右侧的 按钮，打开下拉列表选择其他描摹样式，可修改描摹结果，如图4-5、图4-6所示。

图4-1

图4-2

图4-3

图4-4

图4-5

图4-6

提示：

如果要使用Illustrator默认的描摹选项描摹图像，可以执行"对象>图像描摹>建立"命令。

4.1.2 实战：用色板库中的颜色描摹位图

Illustrator可以使用预设的色板库或自定义的颜色来描摹图像。如果要用自定义的颜色描摹对象，需要先在"色板"面板中设置好颜色，再执行面板菜单中的"将色板库存储为ASE"命令，保存色板库，然后执行面板菜单中的"打开色板库>其他库"命令，打开保存的自定义色板库。其后的操作，可参照下面的使用预设的色板库中的颜色描摹对象来进行。

01 打开光盘中的JPEG格式照片素材。使用选择工具 选择图像，如图4-7所示。执行"窗口>色板库>艺术史>巴洛克风格"命令，打开该面板，如图4-8所示。

图4-7

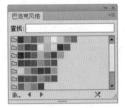
图4-8

02 执行"窗口>图像描摹"命令，打开"图像描摹"面板。在"模式"下拉列表中选择

"彩色"，在"调板"下拉列表中选择"巴洛克风格"色板库，如图4-9所示，单击"描摹"按钮，即可用该色板库中的颜色描摹图像，如图4-10所示。

图4-9　　　　　　图4-10

技术看板：表现多种艺术风格

"窗口>色板库"下拉菜单中包含各种预设的色板库，使用其中的"巴洛克风格"、"文艺复兴风格"和"印象派风格"等色板库描摹图像，可以使其呈现不同艺术流派的特征。

互补色　　　　　流行艺术风格

印象派风格　　　文艺复兴风格

4.1.3　图像描摹面板

打开一张照片，如图4-11所示。打开"图像描摹"面板，如图4-12所示。在进行图像描摹时，描

摹的程度和效果都可以在"图像描摹"面板中设置。如果要在描摹前设置描摹选项，可以在"图像描摹"面板进行设置，然后单击面板中的"描摹"按钮，进行图像描摹。此外，描摹之后，选择对象，还可以在"图像描摹"面板中调整描摹样式、描摹程度和视图效果。

图4-11　　　　　　图4-12

● 预设：用来指定一个描摹预设，包括"默认"、"简单描摹"、"6色"和"16色"等，它们与控制面板中的描摹样式相同，效果如图4-13所示。单击该选项右侧的 按钮，可以将当前的设置参数保存为一个描摹预设。以后要使用该预设描摹对象时，可在"预设"下拉列表中选择它。

默认　高保真度照片　低保真度照片　3色

6色　　　16色　　　灰阶　　　黑白徽标

素描图稿　　剪影　　线稿图　　技术绘图

图4-13

- 视图：如果想要查看矢量轮廓或源图像，可以选择对象，然后在该选项的下拉列表中选择相应的选项。单击该选项右侧的眼睛图标 👁️，可以显示原始图像。

- 模式/阈值：用来指定描摹结果的颜色模式，包括"彩色"、"灰度"和"黑白"，选择"黑白"时，可以指定一个"阈值"，所有比该值亮的像素会转换为白色，比该值暗的像素会转换为黑色。

- 调板：可指定用于从原始图像生成彩色或灰度描摹的调板。该选项仅在"模式"设置为"彩色"或"灰度"时可用。

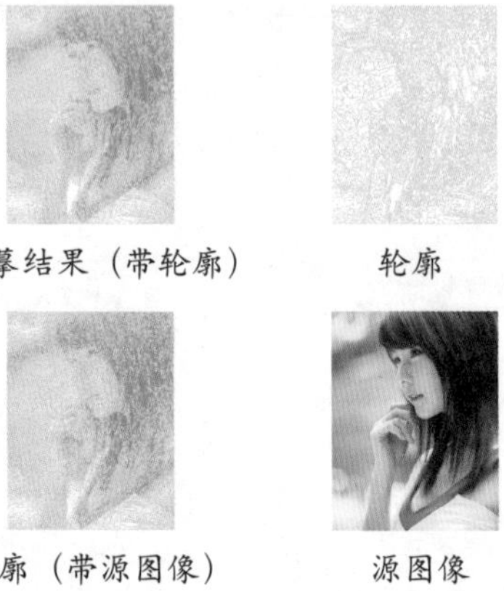

描摹结果（带轮廓）　　　　轮廓

轮廓（带源图像）　　　　源图像

图4-16

4.1.4　修改对象的显示状态

图像描摹对象由原始图像（位图图像）和描摹结果（矢量图稿）两部分组成。在默认状态下，只能看描摹结果，如图4-14所示。如果要修改描摹结果的显示状态，可以选择描摹对象，在控制面板中单击"视图"选项右侧的▼按钮，打开下拉列表选择一个显示选项，如图4-15所示。图4-16所示为各种显示效果。

图4-14 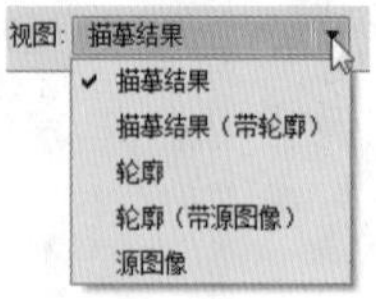　　　　　　　图4-15

4.1.5　将描摹对象转换为矢量图形

对位图进行描摹以后，如图4-17所示，保持对象的选取状态，单击控制面板中的"扩展"按钮，可以将其转换为路径，如图4-18所示。如果要在描摹的同时转换为路径，可以执行"对象>图像描摹>建立并扩展"命令。

图4-17 　　　　　　图4-18

4.1.6　释放描摹对象

对位图进行描摹以后，如果希望放弃描摹但保留置入的原始图像，可以选择描摹对象，执行"对象>图像描摹>释放"命令。

4.2　实时上色

实时上色是为图稿上色的一种特殊方法。在实时上色状态下，路径会将图稿分割成不同的区域，任何区域都可以上色。上色过程有如在涂色簿上填色，或是用水彩为铅笔素描上色。

4.2.1　实战：为图稿实时上色

 打开光盘中的素材文件，如图4-19所示。按下Ctrl+A快捷键全选，执行"对象>实时上色>建立"命令，创建实时上色组，如图4-20所示。按住Ctrl键在空白区域单击，取消选择。

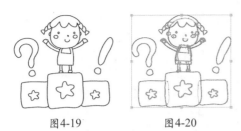

图4-19

图4-20

02 实时上色组中有两种对象，一种是表面，另一种是边缘，表面是一条边缘或多条边缘围成的区域，边缘则是一条路径与其他路径交叉后处于交点之间的路径。表面可以填色，边缘可以描边。下面来为表面填色，将填充颜色设置为浅黄色，选择实时上色工具，将光标放在实时上色组上，工具上面会显示一组颜色，其中包含当前选择的填充或描边颜色（按下“←”键和“→”键可切换到相邻颜色），当工具检测到图形的边缘时，边缘会变为红色，如图4-21所示，单击鼠标可为图形填色，如图4-22所示。调整填充颜色，再为另外两个方块填色，如图4-23所示。

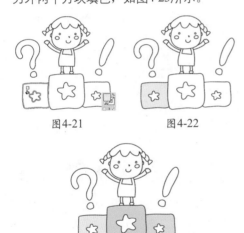

图4-21

图4-22

图4-23

提示：

使用实时上色工具在图稿上单击并拖动鼠标涂抹，可以为光标下面的图形填色。

03 下面处理边缘。选择实时上色选择工具，将光标放在图形边缘，检测到的边缘会显示为红色，如图4-24所示，单击鼠标选择边缘，如图4-25所示。按住Shift键单击其他两个星形的边缘，将它们也选择，如图4-26所示。

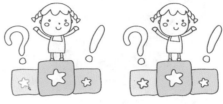

图4-24

图4-25

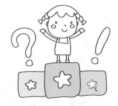

图4-26

04 单击工具面板中的按钮，删除描边，如图4-27所示（也可以为描边设置其他颜色）。采用前面介绍的方法对图稿进行上色处理，最终效果如图4-28所示。

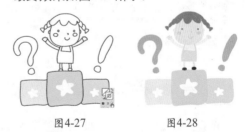

图4-27

图4-28

技术看板：不能转换为实时上色组的解决方法

有些对象不能直接进行实时上色。如果是文字对象，可以执行“文字>创建轮廓”命令，将文字创建为轮廓，再将生成的路径变为实时上色组；如果是位图图像，可通过图像描摹将其转换为矢量图，再进行上色处理；对于其他对象，可以执行“对象>扩展”命令将其扩展，然后将生成的路径转变为实时上色组。

4.2.2　在实时上色组中添加路径

创建实时上色组后，可以向其中添加路径，创建新的表面和边缘。选择实时上色组和要添加到组中的路径，如图4-29所示，执行"对象>实时上色>合并"命令，或单击控制面板中的"合并实时上色"按钮，即可将路径合并到实时上色组中，如图4-30所示。合并路径后，可以对新的表面和边缘进行填色和描边，如图4-31所示。

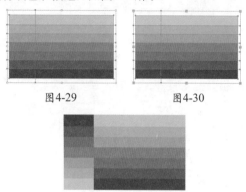

图4-29　　　　　　图4-30

图4-31

使用直接选择工具 ⯑ 选择实时上色组中的路径，如图4-32所示。修改路径的形状，实时上色区域也会随之变化，如图4-33所示。

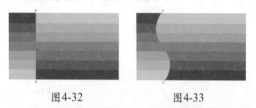

图4-32　　　　　　图4-33

提示：

选择工具 ⯑ 可以选择整个实时上色组；实时上色选择工具 ⯑ 可以选择实时上色组中的各个表面和边缘；直接选择工具 ⯑ 可以选择实时上色组中的路径。

4.2.3　封闭实时上色组中的间隙

在进行实时上色时，如果颜色出现渗透，或在不应该上色的表面涂上了颜色，则可能是由于图稿中的路径之间有空隙，没有封闭成完整的图形。例如，图4-34所示为一个实时上色组，如图4-35所示为填色效果。可以看到，由于顶部出现缺口，为其中的一个图形填色时，颜色也渗透到另一侧的图形中。

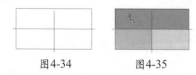

图4-34　　　　　　图4-35

选择实时上色对象，执行"对象>实时上色>间隙选项"命令，打开"间隙选项"对话框，在"上色停止在"下拉列表中选择"大间隙"，即可封闭路径间的空隙，如图4-36所示。如图4-37所示为重新填色后的效果，此时空隙虽然存在，但颜色没有出现渗漏。

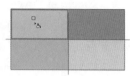

图4-36　　　　　　图4-37

"间隙选项"对话框

- 间隙检测：选择该选项时，Illustrator 可以识别实时上色路径中的间隙，并防止颜色通过这些间隙渗漏到外部。
- 上色停止在：用来设置颜色不能渗入的间隙的大小。如果要自定义间隙大小，可勾选"自定"选项，然后在右侧的文本框中输入数值。
- 间隙预览颜色：用来设置预览间隙时，间隙显示的颜色。
- 用路径封闭间隙：选择该选项时，可以在实时上色组中插入未上色的路径以封闭间隙（而不是只防止颜色通过这些间隙渗漏到外部）。由于这些路径没有上色，因此，即使已封闭了间隙，也可能会仍然存在间隙。

4.2.4　释放和扩展实时上色组

选择实时上色组，如图4-38所示，执行"对象>实时上色>释放"命令，可释放组中的对象，它们会变为0.5 pt黑色描边、无填色的普通路径，如图4-39所示。如果执行"对象>实时上色>扩展"命令，则可以将实时上色组扩展为由多个单独的填充和描边路径组成的对象。使用编组选择工具 ⯑ 可以分别选择和修改其中的路径，如图4-40所示是将一个路径移开后的效果。

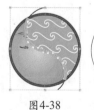

图4-38 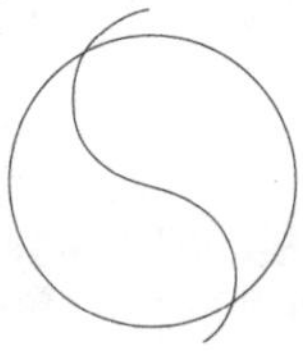　　　　图4-39 　　　　图4-40

4.3　高级配色工具

除实时上色工具以外，Illustrator还提供了其他高级上色工具，如全局色、"重新着色图稿"命令，以及可以从网络上下载色板的"Kuler"面板等。

4.3.1　实战：使用全局色

全局色是十分特别的颜色，修改此类颜色时，画板中所有使用了它的对象都会自动更新到与之相同的状态。

01 打开光盘中的素材文件，如图4-41所示。使用直接选择工具 选择婴儿的衣服，如图4-42所示。

图4-41　　　　图4-42

02 单击"色板"面板底部的 按钮，打开"新建色板"对话框，勾选"全局色"选项，如图4-43所示，单击"确定"按钮关闭对话框，将所选颜色定义为全局色，如图4-44所示。

图4-43　　　　图4-44

03 使用直接选择工具 选择如图4-45所示的图形，单击"色板"面板中的 按钮，将该颜色也定义为全局色，如图4-46、图4-47所示。

图4-45

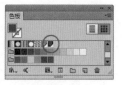

图4-46　　　　图4-47

04 下面来修改全局色，看一看会对图稿产生怎样的影响。在画板的空白处单击，取消选择。双击一个全局色，如图4-48所示，在弹出的"色板选项"对话框中修改颜色，如图4-49所示，单击"确定"按钮关闭对话框，可以看到，所有使用该颜色的图形都会随之改变颜色，如图4-50所示。双击另一个全局色，修改它的颜色为（R184、G46、B0），效果如图4-51所示。

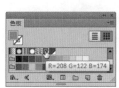

图4-48　　　　图4-49

图4-50　　　　图4-51

4.3.2　实战：重新着色图稿

为图稿上色后，可以通过"重新着色图稿"命令修改图稿的整体颜色和局部颜色。

01 打开光盘中的素材文件，如图4-52所示。使用选择工具 选择花朵背景，如图4-53所示。

图4-52 图4-53

02 执行"编辑>编辑颜色>重新着色图稿"命令，打开"重新着色图稿"对话框。单击 ▼ 按钮，在打开的下拉列表中选择"分裂互补色"选项，如图4-54所示，用这些颜色替换所选图稿的整体颜色，如图4-55所示。

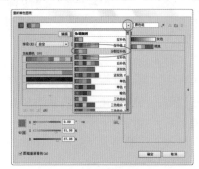

图4-54

图4-55

03 下面来单独修改一种颜色。单击"当前颜色"

列表中的一个颜色条，在下面可以修改它的颜色，如图4-56、图4-57所示。单击"确定"按钮关闭对话框，效果如图4-58所示。

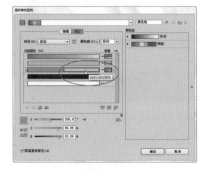

图4-56

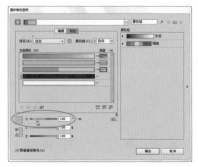

图4-57

图4-58

技术看板："重新着色图稿"对话框的打开方法

"重新着色图稿"对话框有几种打开方法，如果要编辑一个对象的颜色，可将其选取，执行"编辑>编辑颜色>重新着色图稿"命令打开该对话框；如果选择的对象包含两种或更多的颜色，则可单击控制面板中的 ⬤ 按钮，打开该对话框；如果要编辑"颜色参考"面板中的颜色或将"颜色参考"面板中的颜色应用于当前选择的对象，可单击"颜色参考"面板中的 ⬤ 按钮打开该对话框；如果要编辑"色板"面板中的颜色组，可选择该颜色组，然后单击 ⬤ 按钮打开"重新着色图稿"对话框。

4.3.3 重新着色图稿对话框

"编辑"选项卡

　　"重新着色图稿"对话框中包含"编辑"、"指定"和"颜色组"3个主要的选项卡。其中，"编辑"选项卡可以创建新的颜色组或编辑现有的颜色组，或者使用颜色协调规则菜单和色轮对颜色协调进行试验，如图4-59所示。色轮可以显示颜色在颜色协调中是如何关联的，同时还可以通过颜色条查看和处理各个颜色值。

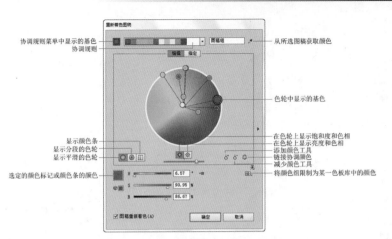

协调规则菜单中显示的基色 —— 从所选图稿获取颜色
协调规则

色轮中显示的基色

显示颜色条 —— 在色轮上显示饱和度和色相
显示分段的色轮 —— 在色轮上显示亮度和色相
显示平滑的色轮 —— 添加颜色工具
链接协调颜色
减少颜色工具
选定的颜色标记或颜色条的颜色 —— 将颜色组限制为某一色板库中的颜色

图4-59

- 协调规则：单击 按钮，可以打开下拉列表选择一个颜色协调规则，基于当前选择的颜色自动生成一个颜色方案。该选项与"颜色参考"面板的用途相同。

- 修改基色：选择对象后，单击从所选图稿获取颜色按钮 ，可以将所选对象的颜色设置为基色。如果要修改基色的色相，可围绕色轮移动标记或调整H值，如图4-60所示；如果要修改颜色的饱和度，可以在色轮上将标记向里和向外移动或调整S值，如图4-61所示；如果要修改颜色的明度，可调整B值，如图4-62所示。

图4-60

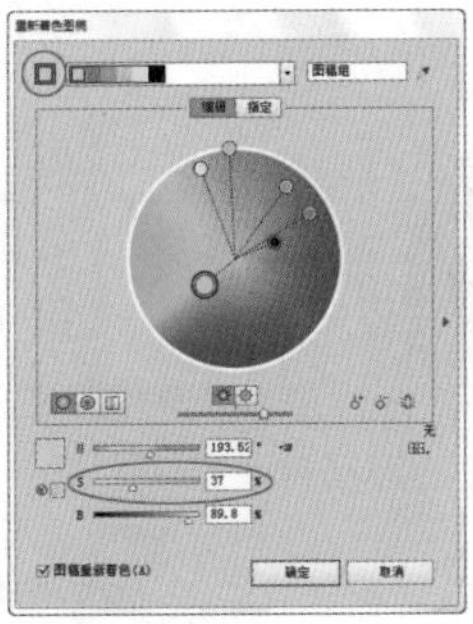

图4-61

图4-62

- 显示平滑的色轮 ：在平滑的圆形中显示色相、饱和度和亮度，如图4-63所示。

- 显示分段的色轮 ：将颜色显示为一组分段的颜色片，如图4-64所示。在该色轮中可以轻松查看单个颜色，但是它所提供的可选颜色没有连续色轮中提供的多。

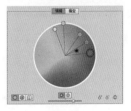
图4-63

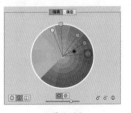
图4-64

- 显示颜色条 ：仅显示颜色组中的颜色，并且这些颜色显示为可以单独选择和编辑的实色颜色条，如图4-65所示。

图4-65

- 添加颜色工具 /减少颜色工具 ：当显示为平滑的色轮和分段的色轮时，如果要向颜色组中添加颜色，可单击 按钮，如图4-66所示，然后在色轮上单击要添加的颜色，如图4-67所示。如果要删除颜色组中的颜色，可单击 按钮，然后单击要删除的颜色标记，如图4-68、图4-69所示。基色标记不能删除。

图4-66　　　　　　图4-67

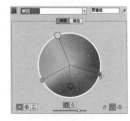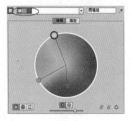

图4-68　　　　　　图4-69

图4-72

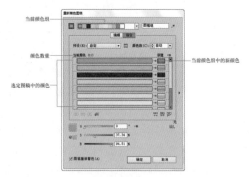

图4-73

- 在色轮上显示饱和度和色相 ✿：单击该按钮，可以在色轮上查看饱和度和色相，如图4-70所示。
- 在色轮上显示亮度和色相 ✿：单击该按钮，可以在色轮上查看亮度和色相，如图4-71所示。

- 预设：在该选项的下拉列表中可以选择一个预设的颜色作业。
- 颜色数："当前颜色"选项右侧的数字代表了文档中正在使用的颜色数量。打开"颜色数"下拉列表可以修改颜色数量，例如，可以将当前颜色减少到指定的数目，如图4-74、图4-75所示。

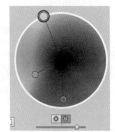

图4-70　　　　　　图4-71

图4-74　　　　　　图4-75

- 链接协调颜色 ▮：在处理色轮中的颜色时，选定的颜色协调规则会继续控制为该组生成的颜色。如果要解除颜色协调规则并自由编辑颜色，可单击该按钮。
- 将颜色组限制为某一色板库中的颜色 ▦：如果要将颜色限定于某一色板库，可单击该按钮，并从列表中选择该色板库。
- 图稿重新着色：勾选该项后，可以在画板中预览对象的颜色效果。

　　"指定"选项卡

　　打开一个文件，如图4-72所示。选择对象后打开"重新着色图稿"对话框，单击"指定"选项卡，如图4-73所示。可以指定用哪些新颜色来替换当前颜色、是否保留专色以及如何替换颜色，还可以控制如何使用当前颜色组对图稿重新着色或减少当前图稿中的颜色数目。

- 将颜色合并到一行中 ▥：按住 Shift键单击两个或多个颜色，将它们选择，如图4-76所示，单击 ▥ 按钮，可以将所选颜色合并到一行中，如图4-77所示。

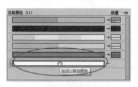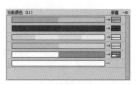

图4-76　　　　　　图4-77

- 将颜色分离到不同的行中 ▥▥▥：当多种颜色位于一行时，如果想要将各个颜色分离到单独的行中，可以按住 Shift键单击它们，如图4-78所示，然后单击 ▥▥▥ 按钮，如图4-79所示。

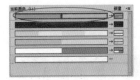
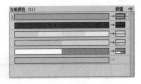

图4-78　　　　　　　图4-79

- 排除选定的颜色以便不会将它们重新着色回：如果想要保留某种颜色，而不希望它被修改，可以选择这一颜色，如图4-80所示，然后单击回按钮，如图4-81所示。

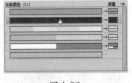
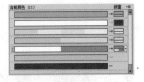

图4-80　　　　　　　图4-81

- 新建行回：单击该按钮，可以向"当前颜色"列添加一行。
- 随机更改颜色顺序回：单击该按钮，可随机更改当前颜色组的顺序，如图4-82、图4-83所示。

图4-82

图4-83

- 随机更改饱和度和亮度回：单击该按钮，可以在保留色相的同时随机更改当前颜色组的亮度和饱和度，如图4-84所示。

图4-84

- 单击上面的颜色以在图稿中查找它们回：如果要在指定新颜色时查看原始颜色在图稿

中的显示位置，可以单击该按钮，然后单击"当前颜色"列中的颜色，使用该颜色的图稿会以全色的形式显示在画板中，如图4-85所示。

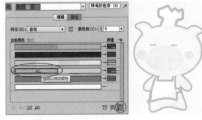

图4-85

- 重新指定颜色：如果要将当前颜色指定为不同的颜色，可以在"当前颜色"列中将其向上或向下拖动至靠近所需的新颜色；如果一个行包含多种颜色，要移动这些颜色，可单击该行左侧的选择器条回，并将其向上或向下拖动；如果要为当前颜色的其他行指定新颜色，可以在"新建"列中将新颜色向上或向下拖动；如果要将某个当前颜色行排除在重新指定操作之外，可单击列之间的箭头→；如果要重新包括该行，则单击虚线。

"颜色组"选项卡

"颜色组"选项卡中为打开的文档列出了所有存储的颜色组，如图4-86所示，它们也会在"色板"面板中显示，如图4-87所示。使用"颜色组"选项卡可以编辑、删除和创建新的颜色组。所做的修改都会反映在"色板"面板中。

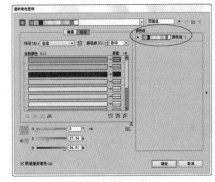

图4-86

图4-87

- 将更改保存到颜色组 ：如果要编辑颜色组，可以在列表中单击它，再切换到"编辑"选项卡中，对颜色组做出修改，然后单击 按钮。
- 新建颜色组 ：如果要将新颜色组添加到"颜色组"列表，可创建或编辑颜色组，然后在"协调规则"菜单右侧的"名称"框中输入一个名称并单击 按钮。

- 删除颜色组 ，选择颜色组后，单击 按钮可将其删除。

> **提示：**
>
> 单击"重新着色图稿"对话框右侧中间位置的 ▶ 按钮，可以显示或隐藏"颜色组"选项卡。

4.4　使用图案

Illustrator提供了大量预设的图案，如基本图形、装饰图形和动物毛皮等。不仅如此，还可以将任何图形或位图定义为图案。

4.4.1　实战：创建自定义图案

01 打开光盘中的素材文件，如图4-88所示。使用选择工具 选择图形，如图4-89所示。

图4-88　　　　图4-89

02 执行"对象>图案>建立"命令，弹出"图案选项"面板，在"拼贴类型"下拉列表中选择"砖形（按行）"，如图4-90所示。单击窗口左上角的"完成"按钮，如图4-91所示，图案会保存到"色板"面板中，如图4-92所示。

图4-90　　　　　　　图4-91

图4-92

> **提示：**
>
> 将图形拖动到"色板"面板中，可直接将其创建为图案。图案会使用Illustrator默认的名称。

03 使用矩形工具 在当前文档的另一个画板中创建一个矩形，如图4-93所示。单击"色板"面板中新建的图案，为矩形填充该图案，如图4-94、图4-95所示。

图4-93　　　　　　　图4-94

图4-95

4.4.2　实战：变换图案

为对象填充图案以后，使用选择、旋转和比例缩放等工具变换对象时，图案与对象会一同变换，如果想要单独变换图案而不影响对象，可以通过下面的方法来操作。

01 打开光盘中的素材文件，如图4-96所示。这是一个用小老虎图案填充的矩形，使用选择工具 将它选择。如果要自由变换图案，可以在工具面板中选择一个变换工具，单击并拖动鼠标，操作过程中需按住"~"键。如图4-97所示为使用旋转工具 旋转图案的效果。

图4-96　　　　　　　图4-97

02 如果要精确变换图案，可以双击一个变换工具，在打开的对话框中只选择"变换图案"选项，然后设置变换参数。例如，图4-98、图4-99所示是双击比例缩放工具 后，将图案缩小50％时的效果。

 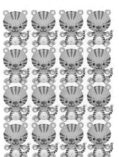

图4-98　　　　　　　图4-99

03 如果要调整图案的拼贴位置，可以按下Ctrl+R快捷键显示标尺，然后执行"视图>标尺>更改为全局标尺"命令，启用全局标尺。将光标放在窗口左上角，单击并拖出十字线，将其放在希望作为图案起始点的位置上即可，如图4-100、图4-101所示。如果要将拼贴恢复到默认位置，可在窗口左上角双击，如图4-102所示。

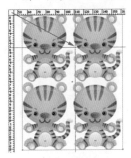 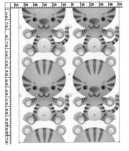

图4-100　　　　　　　图4-101

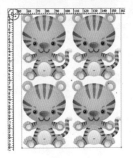

图4-102

4.4.3　实战：使用图案库

01 打开光盘中的素材文件，如图4-103所示。执行"窗口>色板库>图案>自然>自然_叶子"命令，打开该图案库，如图4-104所示。

图4-103　　　　　图4-104

02 使用选择工具 选择卡通人的衣服，如图4-105所示，单击面板中的一个图案，为图形填充图案，如图4-106、图4-107所示。再选取其他图形，填充不同的图案，效果如图4-108所示。

图4-105　　　　图4-106　　　　图4-107

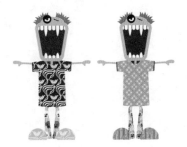

图4-108

4.4.4 图案选项面板

"图案选项"面板不仅可以定义图案，还能修改图案。例如，双击"色板"面板中的一个图案，如图4-109所示，即可弹出该面板，如图4-110所示。此时可重新修改图案的拼贴方式、水平和垂直间距等参数，修改完成后，单击窗口左上角的"完成"按钮，即可保存所做的调整。

图4-109　　　　　图4-110

- 名称：用来输入图案的名称。
- 拼贴类型：在该选项下拉列表中可以选择图案的拼贴方式，效果如图4-111所示。如果选择"砖形"，则可在"砖形位移"选项中设置图形的位移距离。

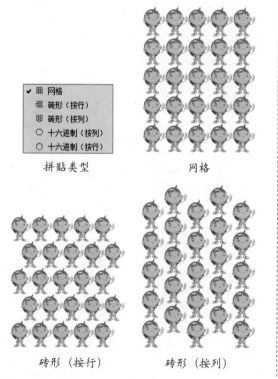

拼贴类型　　　　　网格

砖形（按行）　　　　砖形（按列）

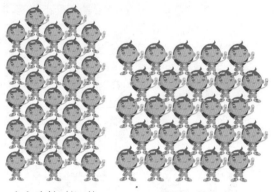

十六进制（按列）　　　六进制（按行）

图4-111

- 宽度/高度：设置图案的宽度和高度，按下按钮可进行等比缩放。
- 图案拼贴工具：选择该工具后，画板中央的基本图案周围会出现定界框，如图4-112所示，拖动控制点可以调整拼贴间距，如图4-113所示。

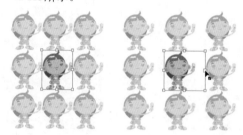

图4-112　　　　　图4-113

- 将拼贴调整为图稿大小：勾选该项后，可以将拼贴调整到与所选图形相同的大小。如果要设置拼贴间距的精确数值，可勾选该选项，然后在"水平间距"和"垂直间距"选项中输入数值。
- 重叠：如果将"水平间距"和"垂直间距"设置为负值，图形会产生重叠，按下该选项中的按钮，可以设置重叠方式，包括左侧在前，右侧在前，顶部在前和底部在前，效果如图4-114所示。

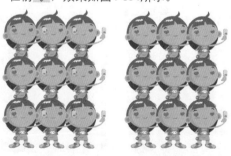

左侧在前　　　　　右侧在前

顶部在前　　　　　底部在前

图4-114

- 份数：可以设置拼贴数量，包括3×3、5×5和7×7等选项。
- 副本变暗至：可以设置图案副本的显示程度。
- 显示拼贴边缘：勾选该项，可以显示基本图案的边界框；取消勾选，则隐藏边界框。

4.5　精通高级色彩：在Kuler网站创建和下载色板

01 将电脑连接到互联网，打开"Kuler"面板，单击面板底部的 按钮，登录到 Kuler 网站，如图4-115所示。拖动颜色条上的滑块可以调整颜色，如图4-116所示。

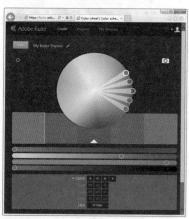

图4-115

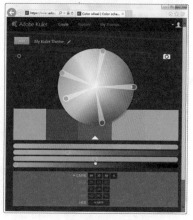

图4-116

02 单击窗口左上角的"Save"按钮，如图4-117所示，可以存储当前颜色组，如图4-118所示。

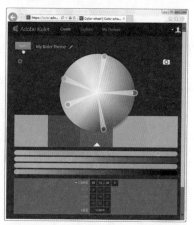

图4-117

图4-118

03 单击窗口顶部的"Cteate"命令，切换回主界面。单击窗口右上角的相机状图标，如图

4-119所示，在弹出的对话框中选择计算机中的任意一张图片，如图4-120所示，单击"打开"按钮，将其上传到Kuler网站，这时Kuler会自动分析图片并从中提取主要颜色，如图4-121所示。

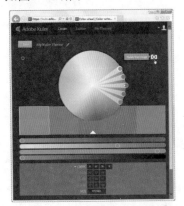

图4-119

图4-120

图4-121

04 单击"Save"按钮存储颜色。单击窗口顶部的"My Themes"命令，切换窗口，可以看到当前存储的两组色板，如图4-122所示。

图4-122

05 单击"Kuler"面板底部的刷新按钮 🔁，可以将Kuler网站上的色板下载下来，如图4-123所示。"Kuler"面板中的色板是只读的，在绘图时可以直接使用，但要想修改其中的某些颜色，则先要将其添加到"色板"面板中，在该面板中进行修改。操作方法很简单，只需单击一组色板，打开面板菜单选择"添加到色板"命令即可，如图4-124、图4-125所示。

图4-123

图4-124

图4-125

第5章

突破AI核心功能：路径
与钢笔工具

5.1 认识路径与锚点

矢量图形由称作矢量的数学对象定义的直线和曲线构成，路径和锚点是构成矢量对象的基本元素。路径由一条或多条直线或曲线路径段组成，既可以是闭合的，如图5-1所示；也可以是开放的，如图5-2所示。Illustrator中的绘图工具，如钢笔、铅笔、画笔、直线段、矩形、多边形和星形等都可以创建路径。

锚点用于连接路径段，曲线上的锚点包含方向线和方向点，如图5-3所示，它们用于调整曲线的形状。

点。平滑的曲线由平滑点连接而成，如图5-4所示，直线和转角曲线由角点连接而成，如图5-5、图5-6所示。

图5-1　　　图5-2　　　图5-3

锚点分为两种，一种是平滑点，另一种是角

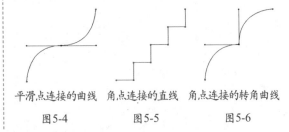

平滑点连接的曲线　角点连接的直线　角点连接的转角曲线

图5-4　　　　图5-5　　　　图5-6

5.2 用铅笔工具绘图

铅笔工具可以徒手绘制路径，就像用铅笔在纸上绘图一样，该工具不像钢笔工具那样精确和可控，只适合绘制比较随意的路径。

5.2.1 实战：用铅笔工具绘制卡通小狗

选择铅笔工具 ✐，在画板中单击并拖动鼠标即可徒手绘制路径。拖动到路径的起点处放开鼠标，可闭合路径。拖动鼠标时按住Alt键，可以绘制出直线和以45°角为增量的斜线。

01 使用椭圆工具 ⬭ 创建一个椭圆形，填充为豆绿色，如图5-7所示。

02 按住Shift键创建一个小一点的圆形，单击工具面板中的 ⬕ 按钮或按下D键，使用默认的填色和描边，如图5-8所示。使用选择工具 ▸ 按住Alt键向右侧拖动圆形进行复制，如图5-9所示。

选，以保证绘制的路径是填充颜色的，并且绘制完后依然保持选定状态。绘制如图5-11所示的图形。

图5-10　　　　　　　图5-11

04 再绘制一个图形，组成头部的基本形状，按下Ctrl+[快捷键将该图形向后移动，如图5-12所示。将填充颜色设置为黑色，无描边，使用铅笔工具 ✐ 绘制耳朵、鼻子和项圈，如图5-13所示。

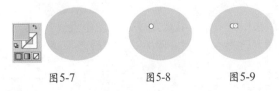

图5-7　　　　图5-8　　　　图5-9

03 双击铅笔工具 ✐，打开"铅笔工具选项"对话框，将如图5-10所示的3个选项全部勾

图5-12　　　　　　图5-13

05 按下D键恢复为默认的填色和描边颜色，绘制腿和身体，如图5-14、图5-15所示。

图5-14　　　　　　图5-15

技术看板：改变光标的显示状态

使用铅笔、钢笔等绘图工具时，大部分工具的光标在画板中都有两种显示状态，一种显示为该工具的形状，另一种显示为"×"状。按下键盘中的Caps Lock键，可以在这两种显示状态间切换。

5.2.2　实战：用铅笔工具编辑路径

　　双击铅笔工具 🖊，打开"铅笔工具选项"对话框，勾选"编辑所选路径"选项，即可使用铅笔工具修改路径。

01 打开光盘中的素材文件，使用铅笔工具 🖊 绘制路径，如图5-16所示。将铅笔工具 🖊 放在路径上（当光标中的小"×"消失时，表示工具与路径非常接近），如图5-17所示，此

时单击并拖动鼠标可以改变路径形状，如图5-18、图5-19所示。

图5-16　　　　　　图5-17

图5-18　　　　　　图5-19

02 将光标在路径的端点上，当光标中的小"×"消失时，单击并拖动鼠标可以延长路径，如图5-20所示。再绘制一条路径，并选取这两条路径，如图5-21所示。

图5-20　　　　　　图5-21

03 使用铅笔工具 🖊 单击一条路径上的端点，然后拖动鼠标至另一条路径的端点上，在拖动的过程中按住Ctrl键（光标变为 🖊 状），放开鼠标和Ctrl键后，即可将两条路径连接在一起，如图5-22、图5-23所示。

图5-22　　　　　　图5-23

5.3　用钢笔工具绘图

　　钢笔工具 🖊 是Illustrator中最强大、最重要的绘图工具，它可以绘制直线、曲线和各种精确的图形。能够灵活、熟练地使用钢笔工具绘图，是每一个Illustrator用户必须掌握的基本技能。

5.3.1　实战：绘制直线

01 打开光盘中的素材文件。选择钢笔工具 🖊，在画板上单击鼠标（不要拖动鼠标），创建锚点，如图5-24所示。

02 在另一处位置单击即可创建直线路径，如图5-25所示。按住Shift单击可以将直线的角度限制为 45 ° 的倍数，继续在其他位置单击，可继续绘制直线，如图5-26所示。

图5-24

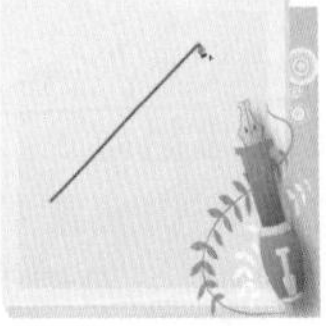

图5-25

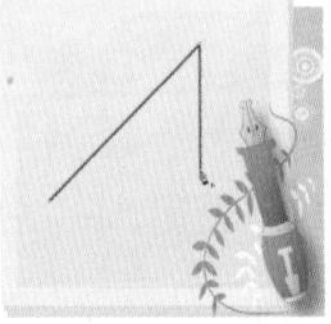

图5-26

03 如果要结束开放式路径的绘制，可按住Ctrl键（切换为选择工具）在远离对象的位置单击，如图5-27所示，也可选择工具面板中的其他工具。如果要封闭路径，可以将光标放在第一个锚点上（光标变为状），如图5-28所示，单击鼠标即可，如图5-29所示。

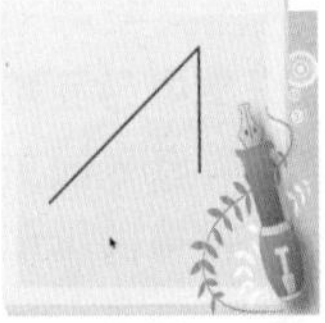

图5-27

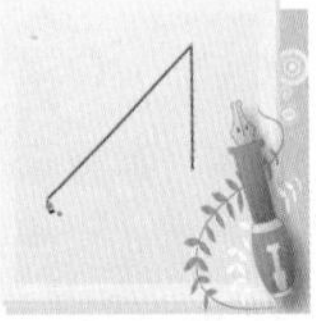

图5-28

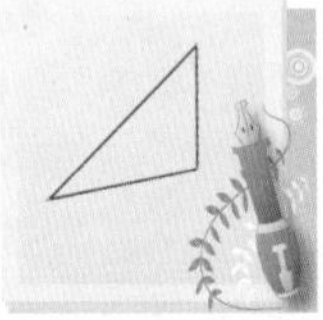

图5-29

5.3.2 实战：绘制曲线

01 使用钢笔工具在画板中单击并拖动鼠标，创建一个平滑点，如图5-30所示。按住Shift拖动鼠标，可以将锚点的方向线限制为45° 的倍数。

02 在其他位置单击并拖动鼠标即可创建曲线。如果向前一条方向线的相反方向拖动鼠标，可以创建“C”形曲线，如图5-31所示；如果按照与前一条方向线相同的方向拖动鼠标，则可创建“S”形曲线，如图5-32所示。继续在不同的位置单击并拖动鼠标，可以绘制出一系列平滑的曲线。

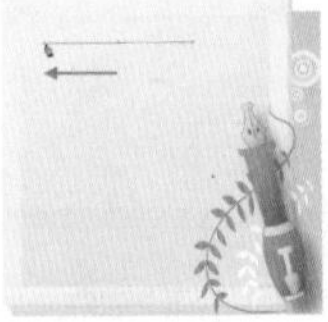

图5-30

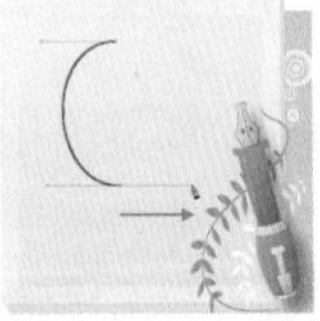

图5-31

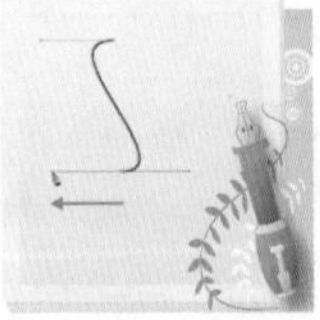

图5-32

技术看板：贝塞尔曲线

钢笔工具绘制的曲线叫做贝塞尔曲线，它是由法国计算机图形学大师Pierre E.Bézier在20世纪70年代早期开发的一种锚点调节方式，具有精确和易于修改的特点，被广泛地应用在计算机图形领域。像Photoshop、CorelDRAW、FreeHand、Flash和3ds Max等软件中都可以绘制贝塞尔曲线。

5.3.3 实战：绘制转角曲线

通过单击并拖动鼠标的方式可以绘制光滑流畅的曲线。但如果想要绘制与上一段曲线之间出现转折的曲线（即转角曲线），就需要在创建锚点前改变方向线的方向。

01 使用钢笔工具在画板中单击并拖动鼠标，创建一个平滑点，如图5-33所示。在另外一处位置单击并拖动鼠标创建第二个平滑点，如图5-34所示。

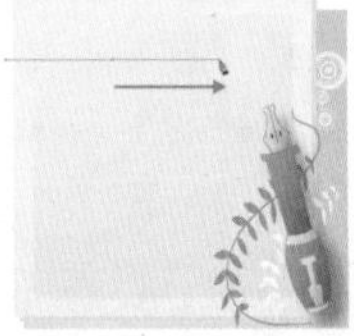

图5-33

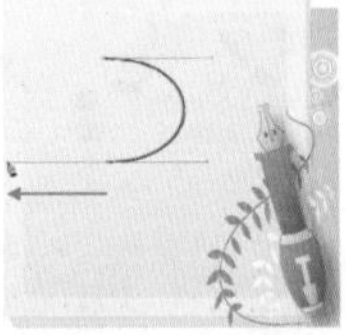

图5-34

02 按住 Alt 键，将方向线向相反一端拖动（这样可以设置下一条曲线的斜度），如图5-35所示，放开Alt键和鼠标按键（在这一过程中，通过拆分方向线的方式将平滑点转换成为了角点）。

03 在其他位置单击并拖动鼠标创建新的平滑点，完成第二段曲线的绘制，如图5-36所示。这两段曲线的中间由角点连接。

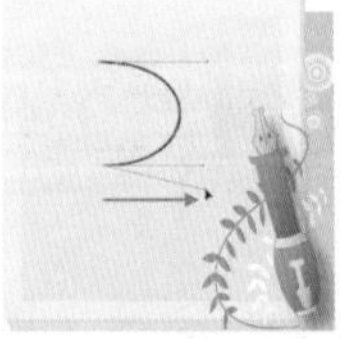

图5-35

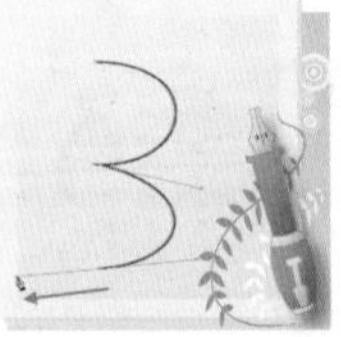

图5-36

5.3.4 实战：在曲线后面绘制直线

01 用钢笔工具绘制一段曲线，如图5-37所示。

02 将光标放在最后一个锚点上，钢笔工具旁会出

现一个转换点图标 🖊，如图5-38所示，单击鼠标，将平滑点转换为角点，如图5-39所示。

03 在其他位置单击（不要拖动鼠标），即可在曲线后面绘制直线，如图5-40所示。

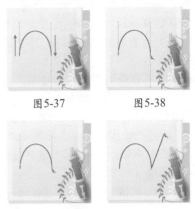

图5-37　　　　　　　图5-38

图5-39　　　　　　　图5-40

5.3.5　实战：在直线后面绘制曲线

01 用钢笔工具 🖊 绘制一段直线，然后将光标放在最后一个锚点上，钢笔工具旁会出现一个转换点图标，如图5-41所示。

02 单击并拖动鼠标，拖出一条方向线，如图5-42所示。

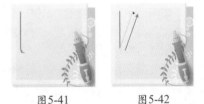

图5-41　　　　　　　图5-42

03 将钢笔工具 🖊 定位在下一个锚点的位置，单击并拖动鼠标，即可在直线后面绘制曲线，如图5-43、图5-44所示。

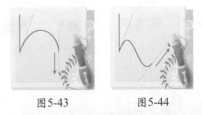

图5-43　　　　　　　图5-44

提示：

绘制一段直线后，将钢笔工具 🖊 放在路径以外的其他位置单击并拖动鼠标，可以在直线后面绘制曲线。

5.3.6　连接开放式路径

将钢笔工具 🖊 放在一条开放式路径的端点上，光标会变为 🖊 状，如图5-45所示，单击鼠标，然后将光标放在另外一条路径的端点上，当光标变为 🖊 状时，单击鼠标可以连接这两条路径，如图5-46、图5-47所示。

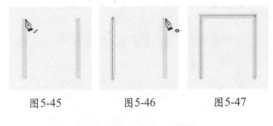

图5-45　　　　图5-46　　　　图5-47

5.3.7　封闭路径

如果要连接一条开放式路径上的两个端点，使之成为闭合式路径，可以将钢笔工具 🖊 放在路径的一个端点上，此时光标会变为 🖊 状，如图5-48所示，单击鼠标，然后将光标放在另一个端点上，当光标变为 🖊 状时单击鼠标即可，如图5-49、图5-50所示。

图5-48　　　　图5-49　　　　图5-50

提示：

使用直接选择工具 ▶ 选择路径的两个端点，单击控制面板中的连接所选终点按钮 🖿，或执行"对象>路径>连接"命令也可以将它们连接起来。

5.3.8　钢笔工具绘图技巧

（1）观察光标状态

● 🖊 状光标：选择钢笔工具后，光标在画板中会显示为 🖊 状，此时单击可以创建一个角点，单击并拖动鼠标可以创建一个平滑点。

● 🖊+/🖊- 状光标：选择路径后，将光标放在路径上，光标会变为 🖊+ 状，此时单击鼠标可以添加锚点。将光标放在锚点上，光标会变为 🖊- 状，单击鼠标可删除锚点。

- ◣。状光标：绘制路径的过程中，将光标放在起始位置的锚点上，光标变为◣。状时单击鼠标可以闭合路径。

- ◣。状光标：绘制路径的过程中，将光标放在另外一条开放式路径的端点上，光标会变为◣。状，如图5-51所示，此时单击鼠标可连接这两条路径，如图5-52所示。

- ◣。状光标：将光标放在一条开放式路径的端点上，光标会变为◣。状，如图5-53所示，此时单击鼠标，然后便可以继续绘制该路径，如图5-54所示。

图5-51　　　图5-52　　　图5-53　　　图5-54

（2）转换锚点类型

- 将平滑点转换为角点：使用钢笔工具 ✐ 绘制路径时，将光标放在最后一个锚点上，光标会变为◣状，如果该点是平滑点，如图5-55所示，单击可将其转换为角点，如图5-56所示，此时可以在它后面绘制直线，如图5-57所示，也可以绘制转角曲线。如果单击并拖动鼠标则可以改变曲线的形状，但不会改变锚点的属性，如图5-58所示。

图5-55　　　图5-56　　　图5-57　　　图5-58

- 将角点转换为平滑点：如果最后一个锚点是角点，如图5-59所示，使用钢笔工具 ✐ 单击它并拖动鼠标，可将其转换为平滑点，如图5-60所示，此时可以在它后面绘制曲线，如图5-61所示。

图5-59　　　　图5-60　　　　图5-61

（3）灵活使用快捷键

- 绘制直线时，可按住Shift键创建水平、垂直或以45°角为增量的直线。

- 选择一条开放式路径，使用钢笔工具 ✐ 在它的两个端点上单击，即可封闭路径。

- 如果要结束开放式路径的绘制，可按住Ctrl键（切换为直接选择工具 ▷ ）在远离对象的位置单击。

- 使用钢笔工具 ✐ 在画板上单击后，按住鼠标左键不放，然后按住键盘中的空格键并同时拖动鼠标，即可重新定位锚点的位置。

- 按住Ctrl键（切换为直接选择工具 ▷ ）单击锚点可以选择锚点；按住Ctrl键单击并拖动锚点可以移动其位置。

- 按住Alt键（切换为转换锚点工具 ▷ ），在平滑点上单击，可将其转换为角点，如图5-62、图5-63所示；在角点上单击并拖动鼠标，可将其转换为平滑点，如图5-64、图5-65所示。

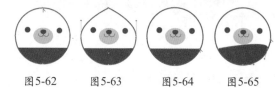

图5-62　　　图5-63　　　图5-64　　　图5-65

- 按住Alt键（切换为转换锚点工具 ▷ ）拖动曲线的方向点，可以调整方向线一侧的曲线的形状，如图5-66所示；按住Ctrl键（切换为直接选择工具 ▷ ）拖动方向点，可同时调整方向线两侧的曲线，如图5-67所示。

- 将光标放在路径段上，按住Alt键（光标变为▷状）单击并拖动鼠标可以将直线路径转换为曲线路径，如图5-68所示，或调整曲线的形状，如图5-69所示。

图5-66　　　图5-67　　　图5-68　　　图5-69

5.4　编辑锚点

　　绘制路径后，往往需要通过编辑锚点来改变路径形状，才能使绘制的图形更加准确。下面介绍锚点编辑方法。

5.4.1 用直接选择工具选择锚点和路径

无论是编辑锚点还是路径，首先都要将其准确地选择，然后才能进行编辑和修改。

选择锚点

将直接选择工具 ![] 放在路径上，当光标位于锚点上方时会变为 ![] 状，如图5-70所示，此时单击鼠标即可选 中锚点（选中的锚点为实心方块，未选中的为空心方块），如图5-71所示。如果要添加选择其他锚点，可以按住Shift键单击它们，如图5-72所示。按住Shift键单击被选中的锚点，则可以取消锚点的选择。

图5-70   图5-71   图5-72

选择路径段

将直接选择工具 ![] 放在路径上，光标变为 ![] 状时单击鼠标，可以选取当前路径段，如图5-73所示。按住Shift键单击其他路径段可以添加选择，按住Shift键单击被选中的路径段，则可以取消选择。

选择锚点或路径段后，单击并拖动鼠标可以移动它们，路径的形状也会随之改变，如图5-74所示。按下"→、←、↑、↓"键可以轻移所选对象。如果按下Delete键，则可删除所选对象，如图5-75所示。

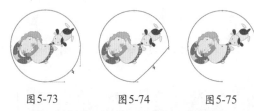

图5-73   图5-74   图5-75

5.4.2 用套索工具选择路径和锚点

当图形较为复杂或需要选择的锚点较多时，可以使用套索工具 ![] 在图形上单击并拖动鼠标绘制出一个选区，如图5-76所示，将选区内的路径和锚点选中，如图5-77所示。

图5-76   图5-77

如果要添加选择对象，可以按住Shift键（光标变为 ![] 状）在这些对象上绘制选区；如果要取消选择一部分对象，可按住Alt键（光标变为 ![] 状）在选中的对象上绘制选区；如果要取消所有对象的选择，可以在远离对象的空白处单击。

5.4.3 改变曲线形状

选择曲线上的锚点时，会显示出方向线和方向点，拖动方向点可以调整方向线的方向和长度。方向线的方向决定了曲线的形状，如图5-78、图5-79所示，方向线的长度决定了曲线的弧度。当方向线较短时，曲线的弧度较小，如图5-80所示。方向线越长，曲线的弧度越大，如图5-81所示。

图5-78   图5-79   图5-80   图5-81

使用直接选择工具 ![] 移动平滑点中的一条方向线时，会同时调整该点两侧的路径段，如图5-82、图5-83所示。使用转换锚点工具 ![] 移动方向线时，只调整与该方向线同侧的路径段，如图5-84所示。

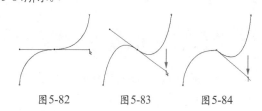

图5-82   图5-83   图5-84

平滑点始终有两条方向线，而角点可以有两条、一条或没有方向线，具体取决于它分别连接两条、一条还是没有连接曲线段。角点的方向线无论是用直接选择工具 ▶ 还是转换锚点工具 ▶ 调整，都只影响与该方向线同侧的路径段，如图5-85～图5-87所示。

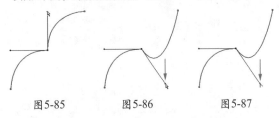

图5-85　　　图5-86　　　图5-87

5.4.4　用整形工具调整锚点

使用直接选择工具 ▶ 选择锚点后，如图5-88所示，可以用整形工具 ▶ 调整锚点的位置，修改曲线形状。用该工具调整锚点时，能够最大程度地保持路径的原有形状，如图5-89所示。而使用直接选择工具 ▶ 移动锚点时则会对图形的结构造成较大的影响，如图5-90所示。

图5-88　　　图5-89　　　图5-90

在调整曲线路径时，整形工具 ▶ 与直接选择工具 ▶ 也有很大的区别。例如，图5-91所示为一条曲线路径，用选择工具 ▶ 选择该路径，再用整形工具 ▶ 移动锚点，可以动态拉伸整条曲线，如图5-92所示；而用直接选择工具 ▶ 移动端点时，则只影响该锚点一侧的路径段，另一侧路径保持原状，如图5-93所示。

图5-91　　　图5-92　　　图5-93

5.4.5　添加和删除锚点

选择一条路径，如图5-94所示，使用添加锚点工具 ▶ 在路径上单击，可以添加一个锚点。如

果该路径是直线路径，添加的锚点是角点；如果是曲线路径，则添加的锚点为平滑点，如图5-95所示；如果要在路径上所有锚点之间的中间位置添加新的锚点，可以执行"对象>路径>添加锚点"命令，如图5-96所示。

图5-94　　　图5-95　　　图5-96

使用删除锚点工具 ▶ 在锚点上单击，可以删除该锚点。删除锚点后，路径的形状会发生改变，如图5-97、图5-98所示。

图5-97　　　　图5-98

5.4.6　均匀分布锚点

选择多个锚点，如图5-99所示，执行"对象>路径>平均"命令，打开"平均"对话框，如图5-100所示。

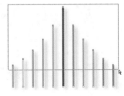

图5-99　　　　图5-100

选择"水平"选项，锚点会沿同一水平轴均匀分布，如图5-101所示；选择"垂直"选项，锚点会沿同一垂直轴均匀分布，如图5-102所示；选择"两者兼有"选项，锚点会集中到同一个点上，如图5-103所示。使用该命令分布锚点时，这些锚点可以分属不同的路径。

图5-101　　　图5-102　　　图5-103

5.5 编辑路径

选择路径后，可以通过相关命令对其进行偏移、平滑、简化等处理，也可以使用工具裁剪或擦除路径。

5.5.1 偏移路径

选择一条路径，如图5-104所示，执行"对象>路径>偏移路径"命令，打开"偏移路径"对话框，如图5-105所示。"偏移路径"命令可以基于所选路径复制出一条新的路径。通过这种方法可以创建同心圆，或制作相互之间保持固定间距的多个对象。

图5-104　　　　　　图5-105

- 位移：用来设置新路径的偏移距离。该值为正值时，新路径向外扩展；为负值时，新路径向内收缩。
- 连接：用来设置路径拐角的连接方式，如图5-106～图5-108所示。

　斜接　　　　　圆角　　　　　斜角
图5-106　　　图5-107　　　图5-108

- 斜接限制：用来控制角度的变化范围。该值越高，角度的变化范围越大。

5.5.2 平滑路径

如果要使路径变得更加平滑，可以选择路径，如图5-109所示，然后用平滑工具 ✐ 在路径上单击并拖动鼠标涂抹，即可对其进行平滑处理，如图5-110所示。

图5-109　　　　　图5-110

5.5.3 简化路径

如果要简化路径上的锚点，可以选择路径，如图5-111所示，执行"对象>路径>简化"命令，打开"简化"对话框，如图5-112所示。降低"曲线精度"值，即可简化锚点，如图5-113所示。如果选择"直线"选项，则可在对象的原始锚点间创建直线，如图5-114所示。如果角点的角度大于"角度阈值"中设置的值，将会删除角点，选择"显示原路径"选项，可在简化的路径背后显示原始路径。

图5-111　　　　　　图5-112

图5-113　　　　　图5-114

5.5.4 清理路径

绘制路径、编辑对象或输入文字的过程中，如果操作不当，便会产生一些没有用处的锚点（游离点）和路径，如图5-115所示。如果要清除游离点、未着色的对象和空的文本路径，可以执行"对象>路径>清理"命令，打开"清理"对话框，选择相应的选项，单击"确定"按钮，即可将其从画板中清除，如图5-116、图5-117所示。

图5-115　　　　　图5-116

图5-117

5.5.5 用剪刀工具裁剪路径

使用剪刀工具 ✂ 在路径上单击可以剪断路径，如图5-118所示。用直接选择工具 ▷ 将锚点移开，可以查看路径的分割效果，如图5-119所示。

图5-118　　　　　　图5-119

5.5.6 用刻刀工具裁剪路径

使用刻刀工具 ✐ 在图形上单击并拖动鼠标，可以将图形裁切开，如图5-120、图5-121所示。如果是开放式的路径，经过刻刀裁切后会成为闭合式路径。

图5-120　　　　　　图5-121

5.5.7 分割下方对象

选择一个对象，如图5-122所示，执行"对象>路径>分割下方对象"命令，可以用所选路径分割它下面的图形，如图5-123所示。"分割下方对象"命令与刻刀工具 ✐ 产生的效果相同，但要比刻刀工具更容易控制。

图5-122　　　　　　图5-123

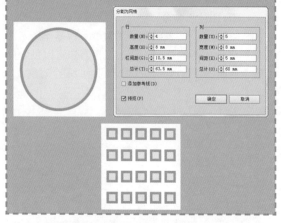

5.5.8 用路径橡皮擦工具擦除路径

选择一个图形，如图5-124所示，使用路径橡皮擦工具 ✐ 在路径上涂抹即可擦除路径，如图5-125所示。如果要将擦除限定为一个路径段，可以先选择该路径，再进行擦除。

图5-124　　　　　　图5-125

5.5.9 用橡皮擦工具擦除路径

使用橡皮擦工具 ✐ 在图形上涂抹，可擦除对象，如图5-126、图5-127所示。按住 Shift键操作，可以将擦除方向限制为水平、垂直或对角线方向；按住Alt 键操作，则可以绘制一个矩形选区，擦除选中的图形，如图5-128所示。

图5-126   图5-127   图5-128

提示：

选择橡皮擦工具后，按下"]"键和"["键，可以增加或缩小画笔直径。该工具可擦除图形的任何区域，而不管它们是否属于同一对象或是否在同一图层。并且，它可以擦除路径、复合路径、实时上色组内的路径和剪贴路径。

5.6 精通铅笔工具：创意脸部涂鸦

01 按下Ctrl+O快捷键，打开光盘中的素材文件，如图5-129所示。双击铅笔工具 🖊️，打开"铅笔工具选项"对话框，单击"重置"按钮，将铅笔工具的参数恢复为默认状态，如图5-130所示。

图5-129

图5-130

02 在嘴唇上方绘制眼睛图形，在控制面板中设置描边粗细为4pt，如图5-131所示，绘制出眼珠和睫毛，如图5-132所示。

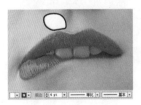

图5-131

图5-132

03 绘制小一点的圆形作为鼻子，填充黄色，再画出两个红脸蛋，填充橘红色，无描边，如图5-133所示。根据嘴型设计出人物的脸部轮廓，如图5-134所示。

图5-133

图5-134

04 在眼睛上面绘制帽子轮廓，如图5-135所示。画出组成帽子的图形，填充黄色，如图5-136所示。

图5-135

图5-136

05 绘制一个粉红色的蝴蝶结，如图5-137所示，在蝴蝶结边缘绘制白边，如图5-138所示。按下Shift+Ctrl+[快捷键将白边图形移至底层，如图5-139所示，绘制彩色的圆点作为装饰，如图5-140所示。

图5-137

图5-138

图5-139

图5-140

06 在左下角绘制一个紫色图形，图形外面画一个大一点的轮廓线，如图5-141所示。选择文字工具 **T**，在画板中单击并输入文字，在控制面板中设置文字的颜色、字体及大小，如图5-142所示。

图5-141   图5-142

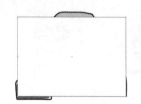 

图5-143   图5-144

07 使用矩形工具 ▢ 绘制一个与嘴唇图片大小相同的矩形，如图5-143所示。单击"图层"面板底部的 ▣ 按钮，建立剪切蒙版，将矩形以外的区域隐藏，如图5-144、图5-145所示。

图5-145

5.7   精通路径编辑：条码生活

01 使用矩形工具 ▢ 创建一个矩形。使用选择工具 ▸ 按住Alt+Shift键将矩形沿水平方向复制，调整复制后的矩形的宽度和高度，如图5-146所示。执行"窗口>色板库>艺术史>文艺复兴风格"命令，用色板库中的颜色填充矩形，使作品呈现统一的色调与风格，如图5-147、图5-148所示。

图5-146   图5-147

图5-148

02 使用文字工具 T 在矩形下方输入一组数字，在控制面板中设置字体及大小，如图5-149所示。

图5-149

03 使用椭圆工具 ◯ 按住Shift键创建一个圆形，设置描边粗细为7pt，如图5-150所示。用直接选择工具 ▸ 单击圆形左侧的锚点，如图5-151所示，按下Delete键删除，如图15-152所示。将剩下的半圆形放在条码右侧，制作成咖啡杯，如图5-153所示。

图5-150   图5-151   图5-152

图5-153

04 用钢笔工具 ✐ 绘制咖啡杯底座，如图5-154

所示。用矩形工具  创建一个矩形，按下Shift+Ctrl+[快捷键将其移至底层，如图5-155所示。充分发挥想象力，用这种创作方法表现生活中的其他事物，如铅笔、书籍等，如图5-156所示。

图5-156

图5-154　　　　图5-155

5.8 精通钢笔绘图：英雄小超人

01 使用圆角矩形工具 绘制一个圆角矩形（可按下"↑"键和"↓键"调整圆角大小），填充皮肤色，如图5-157所示。使用矩形工具 绘制一个相同宽度的黑色矩形，如图5-158所示。

图5-157　　　　图5-158

02 保持黑色矩形的选取状态，选择添加锚点工具 ，将光标放在如图5-159所示的路径上，单击鼠标添加锚点，如图5-160所示。在路径右侧也添加一个锚点，如图5-161所示。

图5-159　　　图5-160　　　图5-161

03 使用直接选择工具 框选这两个锚点，如图5-162所示，按下键盘中的"↓"键，将锚点向下移动，改变图形的形状，如图5-163所示。

图5-162　　　图5-163

04 使用椭圆工具 绘制一个椭圆形作为眼睛，按住Shift键绘制蓝色的眼珠，在里面绘制白色的高光，如图5-164所示。使用选择工具 按住Shift键选取组成眼睛的三个图形，按下Ctrl+G快捷键编组，按住Shift键向右侧拖动，在放开鼠标前按下Alt键进行复制，如图5-165所示。

05 使用圆角矩形工具 绘制身体，如图5-166所示。

图5-164　　　图5-165　　　图5-166

06 使用直接选择工具 在图形左下角单击并拖出选框，选中左下角的两个锚点，如图5-167所示，连续按10次"→"键将锚点向右移动，如图5-168所示。框选图形右下角的两个锚点，如图5-169所示，按10次"←"键将其向左移动，如图5-170所示。

图5-167

图5-168

图5-169

图5-170

07 使用钢笔工具 ✒ 绘制一个三角形，如图5-171所示。使用选择工具 ▶ 按住Shift+Alt键拖动三角形进行复制，如图5-172所示。选取这三个图形，如图5-173所示，单击"路径查找器"面板中的减去顶层按钮 ▣ ，制作出图5-174所示的图形。

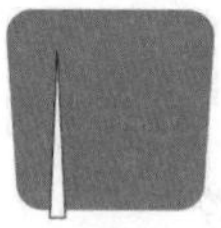

图5-171

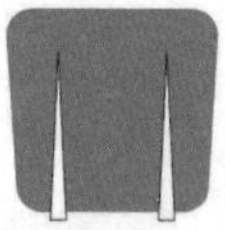

图5-172

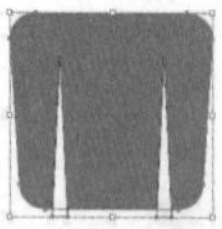

图5-173

图5-174

08 选择直线段工具 ╱ ，按住Shift键绘制一条直线，如图5-175所示。使用选择工具 ▶ 按住Shift键单击蓝色身体图形，将其与直线一同选取，单击"路径查找器"面板中的分割按钮 ▣ ，用直线分割图形，如图5-176所示。使用直接选择工具 ▷ 选取中间的小图形，按下Delete键删除。选取左右两侧的小图形，填充皮肤色，如图5-177所示。

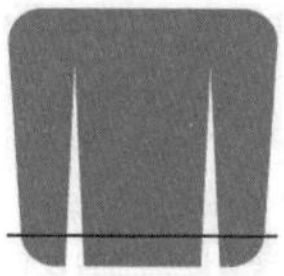

图5-175

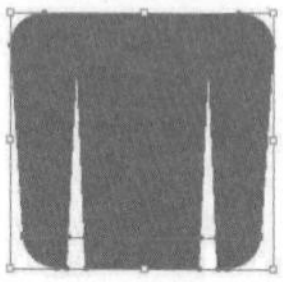

图5-176

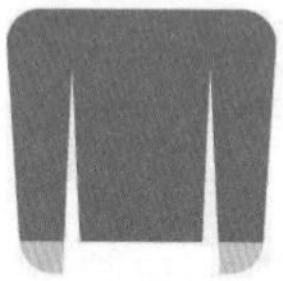

图5-177

09 图5-178所示为超人上半身的制作效果。再使用矩形工具 ▢ 绘制一个黄色的腰带，如图5-179所示。

图5-178

图5-179

10 使用多边形工具 ⬡ 按住Shift键绘制一个三角形（可按下"↓"键减少边数）。切换为选择工具 ▶ ，将光标放在定界框的下边，如图5-180所示，向上拖动鼠标，将三角形朝上翻转，如图5-181所示，放开鼠标形成一个倒三角形，如图5-182所示。

图5-180

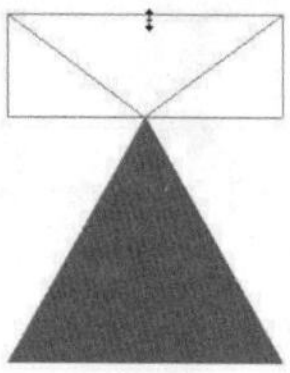

图5-181

图5-182

11 将三角形放在腰带下面，用矩形工具 ▢ 绘制超人的腿，如图5-183所示。用椭圆工具 ⬭ 绘制衣服上的圆形装饰，上衣的椭圆形描边粗细设置为7pt，腰带上的圆形描边粗细设置为5pt，如图5-184所示。用钢笔工具 ✒ 绘制出衣服上的闪电图形，如图5-185所示。

图5-183

图5-184

图5-185

12 绘制出红色的斗篷，如图5-186所示。按下Shift+Ctrl+[快捷键将其移至底层，如图5-187所示。

图5-186

图5-187

第6章

挑战高级造型工具：渐
变与渐变网格

6.1 渐变

渐变是一种填色方法，可以创建两种或多种颜色之间的平滑过渡效果。Illustrator提供了大量预设的渐变库，还允许用户将自定义的渐变存储为色板。

6.1.1 渐变面板

选择一个图形，单击工具面板底部的渐变按钮，可以为它填充默认的黑白线性渐变，如图6-1所示，同时还会弹出"渐变"面板，如图6-2所示。

图6-1　　　　　图6-2

- 渐变填色框：显示了当前渐变的颜色。单击它可以用渐变填充当前选择的对象。
- 渐变菜单：单击 按钮，可在打开的下拉列表中选择一个预设的渐变。
- 类型：在该选项的下拉列表中可以选择渐变类型，包括线性渐变（如图6-1所示）和"径向"渐变，如图6-3所示。

图6-3

- 反向渐变 ：单击按钮，可以反转渐变颜色的填充顺序，如图6-4所示。

图6-4

- 描边：如果使用渐变色对路径进行描边，则按下 按钮，可在描边中应用渐变，如图6-5所示；按下 按钮，可沿描边应用渐变，如图6-6所示；按下 按钮，可跨描边应用渐变，如图6-7所示。

图6-5　　　　图6-6　　　　图6-7

- 角度 ：用来设置线性渐变的角度，如图6-8所示。

图6-8

- 长宽比 ：填充径向渐变时，可以在该选项中输入数值创建椭圆渐变，如图6-9所示，也可以修改椭圆渐变的角度来使其倾斜。

图6-9

- 渐变滑块/中点/删除滑块：渐变滑块用来设置渐变颜色和颜色的位置，中点用来定义两个滑块中颜色的混合位置。如果要删除滑块，可单击它将其选择，然后按下 按钮。
- 不透明度：单击一个渐变滑块，调整不透明度值，可以使颜色呈现透明效果，如图6-10所示。该值为0%时，渐变滑块所在的位置将完全透明，如图6-11所示。

图6-10

图6-11

- 位置：选择中点或渐变滑块后，可以在该文本框中输入0 ~ 100之间的数值来定位其位置。

6.1.2 实战：编辑渐变颜色

对于线性渐变，渐变颜色条最左侧的颜色为渐变色的起始颜色，最右侧的颜色为终止颜色。对于径向渐变，最左侧的渐变滑块定义了颜色填充的中心点，它呈辐射状向外逐渐过渡到最右侧的渐变滑块颜色。

01 打开光盘中的素材文件，用选择工具 ▶ 选择渐变对象，如图6-12所示，在工具面板中将填色设置为当前编辑状态，"渐变"面板中会显示所选图形使用的渐变颜色，如图6-13所示。

图6-12   图6-13

02 单击一个渐变滑块将其选择，如图6-14所示，拖动"颜色"面板中的滑块可以调整渐变颜色，如图6-15、图6-16所示。

图6-14   图6-15

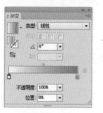

图6-16

03 按住Alt键单击"色板"面板中的一个色板，可以将该色板应用到所选滑块上，如图6-17所示。未选择滑块时，可直接将一个色板拖动到滑块上，改变它的颜色，如图6-18所示。

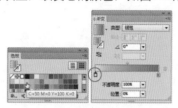

图6-17

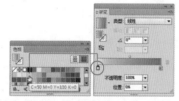

图6-18

提示：

双击一个渐变滑块，可以弹出一个下拉面板，在该面板中也可以修改渐变颜色。此外，单击下拉面板中的按钮可切换面板，这时可以选择一个色板来修改滑块的颜色。

04 如果要增加渐变颜色的数量，可以在渐变色条下单击，添加新的滑块，如图6-19所示。将"色板"面板中的色板直接拖至"渐变"面板中的渐变色条上，则可以添加一个该色板颜色的渐变滑块，如图6-20所示。如果要减少颜色数量，可单击一个滑块，然后按下 🗑 按钮进行删除，或者直接将其拖动到面板外。

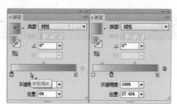

图6-19

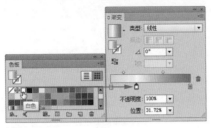

图6-20

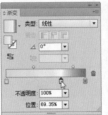
图6-23

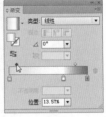
图6-24

05 按住Alt键拖动一个滑块，可以复制它，如图6-21所示。如果按住Alt键将一个滑块拖动到另一个滑块上，则可以交换这两个滑块的位置，如图6-22所示。

提示：

编辑渐变颜色后，可单击"色板"面板中的 按钮，将它保存在该面板中。以后需要使用时，就可以通过"色板"面板来应用该渐变。

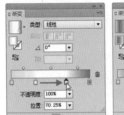

图6-21　　　　图6-22

技术看板：拉宽渐变面板

在默认情况下，"渐变"面板的区域比较小，当滑块数量较多时，不太容易编辑。遇到这种情况，可以将光标放在面板右下角的 图标上，单击并拖动鼠标将面板拉宽。

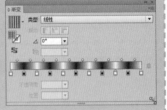

06 拖动滑块可以调整渐变中各个颜色的混合位置，如图6-23所示。在渐变色条上，每两个渐变滑块的中间（50%处）都有一个菱形的中点滑块，移动中点可以改变它两侧渐变滑块的颜色混合位置，如图6-24所示。

6.1.3　实战：修改渐变方向、半径和原点

01 打开光盘中的素材文件，用选择工具 选择渐变对象，如图6-25所示。选择渐变工具 ，图形上会显示渐变批注者，如图6-26所示。

图标可以调整渐变的半径，如图6-28所示。

图6-27　　　　图6-28

03 如果要旋转渐变，可以将光标放在右侧的圆形图标外，光标会变为 状，此时单击并拖动鼠标即可旋转渐变，如图6-29所示。在"渐变"面板的"类型"下拉列表中选择"径向"，改为径向渐变，如图6-30、图6-31所示。

图6-25　　　　图6-26

提示：

执行"视图"菜单中的"显示/隐藏渐变批注者"命令，可以显示或隐藏渐变批注者。

02 左侧的圆形图标是渐变的原点，拖动它可以水平移动渐变，如图6-27所示。拖动右侧的圆形

04 下面修改径向渐变。拖动左侧的圆形图标可以调整渐变的覆盖范围，如图6-32所示。拖动中间的圆形图标可以水平移动渐变，如图6-33所示。拖动它左侧的空心圆可同时调整渐变的原点和方向，如图6-34所示。

图6-29

图6-30

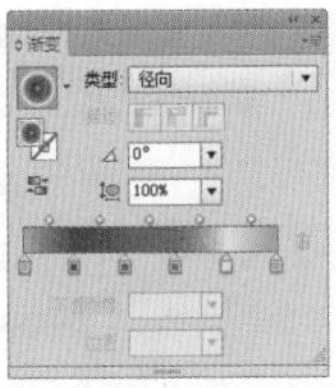

图6-31

图6-32

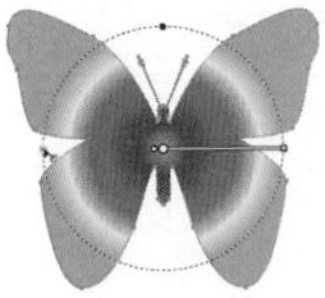

图6-33

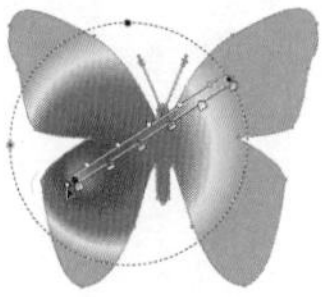

图6-34

05 将光标放在图6-35所示的图标上，单击并向下拖动可调整渐变半径，生成椭圆渐变，如图6-36所示。

图6-35

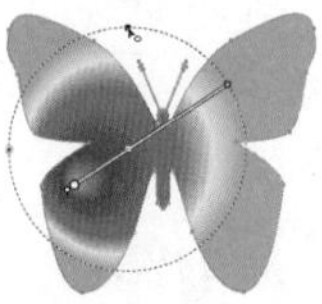

图6-36

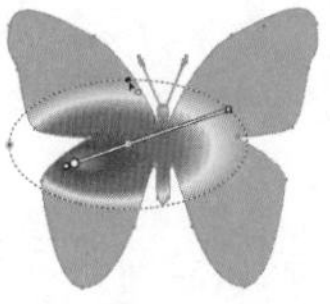

6.1.4 实战：使用渐变工具填充渐变

渐变工具用来填充渐变、修改渐变的位置和方向，它也提供了"渐变"面板所包含的大部分功能。

01 打开光盘中的素材文件，用选择工具选择黑色背景图形，如图6-37所示。

02 单击工具面板中的渐变填充按钮，为对象填充渐变（默认为黑白渐变），如图6-38所示，同时打开"渐变"面板，如图6-39所示。

图6-37

图6-38

图6-39

03 在"渐变"面板中调整渐变颜色，如图6-40、图6-41所示。

图6-40

图6-41

04 使用渐变工具在图稿上单击并拖动鼠标，调整渐变的位置和方向，如图6-42所示。如果要将渐变的方向设置为水平、垂直或者45°角的倍数，可以在拖动时按住Shift键，效果如图6-43所示。

图6-42

图6-43

6.1.5 实战：为多个对象同时应用渐变

01 打开光盘中的素材文件，如图6-44所示。按下Ctrl+A快捷键选择所有图形。

图6-44

02 单击"色板"面板中的一个渐变色板，为所选图形填充该渐变，通过这种方式应用渐变时，每一个图形都单独填充渐变颜色，如图6-45、图6-46所示。

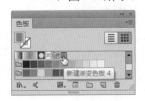
图6-45

图6-46

03 选择渐变工具，在这些图形上单击并拖动鼠标调整渐变的位置和方向，此时这些图形会作为一个整体应用渐变，如图6-47、图6-48所示。

图6-47　　　　　　图6-48

6.1.6　实战：使用渐变库

01 打开光盘中的素材文件，如图6-49所示。用直接选择工具 选择按钮中心的圆形，如图6-50所示。

图6-49　　　　　　图6-50

02 单击"色板"面板底部的色板库菜单按钮，打开下拉菜单，"渐变"下拉菜单中包含了系统提供的各种渐变库，如图6-51所示，选择"晕影"命令，打开单独的面板。选择"柔和黑色晕影"渐变，如图6-52所示，效果如图6-53所示。可以尝试使用渐变库中的其他渐变填充图形。

图6-51

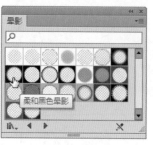

图6-52

图6-53

6.1.7　将渐变扩展为图形

选择渐变填充的对象，如图6-54所示，执行"对象>扩展"命令，打开"扩展"对话框，选择"填充"选项，在"指定"文本框中输入数值，即可将渐变填充扩展为指定数量的图形，如图6-55、图6-56所示。这些图形会编为一组，并通过剪切蒙版控制显示区域，如图6-57所示。

图6-54　　　　　　图6-55

图6-56　　　　　　图6-57

6.2 渐变网格

渐变网格是一种特殊的填色功能，它通过对网格点着色来创建颜色渐变效果，具有非常强的可控性，可以制作出媲美照片的真实效果。

6.2.1 渐变网格与渐变的区别

渐变网格由网格点、网格线和网格片面构成，如图6-58所示。由于网格点、网格片面都可以着色，并且颜色之间会平滑过渡，因此，可以制作出具有写实效果的作品，如图6-59所示，图6-60所示为机器人复杂的网格结构。

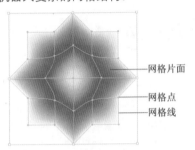

网格片面
网格点
网格线

图6-58

图6-59

图6-60

渐变网格与渐变填充的工作原理基本相同，它们都能在对象内部创建各种颜色之间平滑过渡

的效果。二者的不同之处在于，渐变填充可以应用于一个或者多个对象，但渐变的方向只能是单一的，不能分别调整，如图6-61、图6-62所示。而渐变网格只能应用于一个图形，但却可以在图形内产生多个渐变，渐变可以沿不同方向分布，如图6-63所示。

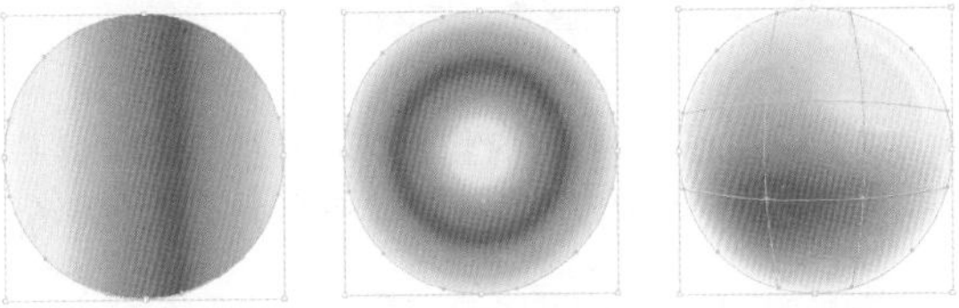

线性渐变　　径向渐变　　渐变网格

图6-61　　图6-62　　图6-63

6.2.2 使用网格工具创建渐变网格

选择网格工具 ，将光标放在图形上，光标会变为 状，如图6-64所示，单击鼠标可将其转换为渐变网格对象，同时还会有网格线交叉穿过对象，网格线上的交叉点为网格点，4个网格点之间构成的区域为网格片面，如图6-65所示。

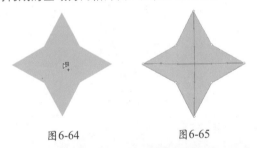

图6-64　　　　　　图6-65

提示：

位图图像、复合路径和文本对象不能创建为网格对象。此外，复杂的网格会使系统性能大大降低，因此，最好创建若干小且简单的网格对象，而不要创建单个复杂的网格。

6.2.3 使用命令创建渐变网格

如果要按照指定数量的网格线创建渐变网格，可以选择图形，如图6-66所示，执行"对象>创建渐变网格"命令，打开"创建渐变网格"对话框进行设置，如图6-67所示。该命令还可以将无描边、无填充的图形创建为渐变网格对象。

图6-66　　　　　　　　图6-67

- 行数/列数：设置水平和垂直网格线的数量，范围为1～50。
- 外观：设置高光的位置和创建方式。选择"平淡色"选项，不会创建高光，如图6-68所示；选择"至中心"选项，可以在对象中心创建高光，如图6-69所示；选择"至边缘"选项，可以在对象的边缘创建高光，如图6-70所示。

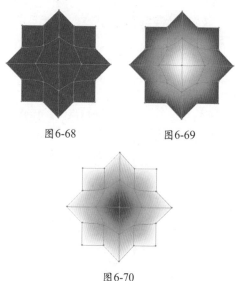

图6-68　　　　　　　　图6-69

图6-70

- 高光：设置高光强度。该值为0%时，不会应用白色高光。

6.2.4　将渐变图形转换为渐变网格

使用渐变颜色填充的图形也可以转换为渐变网格。但是，如果直接使用网格工具 ![tool] 单击渐变图形，如图6-71所示，则会使它失去原有颜色，如图6-72所示。如果想要在转换时保留渐变，可以选择对象，执行"对象>扩展"命令，在打开的对话框中选择"填充"和"渐变网格"两个选项即可，如图6-73、图6-74所示。

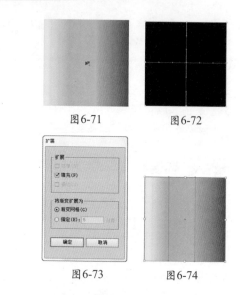

图6-71　　　　　　　　图6-72

图6-73　　　　　　　　图6-74

6.2.5　编辑网格点

渐变网格对象的网格点与锚点的属性基本相同，只是增加了接受颜色的功能，因此，网格点不仅可以着色，还可以像锚点一样移动，也可增加和删除网格点，或调整网格点的方向线，从而实现对颜色变化的精确控制。

- 选择网格点：选择网格工具 ![tool]，将光标放在网格点上（光标变为 状），单击即可选择网格点，选中的网格点为实心方块，未选中的为空心方块，如图6-75所示。使用直接选择工具 ![tool] 在网格点上单击，也可以选择网格点，按住Shift键单击其他网格点，可选择多个网格点，如图6-76所示；如果单击并拖出一个矩形框，则可以选择矩形框范围内的所有网格点，如图6-77所示；使用套索工具 ![tool] 在网格对象上绘制选区，也可以选择网格点，如图6-78所示。

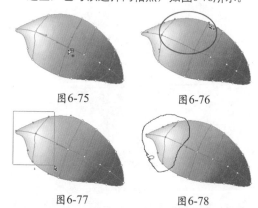

图6-75　　　　　　　　图6-76

图6-77　　　　　　　　图6-78

- 移动网格点和网格片面：选择网格点后，按住鼠标按键拖动即可移动网格点，如图6-79所示。如果按住 Shift键拖动，则可将该网格点的移动范围限制在网格线上，如图6-80所示。采用这种方法沿一条弯曲的网格线移动网格点时，不会扭曲网格线。使用直接选择工具 ↳ 在网格片面上单击并拖动鼠标，可以移动该网格片面，如图6-81所示。

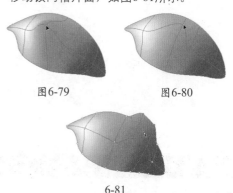

图6-79   图6-80

6-81

- 调整方向线：网格点的方向线与锚点的方向线完全相同，使用网格工具 和直接选择工具 ↳ 都可以移动方向线，调整方向线可以改变网格线的形状，如图6-82所示。如果按住 Shift 键拖动方向线，则可同时移动该网格点的所有方向线，如图6-83所示。

图6-82   图6-83

- 添加与删除网格点：使用网格工具 在网格线或网格片面上单击，都可以添加网格点，如图6-84所示。如果按住Alt键，光标会变为 状，如图6-85所示，单击网格点可将其删除，由该点连接的网格线也会同时删除，如图6-86所示。

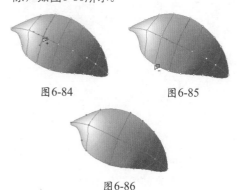

图6-84   图6-85

图6-86

技术看板：锚点与网格点的区别

网格点是网格线相交处的锚点。网格点以菱形显示，它具有锚点的所有属性，而且可以接受颜色。网格中也可以出现锚点（区别在于其形状为正方形而非菱形），但锚点不能着色，它只能起到编辑网格线形状的作用，并且添加锚点时不会生成网格线，删除锚点时也不会删除网格线。

6.2.6 实战：为网格对象着色

在为网格点或网格片面着色前，需要先单击工具面板中的填色按钮□，切换到填色编辑状态（可按下"X"键切换填色和描边状态）。

01 打开光盘中的素材文件，如图6-87所示。使用选择工具 ↳ 在图形上单击，显示网格点。选择网格工具 ，在网格点上单击，将其选择，如图6-88所示，单击"色板"面板中的红色，为其着色，如图6-89、图6-90所示。

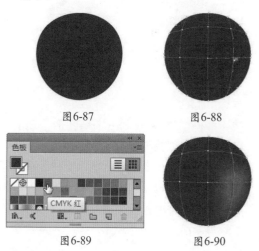

图6-87   图6-88

图6-89   图6-90

02 选取图形中间的网格点，拖动"颜色"面板中的滑块，调整所选网格点的颜色，如图6-91、图6-92所示。

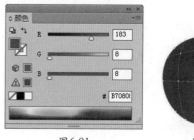

图6-91   图6-92

提示：

提示：

调整了一个网格点的颜色后，如果用网格工具 在网格区域单击，则新生成的网格点会使用与上一个网格点相同的颜色。按住 Shift 键单击，可添加网格点，但不改变其填充颜色。此外，使用网格工具 选择网格点后，使用吸管工具 在一个单色填充的对象上单击，可拾取该对象的颜色。

03 使用套索工具 在图形右侧绘制选区，选取右侧的网格点，如图6-93所示，调整颜色为浅粉色，如图6-94、图6-95所示。用网格工具 在图形上方添加两个网格点，塑造苹果的结构，如图6-96所示。

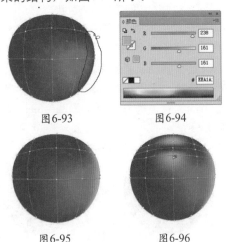

图6-93　　　　　图6-94

图6-95　　　　　图6-96

04 使用椭圆工具 绘制一个椭圆形，填充白色。用网格工具 在图形中心位置单击，添加网格点，如图6-97所示。使用直接选择工具 在网格片面上单击，将其选择，如图6-98所示。拖动"颜色"面板中的滑块，可以调整所选网格片面的颜色，如图6-99、图6-100所示。

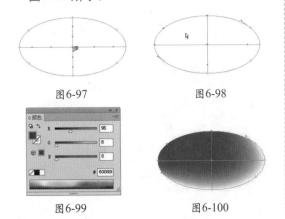

图6-97　　　　　图6-98

图6-99　　　　　图6-100

05 将"色板"面板中的一个色块拖到网格片面上，可直接为其着色，如图6-101所示。可以用同样方法为网格点着色，如图6-102所示。

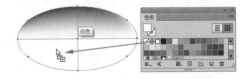

图6-101

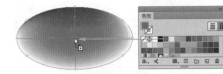

图6-102

提示：

为网格点着色时，颜色以该点为中心向外扩散；为网格片面着色时，颜色以该区域为中心向外扩散，色彩变化范围更广。

06 在"颜色"面板中调整颜色，使当前的网格点变为浅粉色，如图6-103、图6-104所示。

图6-103　　　　　图6-104

07 在"图层2"前面单击，显示该图层，完成苹果的制作，如图6-105、图6-106所示。

图6-105　　　　　图6-106

6.2.7 从网格对象中提取路径

选择网格对象，如图6-107所示，执行"对象

>路径>偏移路径"命令，打开"偏移路径"对话框，将"位移"值设置为0，如图6-108所示，即可得到与网格图形相同的路径。新路径与网格对象重叠在一起，使用选择工具 可以将它从网格中移开，如图6-109所示。

图6-107

图6-108

图6-109

6.3　精通渐变：纸张折痕字

01 打开"字符"面板，设置字体为"Impact"，大小为162pt，垂直缩放 为150%，使用文字工具 T 在画板中单击并输入文字，如图6-110、图6-111所示。

图6-110　　　　　图6-111

02 使用矩形工具 绘制一个矩形背景，填充为浅粉色。按下Ctrl+[快捷键将其移至文字下方，如图6-112所示。单击"图层"面板底部的 按钮，新建一个图层，如图6-113所示。

图6-112

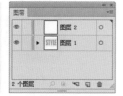
图6-113

03 绘制一个细长的矩形，在"渐变"面板中设置类型为"径向"，单击左侧的滑块，在"颜色"面板中调整颜色，如图6-114所示。在"渐变"面板中设置滑块的不透明度为80%，右侧滑块设置同样的颜色，不透明度调整为0%，如图6-115所示，使渐变呈现由中心向外逐渐消失的效果，如图6-116所示。

图6-114

图6-115

图6-116

04 选择渐变工具 ，将光标放在渐变上，显示出渐变滑杆，如图6-117所示；将滑杆向上拖动并调整大小，以改变渐变的效果，如图6-118所示。

图6-117

图6-118

05 使用选择工具 按住Alt键向下拖动渐变图形进行复制，如图6-119、图6-120所示，制作出纸张折叠时产生的纹理效果。

图6-119

图6-120

06 新建一个图层，将其拖动到"图层2"下方。分别在"图层1"与"图层2"眼睛图标 👁 右侧的方块中单击，将这两个图层锁定（出现锁状图标 🔒），如图6-121所示。绘制一个矩形，如图6-122所示，在它上面绘制一个稍大一点的圆形，如图6-123所示。

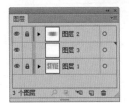

图6-121　　　　图6-122　　　　图6-123

07 按住Alt键将圆形向下拖动进行复制，如图6-124所示。选取这三个图形，如图6-125所示。单击"路径查找器"面板中的减去顶层按钮 ，制作出如图6-126所示的图形。

图6-124　　　　图6-125　　　　图6-126

08 使用选择工具 将图形移动到文字边缘，图形的尖角与纸张折痕对齐，如图6-127所示。表现笔画另一侧时，可以按住Alt键拖动尖角图形进行复制，再将光标放在图形的定界框外，按住Shift键拖动鼠标将图形旋转180°，尖角向外，如图6-128所示。

图6-127　　　　　　图6-128

09 在纸张折叠的位置放置尖角图形，沿文字笔画向外排列，如图6-129所示。最后，在画面中输入其他文字，效果如图6-130所示。

图6-129　　　　　　图6-130

6.4　精通渐变网格：艺术花瓶

01 打开光盘中的素材文件，如图6-131所示。将花瓶填充为红色，无描边，如图6-132所示。下面以红色为基色，制作一个艺术花瓶。

图6-131　　　　　　图6-132

02 选择渐变网格工具 ，将光标放在花瓶的中心位置，如图6-133所示，单击鼠标添加网格点，如图6-134所示。在"颜色"面板中调整颜色，使网格点呈现浅黄色，如图6-135、图6-136所示。

图6-133　　　　图6-134

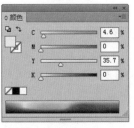 

图6-135　　　　图6-136

03 调整该网格点左侧的方向线，调短它的距离，如图6-137所示。调整左侧红色网格点的方向线，拉长它的距离，增加红色的面积，如图6-138所示。调整右侧红色网格点的方向线，使花瓶边缘有更多的红色向中间过渡，以便缩小中间浅黄色的范围，如图6-139所示。

图6-137　　　图6-138　　　图6-139

04 在图6-140所示的位置单击，添加网格点，单击"色板"中的浅绿色进行填充，如图6-141、图6-142所示。

图6-140　　　　图6-141　　　　图6-142

05 在浅绿色网格点左侧、花瓶边缘的网格点上单击，选取该网格点，在"颜色"面板中设置颜色为绿色，如图6-143、图6-144所示。用同样方法将花瓶边缘的三个网格点都填充为绿色，如图6-145所示。

图6-143　　　　图6-144　　　　图6-145

06 单击花瓶底部中间位置的网格点，在"色板"中选择浅黄色进行填充，如图6-146、图6-147所示。

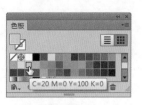 

图6-146　　　　　　　图6-147

07 在瓶口附近单击，添加网格点，拖动"颜色"面板中的滑块，调出浅粉色，如图6-148、图6-149所示。在瓶口的网格点上单击，将其选取，设置填充颜色为黄色，如图6-150、图6-151所示。

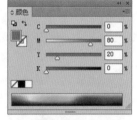 

图6-148　　　　　　　图6-149

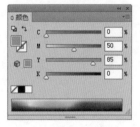 

图6-150　　　　　　　图6-151

08 在花瓶中放上花朵作为装饰，如图6-152所示。还可以尝试以冷暖反差大一些的颜色来表现花瓶，效果如图6-153所示。

图6-152　　　　　　　图6-153

第7章

玩转高级变形工具：
混合与封套扭曲

7.1　混合

混合是指在两个或多个图形之间生成一系列的中间对象，并使其产生从形状到颜色全面混合的效果。用于创建混合的对象可以是图形，也可以是路径、混合路径，以及应用渐变或图案填充的对象。

7.1.1　实战：用混合工具创建混合

01 打开光盘中的素材文件，如图7-1所示。这几个图形用了不同的颜色描边，没有填色。

图7-1

02 选择混合工具，将光标放在黄色文字的左上角，当捕捉到锚点后，光标会变为状，如图7-2所示，单击鼠标，然后将光标放在中间的蓝色文字的左上角，当光标变为状时单击鼠标创建混合，如图7-3所示。采用同样方法在洋红色文字左上角单击，如图7-4所示。

图7-2 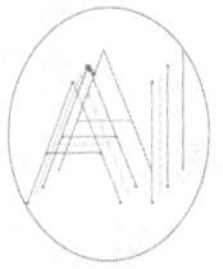　　　　图7-3 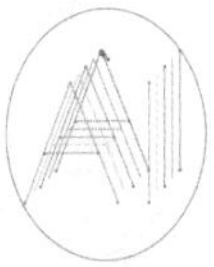　　　　图7-4

03 双击混合工具，打开"混合选项"对话框，设置间距为"指定的步数"，步数为7，如图7-5所示，单击"确定"按钮关闭对话框，文字的混合效果如图7-6所示。按住Ctrl键在画板的空白处单击，取消选择。采用同样方法，用另外两个圆环创建混合效果，如图7-7所示。

图7-5

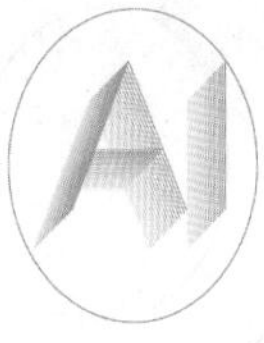

图7-6 　　　　　　图7-7

7.1.2　实战：用混合命令创建混合

如果用于创建混合的图形较多或比较复杂，则使用混合工具很难正确地捕捉锚点，创建混合效果时可能会发生扭曲。使用混合命令创建混合可以避免出现这种情况。

01 打开光盘中的素材文件，如图7-8所示。使用选择工具按住Shift键单击右上角的两个图形，将它们选中，如图7-9所示。

图7-8　　　　　　图7-9

02 执行"对象>混合>建立"命令，创建混合，生成立体盒子，如图7-10所示。按住Shift键单击两个蓝色的图形，如图7-11所示，按下Alt+Ctrl+B快捷键创建混合，如图7-12所示。

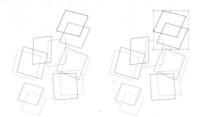

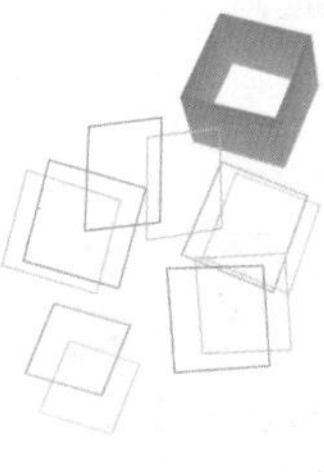

图7-10 　　　　图7-11 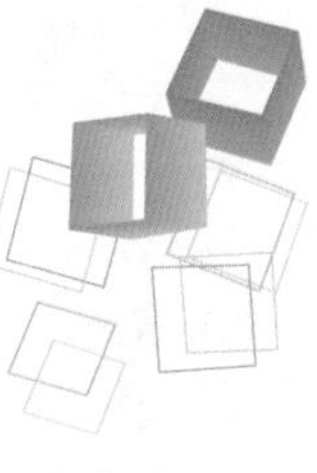　　　　图7-12

03 采用同样方法，选择相邻的两个矩形分别创建混合，如图7-13所示。使用选择工具选择所有图形，将它们拖动到另一个画板中，如图7-14所示。

图7-13

图7-14

7.1.3 实战：修改混合对象

基于两个或多个图形创建混合后，混合对象会成为一个整体，如果移动了其中的一个原始对象、为其重新着色或编辑原始对象的锚点，则混合效果也会随之发生改变。

01 打开光盘中的素材文件，如图7-15所示。使用选择工具 ▶ 按住Shift选择两个五角星，按下Alt+Ctrl+B快捷键创建混合，如图7-16所示。

图7-15

图7-16

02 使用编组选择工具 ▶⁺ 在外侧的原始图形上单击两下（由于该图形是一个组，因此需要单击两下才能选中其中的所有图形），将其选中，如图7-17所示。使用比例缩放工具 ⬚ 按住Shift键拖动图形进行等比缩放，由混合生成的中间图形也会改变大小，如图7-18所示。

图7-17

图7-18

03 使用其他工具也可以变换图形。例如，图7-19所示为使用旋转工具 ↻ 旋转图形的效果。也可以执行"编辑>编辑颜色>重新着色图稿"命令，修改图形颜色，如图7-20、图7-21所示。

图7-19

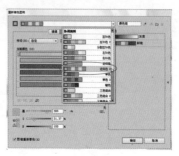
图7-20

图7-21

7.1.4 实战：修改混合轴

创建混合后，会自动生成一条连接混合对象的路径，即混合轴。在默认情况下，混合轴是一条直线路径，它可以编辑，也可以用其他路径来进行替换。

01 新建一个文档，执行"窗口>符号库>自然"命令，打开该符号库。将蜻蜓符号拖动到画板中，如图7-22所示。

图7-22

02 使用选择工具 ▶ 按住Alt键向右侧拖动蜻蜓进行复制。按住Shift键拖动控制点，将复制后的蜻蜓放大，如图7-23所示。选择这两个蜻蜓，按下Alt+Ctrl+B快捷键创建混合。双击混合工具 ⬚，在打开的"混合选项"对话框中设置"间距"为"指定的步数"，然后指定步数为12，效果如图7-24所示。

图7-23

图7-24

03 使用直接选择工具 ▷ 在图形中间单击，可以显示一条路径，它便是混合轴，如图7-25所示。此时可以修改路径，例如，可以用添加锚点工具 ✍ 在路径上单击添加锚点，然后用直接选择工具 ▷ 移动锚点位置，改变路径形状，如图7-26所示。

图7-25　　　　　　　图7-26

04 下面来替换混合轴。使用螺旋线工具 ◎ 创建一个螺旋线（绘制过程中可按下键盘中的方向键调整螺旋），如图7-27所示。按下Ctrl+A快捷键选择所有图形，执行"对象>混合>替换混合轴"命令，用螺旋线替换原有的混合轴，效果如图7-28所示。

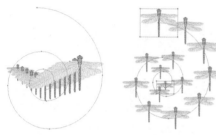

图7-27　　　　　　　图7-28

05 双击混合工具 ⬚，在打开的对话框中按下对齐路径按钮 ⅏⅏⅏⅏，如图7-29所示，单击"确定"按钮，使蜻蜓沿路径的垂直方向排列，如图7-30所示。

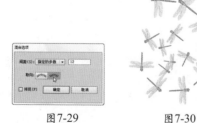

图7-29　　　　　　　图7-30

01 打开光盘中的素材文件，如图7-31所示。使用选择工具 ▷ 选择两个厨师图形，按下Alt+Ctrl+B快捷键创建混合，如图7-32所示。

图7-31　　　　　　　图7-32

02 保持图形的选取状态，执行"对象>混合>反向堆叠"命令，可以颠倒对象的堆叠顺序，使后面的图形排到前面，如图7-33所示。

03 按下Ctrl+Z快捷键撤销操作。执行"对象>混合>反向混合轴"命令，可以颠倒混合轴上的颜色顺序，如图7-34所示。

图7-33　　　　　　　图7-34

01 新建一个文档，使用文字工具 T 在画板中输入文字，如图7-35所示。使用选择工具 ▷ 按住Alt键向右下方拖动鼠标，复制文字，如图7-36所示。

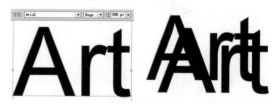

图7-35　　　　　　　图7-36

02 将后面文字的填充颜色设置为白色，选择这两个文字，如图7-37所示，按下Alt+Ctrl+B快捷键创建混合，双击混合工具 ⬚，将混合步数设置为100，如图7-38、图7-39所示。

图7-37　　　　图7-38　　　　图7-39

03 使用编组选择工具 ▷⁺ 选择后方的文字，如

图7-40所示。选择工具面板中的选择工具 ↖，此时可以显示定界框，按住Shift键拖动控制点，将文字等比缩小，让文字产生透视效果，如图7-41所示。

图7-40　　　　　　　图7-41

04 下面来进行修改颜色的操作。使用选择工具 ↖ 重新选择整个混合对象，按住Alt键拖动进行复制。使用编组选择工具 ↖+ 选择前方的文字，如图7-42所示，将它的填充颜色改为洋红色，如图7-43所示。

图7-42　　　　　　　图7-43

05 再复制出一组混合对象。选择位于前方的文字，执行"文字>创建轮廓"命令，将文字转换为轮廓，如图7-44所示。转换为轮廓后，可以为它填充渐变颜色，如图7-45、图7-46所示。

图7-44 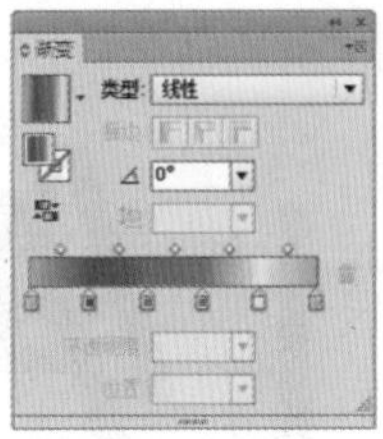　　　　图7-45 　　　　图7-46

06 保持前方文字的选取状态，选择渐变工具 ▭，按住Shift键在文字上方单击并沿水平方向拖动鼠标，这几个字符会作为一个统一的整体填充渐变，效果如图7-47所示。

图7-47

07 下面来分别修改文字的填色和描边。复制这组填充了渐变的文字，双击混合工具 ◔，将混合步数设置为30。使用编组选择工具

↖+ 在位于前方的文字"A"上单击3下，选择前方的这组文字，如图7-48所示，设置描边颜色为白色，宽度为1pt，如图7-49所示。按下X键，将填色设置为当前编辑状态，用编组选择工具 ↖+ 分别选择前方的各个文字，填充不同的颜色，效果如图7-50所示。

图7-48　　　　　　　图7-49

图7-50

7.1.7　设置混合选项

创建混合后，可以通过"混合选项"命令修改混合图形的方向和颜色的过渡方式。选择混合对象，如图7-51所示，双击混合工具 ◔，打开"混合选项"对话框，如图7-52所示。

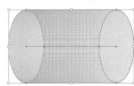

图7-51　　　　　　　图7-52

● 间距：选择"平滑颜色"选项，可自动生成合适的混合步数，创建平滑的颜色过渡效果，如图7-53所示；选择"指定的步数"选项，可以在右侧的文本框中输入混合步数，如图7-54所示；选择"指定的距离"选项，可以输入由混合生成的中间对象之间的间距，如图7-55所示。

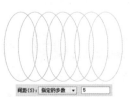

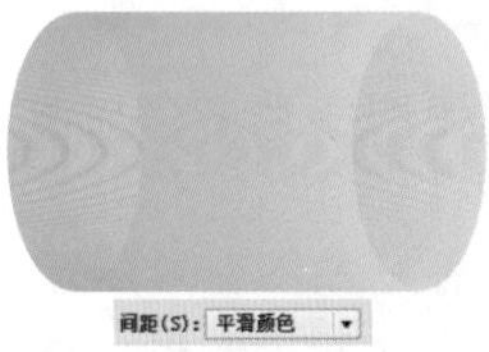

图7-53　　　　　　　图7-54

图7-55

● 取向：如果混合轴是弯曲的路径，单击对齐页面按钮 时，混合对象的垂直方向与页面保持一致，如图7-56所示；单击对齐路径按钮 ，混合对象垂直于路径，如图7-57所示。

图7-56　　　　　图7-57

提示：

创建混合时生成的中间对象越多，文件就越大。

7.1.8 扩展混合对象

创建混合以后，原始对象之间生成的新图形无法选择，也不能进行修改，如果要编辑这些图形，可以选择混合对象，如图7-58所示，执行"对象>混合>扩展"命令，将图形扩展出来，如图7-59所示。这些图形会自动编组，可以选择其中的任意对象单独进行编辑。

图7-58　　　　　图7-59

7.1.9 释放混合对象

选择混合对象，执行"对象>混合>释放"命令，可以取消混合，将原始对象释放出来，并删除由混合生成的新图形。此外，还会释放出一条无填色、无描边的混合轴（路径）。

7.2 扭曲对象

在Illustrator中编辑图形时，如果要进行比较随意的扭曲，可以使用自由变换工具操作；如果要利用特定的预设扭曲对象，如创建收缩、膨胀和旋转扭曲等效果，可以使用液化类工具。

7.2.1 变形工具

变形工具适合创建比较随意的变形效果。例如，如果要对图7-60所示的女孩的头发进行变形处理，为了不影响其他图形，可先用选择工具选取该图形，然后使用变形工具在图形上单击并拖动鼠标涂抹即可，如图7-61所示。

图7-60　　　　　图7-61

技术看板：液化类工具使用技巧

变形工具、旋转扭曲工具、缩拢工具、膨胀工具、扇贝工具、晶格化工具和皱褶工具都属于液化类工具。使用这些工具时，按住Alt键，在画板空白处拖动鼠标可以调整工具的大小。液化工具可以处理未选取的图形，如果要将扭曲限定为一个或者多个对象，可在使用液化工具之前先选择这些对象。液化工具不能用于链接的文件或包含文本、图形或符号的对象。

7.2.2 旋转扭曲工具

旋转扭曲工具可以使图形产生漩涡状变形效果，如图7-62所示。选择该工具后，在需要变形的对象上单击即可扭曲对象。按住鼠标按键的时间越长，生成的漩涡越多。如果同时拖动鼠标，则可在拉伸对象的过程中生成漩涡。

7.2.3 缩拢工具

缩拢工具通过向十字线方向移动控制点

的方式收缩对象，使图形产生向内收缩的变形效果，如图7-63所示。选择该工具后，在需要变形的对象上单击鼠标即可扭曲对象，也可以通过单击并拖动鼠标的方式创建扭曲。

图7-62　　　　　　图7-63

7.2.4　膨胀工具

膨胀工具 可通过向远离十字线方向移动控制点的方式扩展对象，创建与收拢工具相反的膨胀效果，如图7-64所示。使用该工具时可单击图形，或者单击并拖动鼠标进行扭曲操作。

7.2.5　扇贝工具

扇贝工具 可以向对象的轮廓添加随机弯曲的细节，创建类似贝壳表面的纹路效果，如图7-65所示。使用该工具时可单击图形，或单击并拖动鼠标进行扭曲操作，并且，按住鼠标按键的时间越长，产生的变形效果越强烈。

图7-64　　　　　　图7-65

7.2.6　晶格化工具

晶格化工具 可以向对象的轮廓随机添加锥化的细节。该工具与扇贝工具的效果相反，扇贝工具产生向内的弯曲，晶格化工具产生向外的尖锐凸起，如图7-66所示。该工具可通过单击、单击并拖动鼠标等方式扭曲对象，并且，按住鼠标按键的时间越长，产生的变形效果越强烈。

7.2.7　皱褶工具

皱褶工具 可以向对象的轮廓添加类似于皱褶的细节，使其产生不规则的起伏，如图7-67所示。该工具可通过单击、单击并拖动鼠标等方式扭曲对象，并且，按住鼠标按键的时间越长，产生的变形效果越强烈。

图7-66　　　　　　图7-67

7.2.8　液化工具选项

双击任意一个液化工具，打开"变形工具选项"对话框，如图7-68所示。在对话框中可以设置以下选项。

图7-68

- 宽度/高度：设置使用工具时画笔的大小。
- 角度：设置使用工具时画笔的方向。
- 强度：指定扭曲的改变速度。该值越高，扭曲对象的速度越快。
- 使用压感笔：当计算机安装了数位板和压感笔时，该选项可用。选择该选项后，可通过压感笔的压力控制扭曲的强度。
- 细节：指定引入对象轮廓的各点间的间距（值越高，间距越小）。
- 简化：指定减少多余锚点的数量，但不会影响形状的整体外观。该选项用于变形、旋转扭曲、收缩和膨胀工具。
- 显示画笔大小：选择该选项后，可以在画板中显示工具的形状和大小。
- 重置：单击该按钮，可以将对话框中参数恢复为Illustrator默认状态。

7.2.9 实战：用液化类工具制作抽象蝴蝶

01 打开光盘中的素材文件，选择旋转工具 ⟳，按住Ctrl键单击花朵，将其选择。放开Ctrl键，将光标放在图7-69所示的位置，按住Alt键单击，在弹出的对话框中设置旋转角度为-10°，如图7-70所示，单击"复制"按钮复制图形，如图7-71所示。

02 保持对象的选取状态，连续按下Ctrl+D快捷键（一共按11次），旋转并复制出新的图形，如图7-72所示。按下Ctrl+A快捷键全选，按下Ctrl+G快捷键编组，再用旋转工具 ⟳ 将对象向逆时针方向旋转，如图7-73所示。

图7-69　　　　　　　　图7-70

图7-71　　　　图7-72　　　　图7-73

03 选择镜像工具 ⟷，按住Alt键在如图7-74所示的位置单击，在弹出的对话框中选择"垂直"选项，如图7-75所示，单击"复制"按钮复制图形，如图7-76所示。按下Ctrl+A快捷键全选，按下Ctrl+G快捷键编组。

图7-74　　　　图7-75　　　　图7-76

04 用矩形工具 ▢ 绘制一个矩形。选择旋转扭曲工具 ⟳，将光标放在图7-77所示的位置，按住鼠标按键，在图形发生旋转时迅速向下

拖动（鼠标轨迹为一个小的弧线），将矩形扭曲为花纹效果，如图7-78所示。

图7-77　　　　　　图7-78

05 将图形放到花纹图案上，如图7-79所示。选择镜像工具 ⟷，按住Alt键在图案的中心单击，在弹出的对话框中选择"垂直"选项，单击"复制"按钮进行复制，如图7-80所示。选择这两个花纹图案，按下Ctrl+G快捷键编组，按下Ctrl+C快捷键复制，按下Ctrl+F快捷键粘贴在前面，将图形的颜色改为粉色。按住Shift键拖动定界框上的控制点，将花纹成比例缩小，如图7-81所示。

图7-79　　　图7-80　　　图7-81

06 选择镜像工具 ⟷，按住Shift键拖动粉色的花纹图案，将它垂直镜像，按住Ctrl键将该图案向下拖动，如图7-82所示。按下Ctrl+F快捷键粘贴花纹图案，将图形的颜色改为浅粉色，如图7-83所示。选择花纹图案，按下Ctrl+G快捷键编组，按下Ctrl+[快捷键向后移动，如图7-84所示。

图7-82　　　　图7-83

图7-84

Illustrator CC 高手成长之路

7.3　封套扭曲

封套扭曲是Illustrator中最灵活、最具可控性的变形功能，它能让对象按照封套的形状变形。封套是用于扭曲对象的图形，被扭曲的对象叫做封套内容。封套类似于容器，封套内容则类似于水，将水装进圆形的容器时，水的边界会呈现为圆形；装进方形容器时，水的边界又会呈现为方形。

7.3.1　实战：用变形建立封套扭曲

01 打开光盘中的素材文件，如图7-85所示。使用文字工具 **T** 输入文字"Come on"，设置填充颜色为白色、描边为黑色12pt，如图7-86所示。

图7-85　　　　　　　图7-86

02 按下Shift+Ctrl+O快捷键将文字转换为轮廓，如图7-87所示。双击"外观"面板中的"内容"项目，如图7-88所示，将"填色"项目拖动到"描边"项目上方，如图7-89、图7-90所示，文字效果如图7-91所示。

图7-87

图7-88　　　　图7-89　　　　图7-90

图7-91

03 执行"对象>封套扭曲>用变形建立"命令，打开"变形选项"对话框，在"样式"下拉列表中选择"旗形"，并设置"弯曲"参数，如图7-92所示。单击"确定"按钮，创建封套扭曲，如图7-93所示。

图7-92　　　　　　　图7-93

04 拖动定界框调整文字大小，如图7-94所示。采用相同的方法输入其他文字并用封套扭曲进行处理，效果如图7-95所示。

图7-94　　　　　　　图7-95

"变形选项"对话框

"变形选项"对话框中包含15种封套形状，如图7-96所示，选择其中的一种以后，可以拖动下面的滑块调整变形参数，修改扭曲程度、创建透视效果。

图7-96

● 样式：可在该选项的下拉列表中选择一种变形样式。如图7-97所示为原图形及各种样式的扭曲效果。

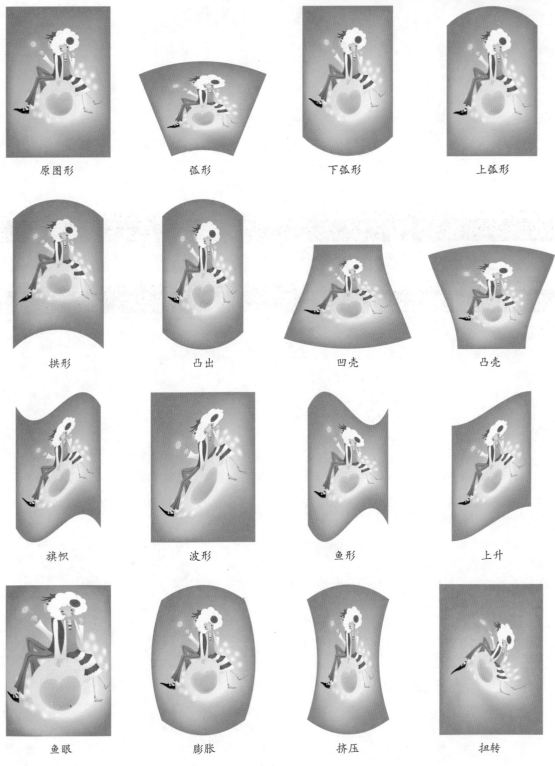

图7-97

- 弯曲：用来设置扭曲程度，该值越高，扭曲强度越大。
- 扭曲：包括"水平"和"垂直"两种扭曲选项，可以使对象产生透视效果，如图7-98所示。

    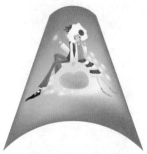

水平0、垂直0　　　水平-50　　　　水平50　　　　垂直-50　　　　垂直50

图7-98

提示：

除图表、参考线和链接对象外，可以对任何对象进行封套扭曲。

技术看板：修改变形效果

使用"对象>封套扭曲>用变形建立"命令扭曲对象以后，可以选择对象，执行"对象>封套扭曲>用变形重置"命令，打开"变形选项"对话框修改变形参数，也可选择使用其他封套扭曲对象。

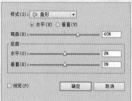 

7.3.2　实战：用网格建立封套扭曲

图7-100

　　用网格建立封套扭曲是指在对象上创建变形网格，然后通过调整网格点来扭曲对象。

01 打开光盘中的素材文件，如图7-99所示。使用选择工具 选取咖啡杯上的标志，如图7-100所示。执行"对象>封套扭曲>用网格建立"命令，在打开的对话框中设置网格线的行数和列数，如图7-101所示，单击"确定"按钮，创建变形网格，如图7-102所示。

图7-101　　　　　　　　　图7-102

02 变形网格的网格点与锚点完全相同。用直接选择工具 按住Shift键单击中间的两个网格点，将它们选中，如图7-103所示，按下"↓"键向下移动，如图7-104所示。

图7-99

图7-103　　　　　图7-104

03 选取左上角的网格点，略向上拖动，如图7-105所示。调整网格点的方向线，使标志的弧度与咖啡杯保持一致，向下拖动左下角网格点的方向线，如图7-106所示。右侧做同样处理，效果如图7-107所示。

图7-105　　　　图7-106　　　　图7-107

04 使用选择工具 在标志上单击，将其选取，下面修改标志的颜色，使其呈现明暗变化。单击控制面板中的编辑内容按钮 ，如图7-108所示。在"渐变"面板中调整渐变颜色，将两侧滑块都设置为灰色，单击左侧滑块，设置不透明度为50%，如图7-109所示。

 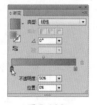

图7-108　　　　　图7-109

05 选择渐变工具 ，在标志上拖动鼠标填充线性渐变，如图7-110所示，单击控制面板中的编辑封套按钮 ，恢复封套扭曲状态，如图7-111、图7-112所示。

图7-110　　　　　图7-111

图7-112

技术看板：重新设定网格

如果使用网格建立封套扭曲，则选择对象以后，可以在控制面板中修改网格线的行数和列数，也可以单击"重设封套形状"按钮，将网格恢复为原有的状态。

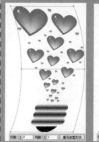  

封套效果　　　修改网格数量　　　重设封套形状

7.3.3 实战：用顶层对象建立封套扭曲

用顶层对象建立封套扭曲是指在一个对象上面放置一个图形，用它扭曲下面的对象。

01 新建一个文档，使用文字工具 在画板中输入文字"团"，按下Esc键结束文字的输入状态，在控制面板中设置字体及大小。在其右侧单击，输入文字"圆"，如图7-113所示。

02 使用椭圆工具 按住Shift键分别绘制两个圆形，将文字遮盖住，如图7-114所示。

图7-113　　　　　图7-114

03 用选择工具 选取文字"团"及其上面的圆形，如图7-115所示，执行"对象>封套扭曲>用顶层对象建立"命令，创建封套扭曲，即可用圆形扭曲下面的文字，如图7-116所示。用同样方法为文字"圆"建立封套扭曲，效果如图7-117所示。

图7-115　　　　　图7-116

图7-117

04 打开光盘中的素材文件，如图7-118所示。将文字复制并粘贴到素材文件中，如图7-119所示。

图7-118　　　　　　图7-119

05 将文字想象成两个圆圆的镜片，在此基础上设计出一个卡通人物。用铅笔工具 🖉 绘制出脸孔、嘴巴、头发和手袋等图形，按下Ctrl+[和Ctrl+] 快捷键可以移动图形的前后位置，效果如图7-120、图7-121所示。

图7-120　　　　　　图7-121

7.3.4 实战：编辑封套内容

创建封套扭曲后，所有封套对象会合并到同一个图层上，在"图层"面板中的名称变为"封套"。封套和封套内容可分别编辑。

01 打开光盘中的素材文件，如图7-122所示。按下Ctrl+A快捷键选择所有图形，执行"对象>封套扭曲>用顶层对象建立"命令，创建封套扭曲，制作出一个圆球，如图7-123所示。

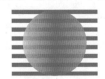

图7-122　　　　　　图7-123

02 下面来编辑封套内容。保持对象的选取状态，单击控制面板中的编辑内容按钮 🔀，或执行"对象>封套扭曲>编辑内容"命令，

封套内容便会释放出来，如图7-124所示，此时可对其进行编辑。使用编组选择工具 ▷⁺ 分别选择各个图形，单击"色板"面板中的色板，修改图形的颜色，如图7-125所示，然后再单击 🔀 按钮，恢复封套扭曲状态，如图7-126所示。

图7-124　　　　图7-125　　　　图7-126

03 如果要让效果更加丰富，可以选择封套扭曲对象，按下Ctrl+C快捷键复制，按下Ctrl+F快捷键粘贴到前面，如图7-127所示，使用旋转工具 ↻ 按住Shift键在图形上拖动鼠标，将其旋转90°，形成网格效果，如图7-128所示，如图7-129所示为旋转45°时的效果。

图7-127　　　　图7-128　　　　图7-129

04 再来编辑封套。按下Ctrl+V快捷键粘贴图形，然后使用直接选择工具 ▷ 将上面的锚点向下拖动，如图7-130所示，将下面的锚点拖动到上面，形成一个扭曲的效果，如图7-131所示；再分别将左右两侧的锚点向外拖动，效果如图7-132所示。

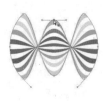

图7-130　　　　　　图7-131

图7-132

05 如果将上面的锚点拖到图形下方，如图7-133所示，再分别调整上方锚点的方向线，如图7-134所示，可以形成图7-135所示的效果。

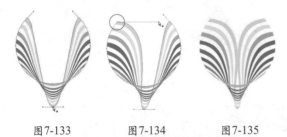

图7-133　　　图7-134　　　图7-135

提示：

如果封套是由编组路径组成的，可单击"图层"面板中 <封套> 项左侧的三角形以查看和定位要编辑的路径。此外，通过"用变形建立"和"用网格建立"命令创建的封套扭曲，可在选择对象以后，直接在控制面板中选择其他的样式、修改参数，或者修改网格的数量。

7.3.5　设置封套扭曲选项

封套选项决定了以何种形式扭曲对象以使之适合封套。要设置封套选项，可以选择封套扭曲对象，单击控制面板中的封套选项按钮，或执行"对象>封套扭曲>封套选项"命令，打开"封套选项"对话框进行设置，如图7-136所示。

图7-136

- 消除锯齿：在扭曲对象时平滑栅格，使对象的边缘平滑，但会增加处理时间。
- 保留形状，使用：用非矩形封套扭曲对象时，可在该选项中指定栅格以怎样的形式保留形状。选择"剪切蒙版"选项，可以在栅格上使用剪切蒙版；选择"透明度"选项，则对栅格应用 Alpha 通道。
- 保真度：指定封套内容在变形时适合封套图

形的精确程度，该值越高，封套内容的扭曲效果越接近于封套的形状，但会产生更多的锚点，同时也会增加处理时间。

- 扭曲外观：如果封套内容添加了效果或图形样式等外观属性，选择该选项，可以使外观与对象一同扭曲。
- 扭曲线性渐变填充：如果被扭曲的对象填充了线性渐变，选择该选项可以将线性渐变与对象一同扭曲，如图7-137所示，如图7-138所示是未选择选该项时的扭曲效果。

图7-137　　　　　图7-138

- 扭曲图案填充：如果被扭曲的对象填充了图案，选择该选项可以使图案与对象一同扭曲，如图7-139所示，如图7-140所示是未选择该选项时的扭曲效果。

图7-139　　　　　图7-140

7.3.6　释放封套扭曲

选择封套扭曲对象，如图7-141所示，执行"对象>封套扭曲>释放"命令，对象会恢复为封套前的状态。如果封套扭曲是使用"用变形建立"命令或"用网格建立"命令制作的，还会释放出一个封套形状图形（单色填充的网格对象），如图7-142所示。

图7-141

图7-142

7.3.7 扩展封套扭曲

选择封套扭曲对象，如图7-143所示，执行"对象>封套扭曲>扩展"命令，可以将其扩展为普通的图形，如图7-144所示。对象仍保持扭曲状态，并且可以继续编辑和修改。

图7-143　　　　　图7-144

7.4　精通混合：小金鱼

01 新建一个文档，使用钢笔工具绘制两条路径，分别用橙色和蓝色作为描边颜色，如图7-145、图7-146所示。

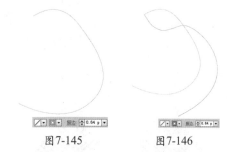

图7-145　　　　　图7-146

02 选择混合工具，将光标放在黄色路径的端点上，捕捉到锚点后，光标会变为状，单击鼠标，然后在另一条路径的端点单击建立混合，如图7-147所示。双击混合工具，打开"混合选项"对话框，设置指定的步数为16，如图7-148、图7-149所示。

图7-147　　　　　图7-148

图7-149

03 使用椭圆工具按住Shift键创建一个圆形，填充黑色无描边，如图7-150所示。

在它上面绘制一个小圆，填充黄色，如图7-151所示。

图7-150　　　　　图7-151

04 用钢笔工具绘制两条路径，如图7-152、图7-153所示。使用选择工具按住Shift键单击，将它们选择，按下Alt+Ctrl+B快捷键创建混合，双击混合工具，修改混合步数为15，如图7-154、图7-155所示。

图7-152　　　　　图7-153

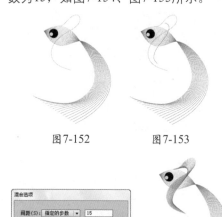

图7-154　　　　　图7-155

05 使用椭圆工具绘制一个椭圆形，填充和描边都设置为灰色，如图7-156所示。在它上面绘制一个小椭圆，填充蓝色，描边颜色为白色，如图7-157所示。选择这两个图形，创建混合，如图7-158、图7-159所示。

06 使用直线段工具 ∕ 按住Shift键绘制两条直线，如图7-160所示。用矩形工具 ▣ 在直线的交叉点上绘制两个橙色的矩形，在鱼的周围绘制紫色的矩形，按下Shift+Ctrl+[快捷键将其移至底层，位于鱼的后面，与前几个图形构成一个"画"字，如图7-161所示。

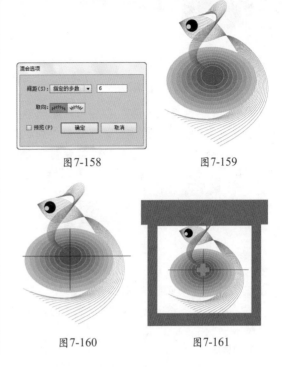

图7-158　　　　　　　图7-159

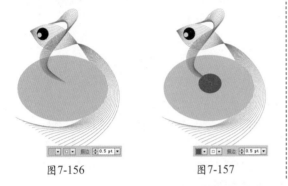

图7-156　　　　　　　图7-157

图7-160　　　　　　　图7-161

7.5 精通混合：向日葵

01 使用椭圆工具 ⬭ 绘制一个椭圆形，填充黄色，无描边颜色，如图7-162所示。选择转换锚点工具 ⌐，将光标放在路径上方的平滑点上，如图7-163所示，单击鼠标将其转换为角点，如图7-164所示。在路径下方的锚点上单击，使椭圆形变成花瓣状，如图7-165所示。

图7-166　　　　　　　图7-167

03 双击混合工具 ◷，打开"混合选项"对话框，在"间距"下拉列表中选择"指定的步数"，设置参数为6，如图7-168、图7-169所示。

图7-168　　　　　　　图7-169

图7-162　　图7-163　　图7-164　　图7-165

02 使用选择工具 ▸ 按住Shift拖动花瓣图形到画面右侧，在放开鼠标前按下Alt键进行复制，再按下Ctrl+D快捷键再次变换，形成3个花瓣图形，修改颜色，如图7-166所示。选取这3个图形，按下Alt+Ctrl+B快捷键创建混合，如图7-167所示。

04 使用椭圆工具 ⬭ 按住Shift键创建一个圆形，无填充颜色，如图7-170所示。使用直接选择工具 ▸ 选取圆形下方的锚点，如图7-171所示，按下Delete键删除，得到一个半圆形路径，如图7-172所示。

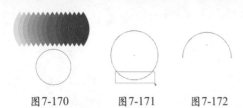

图7-170　　　　图7-171　　　　图7-172

05 按下Ctrl+A快捷键全选，如图7-173所示。执行"对象>混合>替换混合轴"命令，用半圆形路径替换原来的混合轴，使混合对象沿路径排列，形成半圆形，如图7-174所示。

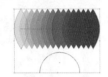

图7-173　　　　　图7-174

06 双击混合工具 ，打开"混合选项"对话框，单击对齐路径按钮 ，使图形沿路径呈放射状排列，像花瓣一样，如图7-175、图7-176所示。执行"对象>混合>扩展"命令，将混合对象扩展为单独的图形，如图7-177所示。按下Shift+Ctrl+G快捷键取消编组。

图7-175

图7-176　　　　　图7-177

07 保持图形的选取状态，在"透明度"面板中设置混合模式为"正片叠底"，不透明度为10%，如图7-178、图7-179所示。接下来还要制作3层这样的花瓣图形，为了便于选取，每一层花瓣编为一组。在调整完混合模式与不透明度后，按下Ctrl+G快捷键，将当前所选图形编组。

图7-178　　　　　图7-179

08 使用选择工具 ▶ 按住Alt键向上拖动图形进行复制，如图7-180所示。先取消对象的编组状态，然后修改不透明度为25%，如图7-181所示，再按下Ctrl+G快捷键将修改后的图形编组，按住Shift键拖动定界框的一角，将图形缩小，如图7-182所示。

图7-180　　　　　图7-181

图7-182

09 再次复制图形，依然是先取消编组状态，调整不透明度，如图7-183所示，再按下Ctrl+G快捷键编组，将图形缩小，如图7-184所示。

图7-183　　　　　图7-184

10 将花朵中心的一组小图形的不透明度调整为100%，如图7-185所示。将花朵图形全部选取，移动到画面下方，如图7-186所示。

图7-185

图7-186

11 创建一个与画面大小相同的矩形，单击"图层"面板底部的 □ 按钮创建剪切蒙版，将画面外的图形隐藏，如图7-187、图7-188所示。打开光盘中的素材文件。选取图形，按下Ctrl+C快捷键复制，切换到花朵文档中，按下Ctrl+B快捷键粘贴到后面。在画面中输入文字，如图7-189所示。

图7-187　　　　　　　　图7-188　　　　　　　　图7-189

7.6 精通封套扭曲：蝴蝶结

01 打开光盘中的蝴蝶结素材，如图7-190所示。使用选择工具 <kbd>▶</kbd> 将其选择，按下Ctrl+C快捷键复制，后面的操作中会用到。

图7-190

02 使用矩形工具 <kbd>▭</kbd> 绘制一个矩形。执行"窗口>色板库>图案>基本图形>基本图形_点"命令，打开该图案库，单击如图7-191所示的图案，用该图案填充矩形。按下Ctrl+[快捷键，将矩形移动到蝴蝶结后面，如图7-192所示。

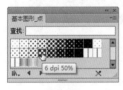

图7-191　　　　　　图7-192

03 按下Ctrl+A快捷键全选，按下Alt+Ctrl+C快捷键创建封套扭曲，如图7-193所示。现在蝴蝶结内的纹理还没有立体感，下面修改纹理。单击控制面板中的 <kbd>▤</kbd> 按钮，打开"封套选项"对话框，勾选"扭曲图案填充"选项，让纹理产生扭曲，如图7-194、图7-195所示。

图7-193

图7-194　　　　　　　　图7-195

04 按下Ctrl+B快捷键将第一步中复制的图形粘贴到蝴蝶结后面，填充灰色，按下键盘中的方向键（"→"键和"↓"键）将其向下移动，使投影与蝴蝶结保持一段距离，如图7-196所示。执行"效果>风格化>羽化"命令，添加羽化效果，如图7-197所示。设置图形的不透明度为70%，如图7-198、图7-199所示。

图7-196　　　　　　　　图7-197

图7-198　　　　　　　　图7-199

05 执行"窗口>色板库>图案>自然>自然_叶子"命令，打开该图案库。使用选择工具 <kbd>▶</kbd> 按住Alt键拖动蝴蝶结和投影进行复制。

选择封套扭曲对象，如图7-200所示，单击控制面板中的编辑内容按钮，单击面板中的一个图案，用它替换原有的纹理，如图7-201、图7-202所示。修改内容后，单击编辑封套按钮，重新恢复为封套扭曲状态。

图7-200　　　　　图7-201

图7-202

06 选择投影图形，修改填充颜色为浅蓝色，不透明度为50%，效果如图7-203所示。采用

同样方法，可以制作出更多纹理样式的蝴蝶结，如图7-204所示。需要注意的是，投影颜色应该与图案的主色相匹配，以便效果更加真实。

图7-203

图7-204

小技巧：制作不同材质的蝴蝶结

使用"装饰_旧版"图案库中的样本可以制作出布纹效果的蝴蝶结；使用"自然_动物皮"图案库中的样本可以制作出兽皮效果的蝴蝶结。

布纹蝴蝶结　　　　　　　　　　　　　兽皮效果蝴蝶结

第8章

文字达人：文字与图表

8.1 创建文字

Illustrator的工具面板中包含7种文字工具。文字工具 T 和直排文字工具 ↓T 可以创建水平或垂直方向排列的点文字和区域文字；区域文字工具 T 和垂直区域文字工具 ↓T 可以在任意的图形内输入文字；路径文字工具 ✓ 和垂直路径文字工具 ✓ 可以在路径上输入文字；修饰文字工具 T 可以创造性地修饰文字，创建美观而突出的信息。

8.1.1 实战：创建与编辑点文字

点文字是指从单击位置开始，随着字符输入而扩展的一行或一列横排或直排文本，它非常适合处理标题等文字量较少的文本。

01 打开光盘中的素材文件。选择文字工具 T，在画板中单击，设置文字插入点，单击处会出现闪烁的"I"状光标，如图8-1所示，在控制面板中设置文字大小和颜色，输入文字创建点文字，如图8-2所示。如果要换行，可以按下回车键，按下Esc键或单击工具面板中的其他工具，可结束文字的输入。

图8-1　　　　图8-2

02 创建点文字后，使用文字工具 T 在文本中单击，可在单击处设置插入点，如图8-3所示，此时可继续输入文字，如图8-4所示。

图8-3　　　　图8-4

03 在文字上单击并拖动鼠标，选择文字，如图8-5所示。选取文字后，可以修改文字内容，如图8-6所示，也可在控制面板中修改字体和颜色，如图8-7所示。如果要删除所选文字，可以按下Delete键。

图8-5　　　　图8-6

图8-7

8.1.2 实战：创建与编辑区域文字

区域文字也称段落文字，它利用对象的边界来控制字符排列，既可以横排，也可以直排，当文本到达边界时，会自动换行。如果要创建包含一个或多个段落的文本，如宣传册之类的印刷品时，这种输入方式非常方便。

01 打开光盘中的素材文件，选择区域文字工具 T，将光标放在一个封闭的图形上，光标变为 ⬗ 状时，如图8-8所示，单击鼠标，删除对象的填色和描边，如图8-9所示；在控制面板中设置文字的颜色和文字的大小，输入文字，文字会限定在路径区域内，并自动换行，如图8-10所示。

图8-8　　　　图8-9

图8-10

02 按下Esc键结束文字的输入。选择文字工具 T，在画板中单击拖出一个矩形框，如图8-11所示，放开鼠标后输入文字，文字会限定在矩形框的范围内，如图8-12所示。

图8-11　　　　　　图8-12

03 使用选择工具 ▶ 拖动定界框上的控制点可以调整文本区域的大小（也可将它旋转），文字会重新排列，但文字的大小和角度不会改变，如图8-13所示。使用直接选择工具 ▷ 选择边角的锚点，拖动它来改变图形的形状，文字会基于新图形自动调整位置，如图8-14所示。

图8-13　　　　　　图8-14

提示：

如果要将文字连同文本框一起旋转或缩放，可以使用旋转工具和缩放工具来操作。

8.1.3 实战：创建与编辑路径文字

路径文字是指沿着开放或封闭的路径排列的文字。当水平输入文本时，文字的排列与基线平行；垂直输入文本时，文字的排列与基线垂直。

01 打开光盘中的素材文件，选择路径文字工具 ，将光标放在路径上，如图8-15所示，单击鼠标，

删除对象的填色和描边，如图8-16所示，在控制面板中设置文字的颜色和大小等属性，输入文字，文字会沿路径排列，如图8-17所示。

图8-15　　　　　　图8-16

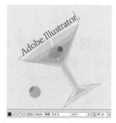

图8-17

02 使用选择工具 ▶ 选取路径文字。将光标放在文字中间的中点标记上，光标会变为 ▶ 状，如图8-18所示，单击并沿路径拖动鼠标可以移动文字，如图8-19所示。将中点标记拖动到路径的另一侧，可以翻转文字，如图8-20所示。

03 使用直接选择工具 ▷ 修改路径的形状，文字也会沿着路径重新排列，如图8-21所示。

图8-18　　　　　　图8-19

图8-20　　　　　　图8-21

提示：

使用文字工具时，将光标放在画板中，光标会变为 状，此时可创建点文字；将光标放在封闭的路径上，光标会变为 状，此时可创建区域文字；将光标放在开放的路径上，光标会变为 状，此时可创建路径文字。

8.1.4 修饰文字工具

创建文本后，使用修饰文字工具 单击一个文字，文字上会出现定界框，如图8-22所示，拖动控制点可以对文字进行缩放，如图8-23所示。

图8-22

图8-23

修饰文字工具可以编辑文本中的任意一个文字，进行创造性地修饰，不只是缩放，还可以进行旋转、拉伸和移动等操作，从而生成美观而突出的信息，如图8-24、图8-25所示。

图8-24

图8-25

8.1.5 路径文字的五种变形样式

选择路径文本，执行"文字>路径文字>路径文字选项"命令，打开"路径文字选项"对话框，"效果"下拉列表中包含5种变形样式，可以对路径文字进行变形处理，如图8-26所示。

"路径文字选项"对话框    彩虹效果

倾斜效果    3D带状效果

阶梯效果    重力效果

图8-26

- 对齐路径：用来指定如何将字符对齐到路径。选择"字母上缘"选项，可沿字体上边缘对齐；选择"字母下缘"选项，可沿字体下边缘对齐；选择"中央"选项，可沿字体字母上、下边缘间的中心点对齐；选择"基线"选项，可沿基线对齐，这是默认的设置。如图8-27所示为选择不同选项的对齐效果。

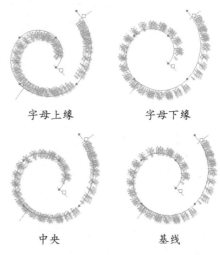
字母上缘   字母下缘

中央   基线

图8-27

- 间距：当字符围绕尖锐曲线或锐角排列时，因为突出展开的关系，字符之间可能会出现额外的间距。出现这种情况，可以使用"间距"选项来缩小曲线上字符间的间距。设置较高的值，可消除锐利曲线或锐角处的字符间的不必要间距。如图8-28所示为未经间距调整的文字，图8-29所示为经过间距调整后的文字。

图8-28   图8-29

- 翻转：选择该选项后，可以翻转路径上的文字。

8.2 编辑文本

创建文本以后，可以通过"字符"面板和"段落"面板修改文字的大小、字距和段落间距，还可以通过相应的命令使文本围绕图形排列，创建文本绕排效果。

8.2.1 设置字符格式

设置字符格式是指设置文字的字体、大小和行距等属性。创建文字前或创建文字后，都可以通过"字符"面板或控制面板中的选项设置字符格式，如图8-30、图8-31所示。

字体   字体样式 字体大小

单击可打开字符下拉面板   单击可打开段落下拉面板

图8-30

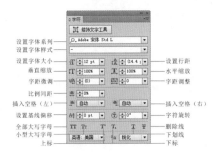

设置字体系列
设置字体样式
设置字体大小 —— 设置行距
垂直缩放 —— 水平缩放
字距微调 —— 字距调整
比例间距
插入空格（左） —— 插入空格（右）
设置基线偏移 —— 字符旋转
全部大写字母 —— 删除线
小型大写字母 —— 下划线
上标 —— 下标

图8-31

● 字体/设置字体样式/设置字体大小：可以选择字体、设置文字大小。对于一部分英文字体，可在"设置字体样式"下拉列表中为它选择一种样式，包括Regular（规则的）、Italic（斜体）、Bold（粗体）和Bold Italic（粗斜体）等，如图8-32所示。

Character *Character*
Regular   Italic

Character ***Character***
Bold   Bold Italic

图8-32

● 水平缩放/垂直缩放：设置文字的水平和垂直缩放比例。

● 设置行距：设置行与行之间的垂直间距。

● 字距微调/字距调整：使用文字工具在

两个字符中间单击设置文字插入点，此后便可在字距微调选项中调整这两个字符间的字距，如图8-33、图8-34所示。如果要调整多个字符的间距，可以将它们选中，再通过字距调整选项进行调整，如果选择的是文本对象，则可调整所有字符的间距，如图8-35所示。

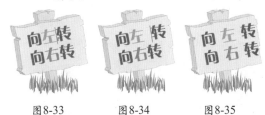

图8-33   图8-34   图8-35

● 插入空格（左）/插入空格（右）：如果要在文字之前或之后添加空格，可以选择要调整的文字，然后在插入空格（左）或插入空格（右）选项中设置要添加的空格数。

● 比例间距：如果要压缩字符间的空格，可在该选项中指定百分比。

● 设置基线偏移：基线是字符排列于其上的一条不可见的直线，在设置基线偏移选项中可以调整基线的位置。该值为负值时文字下移，为正值时文字上移，如图8-36所示。

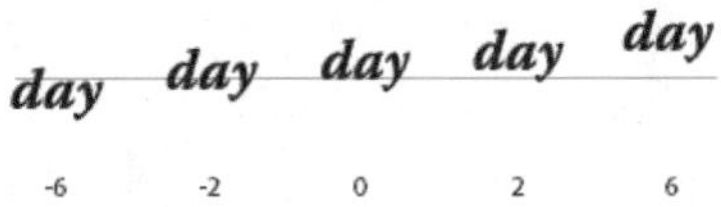

day ***day*** *day* ***day*** *day*

-6   -2   0   2   6

图8-36

● 字符旋转：可以设置文字的旋转角度。

● 特殊文字样式："字符"面板下面的一排"T"状按钮用来创建特殊的文字样式，效果如图8-37所示（括号内的a为按下各按钮后的文字效果）。其中全部大写字母/小型大写字母可以对文字应用常规大写字母或小型大写字母；上标/下标可缩小文字，并相对于字体基线升高或降低文字；下划线/删除线可以为文字添加下划线，或者在文字的中央添加删除线。

全部大写字母（A）   小型大写字母（A）

上标（a） 下标（a） 下划线（a） 删除线（a）

图8-37

- 语言：在"语言"下拉列表中选择适当的词典，可以为文本指定一种语言，以方便拼写检查和生成连字符。
- 锐化：可以使文字边缘更加清晰。
- 设置文字的填充和描边颜色：选择文字后，可以在控制面板、"色板"、"颜色"和"颜色参考"等面板中修改文字的颜色，如图8-38所示。图案可用来填充或描边文字，如图8-39所示。渐变颜色只有在文字转换为轮廓时才能使用，如图8-40所示。

图8-38　　　　　　图8-39

图8-40

技术看板：文字大小设置和字体切换技巧

- 按下Shift+Ctrl+>快捷键可以将文字调大；按下Shift+Ctrl+<快捷键可以将文字调小。
- "文字>文字方向"下拉菜单中包含"水平"和"垂直"两个命令，它们可以改变文本中字符的排列方向。
- 选择文本对象，在控制面板的设置字体系列选项内，或"字符"面板的设置字体列表中单击，当文字名称处于选择状态时，按下鼠标中间的滚轮，可以快速切换字体。

技术看板：图标与字体的关系

打开"字符"面板中的字体系列菜单选择字体时，可以看到字体名称左侧有不同的图标。其中，*O*状图标代表了OpenType字体；*a*状图标代表了Type 1字体；

*T*状图标代表了TrueType字体；*MM*状图标代表了多模字库字体；状图标代表了复合字体。

8.2.2　设置段落格式

段落格式是指段落的对齐与缩进、段落的间距和悬挂标点等属性。"段落"面板用于设置段落格式，如图8-41所示。

图8-41

- 对齐：选择文字对象或在要修改的段落中单击鼠标，插入光标，然后便可以修改段落的对齐方式。单击 按钮，文本左侧边界的字符对齐，右侧边界的字符参差不齐；单击 按钮，每一行字符的中心都与段落的中心对齐，剩余的空间被均分并置于文本的两端；单击 按钮，文本右侧边界的字符对齐，左侧边界参差不齐；单击 按钮，文本中最后一行左对齐，其他行左右两端强制对齐；单击 按钮，文本中最后一行居中对齐，其他行左右两端强制对齐；单击 按钮，文本中最后一行右对齐，其他行左右两端强制对齐；单击 按钮，可在字符间添加额外的间距使其左右两端强制对齐。
- 缩进：缩进是指文本和文字对象边界的间距量，它只影响选中的段落。用文字工具 *T* 单击要缩进的段落，在左缩进 选项中输入数值，可以使文字向文本框的右侧边界移动，如图8-42、图8-43所示；在右缩进 选项中输入数值，可以使文字向文本框的左侧边界移动，如图8-44所示；如果要调整首行文字的缩进，可以在首行左缩进 选项中输入数值。

图8-42　　　图8-43　　　图8-44

- 段落间距：在段前间距 ▔▤ 选项中输入数值，可以增加当前选择的段落与上一段落的间距，如图8-45所示；在段后间距 ▄▤ 选项中输入数值，则增加当前段落与下一段落之间的间距，如图8-46所示。

图8-45　　　　　图8-46

- 避头尾集：用于指定中文或日文文本的换行方式。
- 标点挤压集：用于指定亚洲字符和罗马字符等内容之间的间距，确定中文或日文排版方式。
- 连字：可以在断开的单词间添加连字标记。

8.2.3　制表符面板

执行"窗口>文字>制表符"命令，打开"制表符"面板，如图8-47所示。"制表符"面板用来设置段落或文字对象的制表位。

制表符位置
前导符框
对齐位置框
制表符对齐按钮

制表符标尺　　　将面板置于文本上方

图8-47

- 制表符对齐按钮：用来指定如何相对于制表符位置对齐文本。单击左对齐制表符按钮 ↓，可以靠左侧对齐横排文本，右侧边线会因长度不同而参差不齐；单击居中对齐制表符按钮 ↓，可按制表符标记居中对齐文本；单击右对齐制表符按钮 ↓，可以靠右侧对齐横排文本，左侧边距会因长度不同而参差不齐；单击小数点对齐制表符按钮 ↓，可以将文本与指定字符（例如句号或货币符号）对齐放置，在创建数字列时，该选择尤为有用。

- 移动制表符：在"制表符"面板中，从标尺上选择一个制表位，将制表符拖动到新位置。如果要同时移动所有制表位，可按住Ctrl键拖动制表符。拖动制表位的同时按住Shift键，可以将制表位与标尺单位对齐。
- 首行缩进▙/悬挂缩进▛：用来设置文字的缩进，在进行缩进操作时，首先使用文字工具单击要缩排的段落，如图8-48所示。当拖动首行缩排图标▙时，可以缩排首行文本，如图8-49所示；拖动悬挂缩排图标▛时，可以缩排除第一行之外的所有行，如图8-50所示。

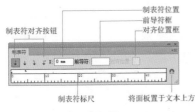

图8-48

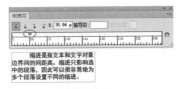

图8-49

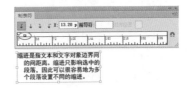

图8-50

- 将面板置于文本上方 🔒：单击该按钮，可将"制表符"面板对齐到当前选择的文本上，并自动调整宽度以适合文本的宽度。
- 删除制表符：将制表符拖离制表符标尺即可。

8.2.4　OpenType面板

OpenType字体是Windows和Macintosh操作系统都支持的字体文件，因此，使用OpenType字体后，在这两个操作平台间交换文件时，不会出现字体替换或其他导致文本重新排列的问题。此外，OpenType 字体还包含风格化字符。例如，花饰字是具有夸张花样的字符；标题替代字是专门为大尺寸设置（如标题）而设计的字符，通常为大写；文体替代字是可创建纯美学效果的风格化字符。

选择要应用设置的字符或文字对象，确保选择了一种 OpenType 字体，执行"窗口>文字>OpenType"命令，打开"OpenType"面板，如图8-51所示。

图8-51

- 标准连字 **fi**/自由连字 **st**：单击自由连字按钮 **st**，可以启用或禁用可选连字（如果当前字体支持此功能）。连字是某些字母对在排版印刷时的替换字符，大多数字体都包括一些标准字母对的连字，例如 fi、fl、ff、ffi 和 ffl。单击标准连字按钮 **fi**，可以启用或禁用标准字母对的连字。

- 上下文替代字 **&**：单击该按钮，可以启用或禁用上下文替代字（如果当前字体支持此功能）。上下文替代字是某些脚本字体中所包含的替代字符，能够提供更好的合并行为。例如，使用 Caflisch Script Pro 而且启用了上下文替代字时，单词"bloom"中的"bl"字母对便会合并，使其看起来更像手写的。

- 花饰字按钮 **A**：单击该按钮，可以启用或禁用花饰字字符（如果当前字体支持此功能）。花饰字是具有夸张花样的字符。

- 文体替代字 **aa**：单击该按钮，可以启用或禁用文体替代字（如果当前字体支持此功能）。文体替代字是可创建纯美学效果的风格化字符。

- 标题替代字 **T**：单击该按钮，可以启用或禁用标题替代字（如果当前字体支持此功能）。标题替代字是专门为大尺寸设置（如标题）而设计的字符，通常为大写。

- 序数字 **1st**/分数字 **½**：按下序数字按钮 **1st**，可以用上标字符设置序数字。按下分数字按钮 **½**，可以将用斜线分隔的数字转换为斜线分数字。

提示：

"OpenType"面板可以设置字形的使用规则。例如，可以指定在给定文本块中使用连字、标题替代字符和分数字。与每次插入一个字形相比，使用"OpenType"面板更加简便，并且可确保获得更一致的结果。但是，该面板只能处理OpenType字体。

8.2.5　导入与导出文本

在Illustrator中，可以将其他程序创建的文本导入图稿中使用，如Microsoft Word、Microsoft Word、RTF（富文本格式）等。与直接拷贝其他程序中的文字然后粘贴到Illustrator中相比，导入的文本可以保留字符和段落格式。

- 将文本导入到新文档中：执行"文件>打开"命令，选择要打开的文本文件，单击"打开"按钮，可将文本导入到新建的文档中。

- 将文本导入到当前文档中：打开或创建一个文档后，执行"文件>置入"命令，在打开的对话框中选择要导入的文本文件，单击"置入"按钮，可将其置入当前文档中。

- 导出文本：使用文字工具选择要导出的文本，如图8-52所示，执行"文件>导出"命令，打开"导出"对话框，选择文件位置并输入文件名，选择文本格式 (TXT) 作为文件格式，如图8-53所示，然后单击"保存"按钮即可。

图8-52

图8-53

8.2.6　实战：串接文本

串接文本是指将文本从一个对象串接到下一个对象，文本之间保持链接关系。只有区域文本或路径文本可以创建串接文本，点文本不能进行串接。

01 打开光盘中的素材文件，用选择工具 选择区域文本，如图8-54所示。可以看到，文本右下角有 状图标，它表示文本框中不能显示所有的文字，被隐藏的文字称为溢流文本。溢流文本包含一个输入连接点和一个输出连接点，单击输出连接点（也可以单击输入连接点），光标会变为 状，如图8-55所示。

图8-54　　　　　　图8-55

02 在笔记本右侧单击或拖动鼠标，可导出溢流文本。单击会创建与原始对象具有相同大小和形状的对象，如图8-56所示。拖动鼠标的操作可以创建任意大小的矩形对象，如图8-57所示。

图8-56　　　　　　图8-57

03 如果单击一个图形，则可将溢流文本导出到该图形中，如图8-58、图8-59所示。

图8-58　　　　　　图8-59

技术看板：串接文本编辑技巧

- 创建两个或多个区域文本后，可以在一个文本右下角的空心方块上单击，然后将光标放在另一个文本对象上，光标会变为 状时单击鼠标可以串接这两个文本对象。
- 创建串接文本后，如果要中断文字对象间的串接，可将其选择，然后双击串接任一端的连接点（输入连接点或输出连接点），文本将重新排列到第一个对象中。

- 如果要从文本串接中释放对象，可以执行"文字>串接文本>释放所选文字"命令。文本将排列到下一个对象中。如果要删除所有串接，可以执行"文字>串接文本>移去串接文字"命令，文本将保留在原位置。

8.2.7　实战：文本绕排

文本绕排是指让区域文本围绕一个图形、图像或其他文本排列，创建出精美的图文混排效果。创建文本绕排时，应使用区域文本，并且在"图层"面板中，文字与绕排对象位于相同的图层中，文字层位于绕排对象的正下方。

01 打开光盘中的素材文件，如图8-60所示。使用文字工具 T 在画板中单击并拖动鼠标创建一个矩形范围框，如图8-61所示，放开鼠标后输入文字，创建区域文本，如图8-62所示。

图8-60　　　　图8-61　　　　图8-62

02 按下Shift+Ctrl+[快捷键，将文字调整到最底层，如图8-63所示。按住Ctrl键单击盒子，同时选择文字和盒子，如图8-64所示，执行"对象>文本绕排>建立"命令，创建文本绕排，文字会围绕盒子周围排布，如图8-65所示。

03 用选择工具 选择文字、盒子和投影，将它们移动到右侧的画板上，如图8-66所示。

图8-63　　　　　　图8-64

图8-65　　　　　　图8-66

04 创建文本绕排后，移动文字对象或者移动用于绕排的图形时，文字内容的排列形状会自动更新，如图8-67、图8-68所示。如果要释放文本，可执行"对象>文本绕排>释放"命令。

图8-67　　　　　　　图8-68

技术看板：调整文本的绕排方式

选择文本绕排对象，执行"对象>文本绕排>文本绕排选项"命令，可以打开"文本绕排选项"对话框修改文本的绕排方式。

- 位移：用来指定文本和绕排对象之间的间距。可输入正值，也可以输入负值。
- 反向绕排：选择该选项时，可围绕对象反向绕排文本。

"位移"6pt　　　"位移"-6pt　　　反向绕排

8.2.8　实战：将文字转换为轮廓

使用"创建轮廓"命令可以将文字转换为路径。转换后，可以对文字轮廓进行变形处理，制作出各种艺术效果，也可以填充渐变颜色。

01 打开光盘中的素材文件，如图8-69所示。使用文字工具 T 在画板中单击，设置文字插入点，在控制面板中设置字体和文字大小，文字颜色设置为橙色，输入文字，如图8-70所示。

图8-69　　　　　　　图8-70

02 按下Esc键结束文字的输入状态。执行"文字>创建轮廓"命令，将文字转换为轮廓，

如图8-71所示。拖动定界框中间的控制点，将文字拉高，如图8-72所示。

图8-71　　　　　　　图8-72

03 选择镜像工具，按住Alt键在文字底部单击，如图8-73所示，弹出"镜像"对话框，选择"水平"选项，如图8-74所示，单击"复制"按钮，复制文字。按下键盘中的"↑"键，按钮将文字向上移动，如图8-75所示。

图8-73

图8-74　　　　　　　图8-75

04 为底部的文字图形填充径向渐变，使之成为上面文字的倒影，如图8-76、图8-77所示。

图8-76　　　　　　　图8-77

05 选择橡皮擦工具，按住Alt键在"S"上方拖动鼠标，拖出一个矩形框，将文字顶部擦除，如图8-78、图8-79所示。

图8-78　　　　　　　图8-79

06 使用矩形工具 创建一个橙色矩形，如图8-80所示。使用选择工具 选择人物素材，将它拖放到文字上方，如图8-81所示。

图8-80　　　　　　　图8-81

8.2.9　实战：查找和替换字体

当文档中使用多种字体时，如果想要用一种字体替换另外一种字体，可以使用"查找字体"命令来进行操作。

01 打开光盘中的素材文件，如图8-82所示。执行"文字>查找字体"命令，打开"查找字体"对话框。

图8-82

02 "文档中的字体"列表中显示了文档中使用的所有字体，选择需要替换的字体"微软雅黑"，如图8-83所示，查找到的使用该字体的文字会突出显示，如图8-84所示。单击"查找"按钮，可继续查找其他使用该字体的文字。

图8-83　　　　　　　图8-84

03 在"替换字体来自"选项下拉列表中选择"系统"选项，下面的列表中会列出计算机上的所有字体。选择用于替换的字体，如图8-85所示。

04 单击"更改"按钮，即可用所选字体替换当前选择的文字使用的字体，如图8-86所示。此时，其他文字的字体仍会保持原样，如果要替换文档中所有使用了"微软雅黑"的文字，可单击"全部更改"按钮，效果如图8-87所示。

图8-85

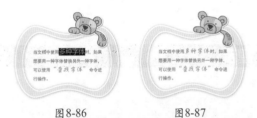

图8-86　　　　　　　图8-87

技术看板：怎样处理缺少的字体

在Illustrator中打开一个文档时，如果计算机中没有安装文档所使用的字体，则会显示一条警告信息，指出缺少的字体，并建议使用可用的字体替代缺少的字体。如果打开文档时没有进行替换字体的操作，可以使用"查找字体"命令来替换字体。

8.2.10　实战：查找和替换文本

使用"查找和替换"命令可以在文本中查找需要修改的文字，并将其替换。在进行查找时，如果要将搜索范围限制在某个文字对象中，可选择该对象；如果要将搜索范围限制在一定范围的字符中，可选择这些字符；如果要对整个文档进行搜索，则取消选择所有对象。

01 打开光盘中的素材文件，如图8-88所示。执行"编辑>查找和替换"命令，打开"查找和替换"对话框，在"查找"选项中输入要查找的文字。如果要自定义搜索范围，可以勾选对话框底部的选项。在"替换为"选项中输入用于替换的文字，如图8-89所示。

图8-88　　　　　　图8-89

02 单击"查找"按钮，Illustrator会将搜索到的文字突出显示，如图8-90所示。单击"全部替换"按钮，替换文档中所有符合搜索要求的文字，如图8-91所示。

图8-90　　　　　　图8-91

提示：

单击"替换"按钮，可替换搜索到的文字，此后可单击"查找下一个"按钮，继续查找下一个复合要求的文字。单击"替换和查找"按钮，可替换搜索到的文字并继续查找下一个文字。

8.2.11　实战：创建并应用字符样式

字符样式是许多字符格式属性的集合，可应用于所选的文本。使用字符和段落样式，可以节省调整字符和段落属性的时间，并且能够确保文本格式的一致性。

01 打开光盘中的素材文件，选择文本，如图8-92所示，设置它的字体、大小和旋转角度等字符属性，文字颜色设置为橙色，如图8-93、图8-94所示。

图8-92　　　　　　图8-93

图8-94

02 执行"窗口>文字>字符样式"命令，打开"字符样式"面板，单击创建新样式按钮，将该文本的字符样式保存在面板中，如图8-95所示。

03 选择另一个文本对象，如图8-96所示。单击"字符样式"面板中的字符样式，即可将该样式应用到当前文本中，如图8-97、图8-98所示。

图8-95　　　　　　图8-96

图8-97　　　　　　图8-98

8.2.12　实战：创建并应用段落样式

段落样式是字符和段落格式的属性集合，将其保存后可应用于所选的段落。

01 打开光盘中的素材文件，如图8-99所示。选择文本，如图8-100所示。

图8-99　　　　　　图8-100

02 在"段落"面板中设置段落格式，如图8-101、图8-102所示。执行"窗口>文字>段落样式"命令，打开"段落样式"面板，单击创建新样式按钮，保存段落样式，图8-103所示。

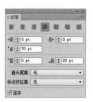

图8-101

图8-102

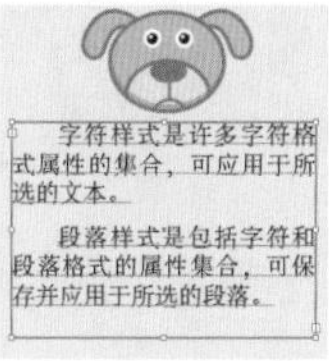

图8-103

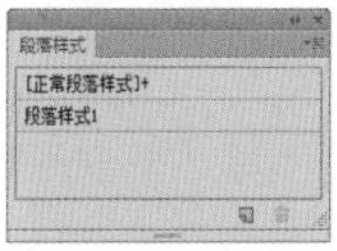

03 选择另外一个文本，如图8-104所示，单击“段落样式”面板中的段落样式，即可将其式应用到所选文本中，如图8-105、图8-106所示。

图8-104

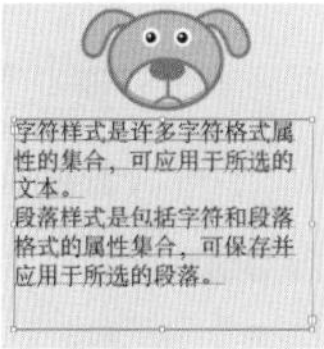

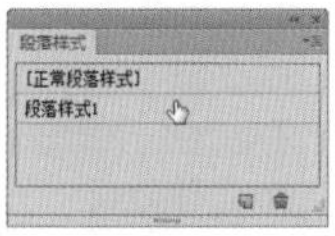

图8-105

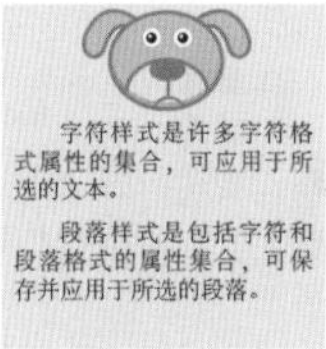

图8-106

技术看板：删除样式覆盖

如果“字符样式”面板或“段落样式”面板中样式的名称旁边出现“+”号，就表示该样式具有覆盖样式。覆盖样式是与样式所定义的属性不匹配的格式。例如，字符样式被文字使用后，如果进行了缩放文字或修改文字的颜色等操作，则“字符样式”面板中该样式后面便会显示出一个“+”号。

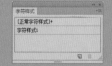

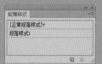

如果要清除覆盖样式并将文本恢复到样式定义的外观，可重新应用相同的样式，或从面板菜单中选择“清除覆盖”命令。如果要在应用不同样式时清除覆盖样式，可以按住 Alt 键单击样式名称。如果要重新定义样式并保持文本的当前外观，应至少选择文本的一个字符，然后执行面板菜单中的“重新定义样式”命令。如果文档中还有其他的文本使用该字符样式，则它们也会更新为新的字符样式。

8.2.13　实战：使用字形面板中的特殊字符

在Illustrator中，某些字体包含不同的字形，如大写字母 A 包含花饰字和小型大写字母。通过“字形”面板可以在文本中添加这样的字符。

01 打开光盘中的素材文件，如图8-107所示。使用文字工具T在文字“O”上单击并拖动鼠标，选取文字，如图8-108所示。

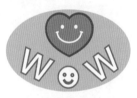

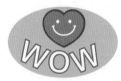

图8-107

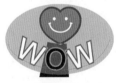

图8-108

02 执行“窗口>文字>字形”命令，打开“字形”面板。双击面板中的字符，即可替换所选文字，如图8-109、图8-110所示。

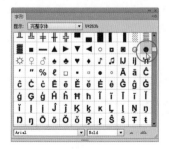

图8-109

图8-110

技术看板：显示更多的特殊字符

默认情况下，“字形”面板中显示了所选字体的所有字形，在面板底部选择不同的字体系列和样式可以更改字体，显示更多的特殊字符。

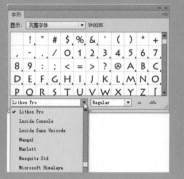

8.3 图表

图表是一种将对象数据直观、形象地"可视化"的手段。图表可以直观地反映各种统计数据的比较结果，在各种行业中的应用非常广泛。

8.3.1 图表的类型

Illustrator提供了9个图表工具，即柱形图工具 📊，堆积柱形图工具 📊，条形图工具 📊，堆积条形图工具 📊，折线图工具 📈，面积图工具 📈，散点图工具 📊，饼图工具 🥧 和雷达图工具 ⊕，它们可以创建9种类型的图表，如图8-111所示。

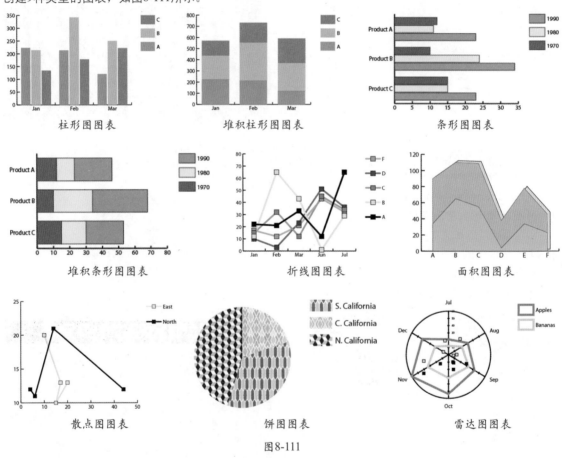

柱形图图表　　堆积柱形图图表　　条形图图表
堆积条形图图表　　折线图图表　　面积图图表
散点图图表　　饼图图表　　雷达图图表

图8-111

8.3.2 实战：创建图表

01 按下Ctrl+N快捷键，新建一个文件。选择柱形图工具 📊，在画板中单击并拖出一个矩形框，定义图表的范围，如图8-112所示，放开鼠标后，在弹出的"图表数据"对话框中输入图表数据，如图8-113所示。可以按下键盘中的方向键切换单元格，或通过单击来选择单元格。

02 单击对话框右上角的应用按钮 ✔，或按下数字键盘上的回车键，关闭对话框，即可创建图表，如图8-114所示。

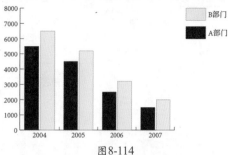

图8-112　　　　　　　　　图8-113　　　　　　　　　图8-114

提示：

在"图表数据"对话框中，单元格的左列用于输入类别标签，如年、月、日。如果要创建只包含数字的标签，则需要使用直式双引号将数字引起来。例如，2012年应输入"2012"，如果输入全角引号"2012"，则引号也会显示在年份中。

技术看板：创建固定大小的图表

使用图表工具按住 Alt 键拖动鼠标，可以从中心绘制图表；按住 Shift 键，可以将图表限制为一个正方形。如果在画板中单击，则可在弹出的"图表"对话框中设置图表的宽度和高度，创建指定大小的图表。

8.3.3　实战：从Microsoft Excel数据中创建图表

从电子表格应用程序（如 Lotus1-2-3 或 Microsoft Excel）中复制数据后，在Illustrator 的"图表数据"对话框中可以粘贴为图表数据。

01 打开光盘中的Microsoft Excel文件，如图8-115所示。在Illustrator中新建一个文档。选择柱形图工具，单击并拖动鼠标，弹出"图表数据"对话框，输入年份信息，如图8-116所示。

图8-115　　　　　　　　图8-116

02 切换到Microsoft Excel窗口。在"甲部门"、"乙部门"和"丙部门"上拖动鼠标，将它们选择，如图8-117所示；按下Ctrl+C快捷键复制；切换到Illustrator中，在图8-118所示的单元格中拖动鼠标，将它们选择，按下

Ctrl+V快捷键粘贴，如图8-119所示。

图8-117

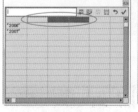

图8-118　　　　　　　图8-119

03 切换到Microsoft Excel窗口，选择图8-120所示的数据，按下Ctrl+C快捷键复制，将其粘贴到Illustrator单元格第二行，如图8-121所示。单击应用按钮，创建图表，如图8-122所示。

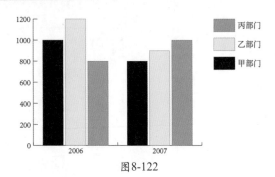

图8-120　　　　　图8-121　　　　　　　　　　　图8-122

8.3.4　实战：从Windows记事本数据中创建图表

　　文字处理程序创建的文本文件，可以导入Illustrator中生成图表。

01 打开光盘中的素材文件，如图8-123所示。这是使用Windows的记事本创建的纯文本格式的文件。

02 选择柱形图工具 📊，在文档窗口单击并拖动鼠标，弹出"图表数据"对话框，单击导入数据按钮 📥，在打开的对话框中选择文本文件，即可导入到图表中，图8-124所示，图8-125所示为创建的图表。

图8-123　　　　　　　　図8-124

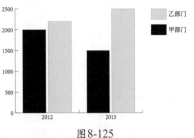

图8-125

技术看板：文本的数据要求

在文本文件中，数据只能包含小数或小数点分隔符（如应输入732000，而不是732,000），并且，该文件的每个单元格的数据应由制表符隔开，每行的数据应由段落回车符隔开。例如，在记事本中输入一行数据，数据间的空格部分需要按下Tab键隔开，再输入下一行数据（可按下回车键换行）。

8.3.5　实战：编辑图表图形

　　创建图表以后，所有对象会自动编为一组。使用直接选择工具 ▷ 或编组选择工具 ▷+ 可以选择图表中的图例、图表轴和文字等内容，进行相应的修改。

01 选择饼图工具 🥧，单击并拖出一个矩形框，放开鼠标，在弹出的对话框中输入数据，如图8-126所示，单击应用按钮 ✔ 创建饼图图表，如图8-127所示。

图8-126　　　　　　图8-127

02 双击饼图工具 🥧，打开"图表类型"对话框，在"位置"选项中选择"相等"，使所有饼图的直径相同，如图8-128、图8-129所示。

图8-128　　　　　　　图8-129

03 使用编组选择工具 ▶+ 选择不同的饼图图形，取消它们的描边，填充不同的颜色，如图8-130、图8-131所示。

图8-130 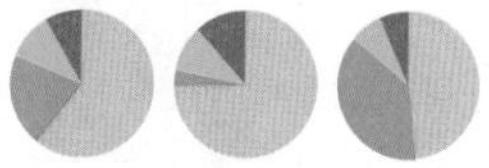　　　　　图8-131

04 用选择工具 ▶ 选择图表，执行"效果>3D>凸出和斜角"命令，在打开的对话框中设置参数如图8-132所示。单击对话框右侧的"更多选项"按钮，显示全部选项，单击两次新建光源按钮 ⬛，添加两个光源，将它们移动到如图8-133所示的位置。

图8-132

图8-133

05 单击"确定"按钮关闭对话框，生成立体图表，如图8-134所示。最后还可以绘制一些底图、用文字工具 T 输入图表的其他信息，如图8-135所示。

图8-134

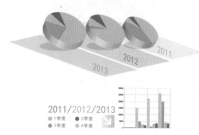

图8-135

8.3.6　实战：修改图表数据

01 打开光盘中的图表素材文件，如图8-136所示。使用选择工具 ▶ 单击图表，将其选择，如图8-137所示。

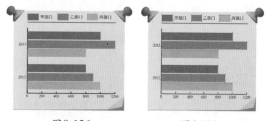

图8-136　　　　　图8-137

02 执行"对象>图表>数据"命令，打开"图表数据"对话框，如图8-138所示。修改数据，如图8-139所示，单击应用按钮 ✓，即可更新数据，如图8-140所示。

03 使用编组选择工具 ▶+ 选择文字，将它们移动到图表顶部，如图8-141所示。

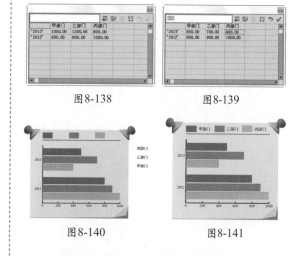

图8-138　　　　　图8-139

图8-140　　　　　图8-141

8.3.7　实战：转换图表类型

01 打开光盘中的图表素材文件，如图8-142所示。使用选择工具 ▶ 选择图表，如图8-143所示。

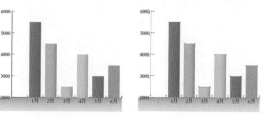

图8-142　　　　　图8-143

02 双击工具面板中的任意一个图表工具，打开"图表类型"对话框，在"类型"选项中单击与所需图表类型相对应的按钮，关闭对话框，即可转换图表的类型，如图8-144、图8-145所示。

图8-144   图8-145

8.3.8 图表类型对话框

使用选择工具 ▶ 选择图表，执行"对象>图表>类型"命令或双击任意图表工具，打开"图表类型"对话框，如图8-146所示。在对话框中可以设置所有类型的图表的常规选项。

图8-146

● 数值轴：用来确定数值轴（此轴表示测量单位）出现的位置，包括"位于左侧"，如图8-147所示，"位于右侧"，如图8-148所示，"位于两侧"，如图8-149所示。

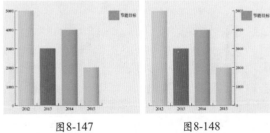

图8-147   图8-148

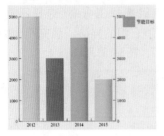

图8-149

● 添加投影：选择该选项后，可以在柱形、条形或线段后面，以及对整个饼图图表添加投影，如图8-150所示。

● 在顶部添加图例：默认情况下，图例显示在图表的右侧水平位置。选择该选项后，图例会显示在图表的顶部，如图8-151所示。

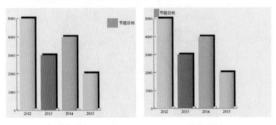

图8-150   图8-151

● 第一行在前：当"簇宽度"大于100%时，可以控制图表中数据的类别或群集重叠的方式。使用柱形或条形图时此选项最有帮助。图8-152、图8-153所示是设置"簇宽度"为130%，选择该选项时的图表效果。

图8-152   图8-153

● 第一列在前：可在顶部的"图表数据"窗口中放置与数据第一列相对应的柱形、条形或线段。该选项还决定了"列宽"大于100%时，柱形和堆积柱形图中哪一列位于顶部，以及"条宽度"大于100%时，条形和堆积条形图中哪一列位于顶部。图8-154、图8-155所示是设置"列宽"为150%，并选择该选项时的图表效果。

图8-154

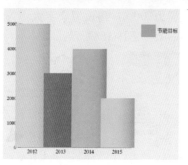

图8-155

8.4 精通路径文字：小鲸鱼

01 打开光盘中的素材文件，如图8-156所示。图形分别放置在两个图层中，在制作路径文字时为了不影响到其他图形，将路径放置在"图层2"中，其他图形则在"图层1"中，并且处于锁定状态，如图8-157所示。

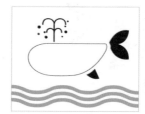

图8-156 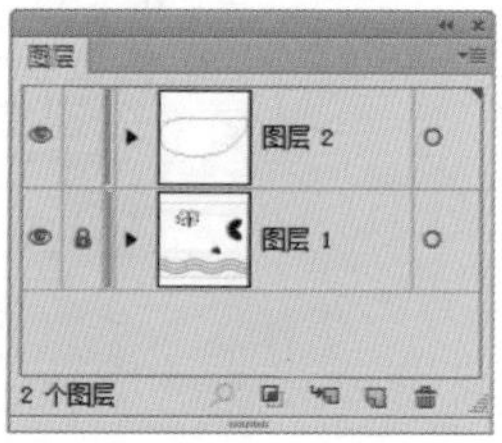　　　　图8-157

02 选择路径文字工具 ，将光标放在图8-158所示的位置，单击鼠标设置插入点，删除路径的描边属性，如图8-159所示。

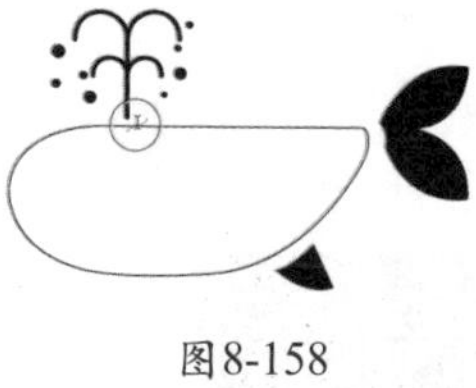

图8-158 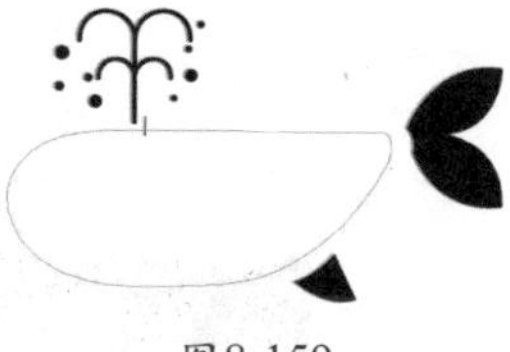　　　　图8-159

03 输入文字，文字会自动沿路径排列，如图8-160所示，按下Esc键结束文字的输入。在控制面板中设置字体及大小，如图8-161所示。

图8-160

图8-161

04 使用选择工具 单击路径文字，按下Ctrl+C快捷键复制，按下Ctrl+F快捷键粘贴到前面，如图8-162所示。在定界框上拖动鼠标，将路径缩小，如图8-163所示，打开"字符"面板，可以看到经过调整后文字变小了，同时它的水平缩放比例也改变了，如图8-164所示。

图8-162 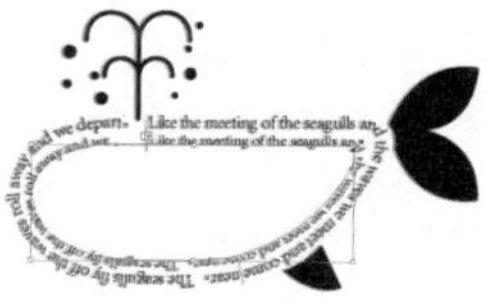　　　　图8-163

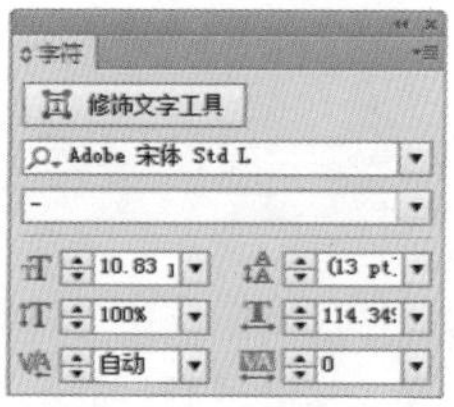

图8-164

提示：

如果路径文字上出现红色加号 ，表示有溢流文本，文字并未全部显示。

05 在水平缩放文本框中设置参数为100%，调整文字大小为12pt，如图8-165、图8-166所示，调整后红色加号消失了，表示文字已经全部显示。

06 按下Ctrl+F快捷键粘贴之前复制的文字，将路径缩小，在"字符"面板中将水平缩放参数设置为100%，再设置文字大小为10.1pt，如图8-167、图8-168所示。

图8-165

图8-166

图8-167

图8-168

07 重复上面的操作，由于路径缩小的程度不同，在调整文字大小时可根据实际情况进行设置，使文字能全部显示出来，如图8-169～图8-172所示。

图8-169

图8-170

图8-171

图8-172

08 最后使用文字工具 T 输入文字，放在文字鲸鱼的中心位置，如图8-173、图8-174所示。

图8-173

图8-174

8.5 精通特效字：巧克力字

01 新建一个文档，使用矩形工具 创建一个矩形，填充黑色，如图8-175所示。打开"图层"面板，单击"图层1"前方的 按钮展开图层列表，在<路径>层前方单击，将其锁定，如图8-176所示。这个黑色矩形主要是用来衬托文字，以免在画布上制作颜色较浅的文字时不易区分，在文字制作完成后可将该图形删除。

图8-175

图8-176

02 使用文字工具 T 输入两段文字。设置文字的

填充和描边颜色为黄色，描边宽度为3pt，如图8-177～图8-179所示。

图8-177

图8-178

图8-179

03 选择文字"HRISTMAS"，执行"效果>变形>下弧形"命令，在打开的对话框中设置参数，如图8-180所示，文字效果如图8-181所示。

图8-180

图8-181

04 使用文字工具 T 在文字"S"上拖动鼠标，将其选取，如图8-182所示，按下Ctrl+X快捷键剪切，如图8-183所示。按住Ctrl键在空白区域单击，取消选择。

图8-182

图8-183

05 按下Ctrl+V快捷键粘贴为单独的文本。按下Shift+Ctrl+O快捷键将文字转换为轮廓，设置描边宽度为4pt，如图8-184所示。使用直接选择工具 ▷ 移动路径上的锚点，改变文字形状，如图8-185所示。

图8-184

图8-185

06 使用钢笔工具 ✐ 绘制一个图形，设置填充与描边均为黄色，描边宽度为4pt，如图8-186所示。

图8-186

07 将文字及图形选取，按下Ctrl+G快捷键编组，如图8-187所示。按住Alt键向上拖动进3行复制，将填充与描边颜色均设置为白色，如图8-188所示。

图8-187

图8-188

08 将白色文字与黄色文字同时选取，按下Alt+Ctrl+B快捷键创建混合。双击混合工具 ⬚，在打开的对话框中设置混合步数为6，如图8-189所示。

图8-189

09 使用直接选择工具 ▷ 在白色文字上双击，

将文字全部选取，按下Ctrl+C快捷键复制，在画板空白处单击取消选择。按下Ctrl+F快捷键将文字粘贴至顶层，调整描边宽度为1pt，如图8-190所示。

图8-190

10 执行"窗口>色板库>图案>自然>自然_动物皮"命令，打开该图案库。按下"X"键切换到填色编辑状态，单击图8-191所示的图案，用它填充文字，如图8-192所示。

图8-191

图8-192

11 单击鼠标右键打开快捷菜单，选择"变换>缩放"命令，打开"比例缩放"对话框。仅勾选"图案"选项，设置缩放比例为10%，对图案进行缩放，如图8-193、图8-194所示。

图8-193

图8-194

12 使用直接选择工具 ▷ 拖出一个矩形选框，将文字"HRISTMA"选取并向下移动，扩大这两行文字的行间距，如图8-195、图8-196所示。

图8-195

图8-196

13 执行"效果>风格化>投影"命令，添加投影效果，如图8-197、图8-198所示。

图8-197

图8-198

14 打开光盘中的素材文件，如图8-199所示。将制作的文字拖动到该文档中，如图8-200所示。

图8-199

图8-200

8.6　精通图表：将图形添加到图表中

Illustrator允许用户使用图形、徽标、符号等替换图表中的图例，创建出更加生动、有趣的自定义图表。

01 打开光盘中的图表文件，如图8-201所示。使用选择工具 选取小球员，如图8-202所示。

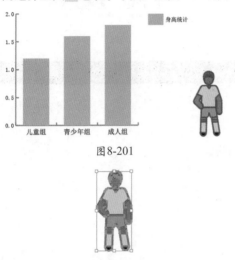

图8-201

图8-202

02 执行"对象>图表>设计"命令，在打开的对话框中单击"新建设计"按钮，将所选图形定义为一个设计图案，如图8-203所示。单击"确定"按钮关闭对话框。选择图表对象，如图8-204所示。

图8-203

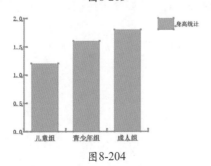

图8-204

03 执行"对象>图表>柱形图"命令，在打开的"图表列"对话框中单击新创建的设计图案，在"列类型"选项下拉列表中选择"垂直缩放"，并取消"旋转图例设计"选项的勾选，如图8-205所示，单击"确定"按钮，用小球员替换图例，如图8-206所示。

图8-205

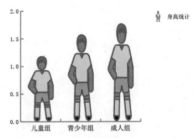

图8-206

04 使用编组选择工具 按住Shift键单击各个文字，将它们选择，如图8-207所示，在控制面板中设置字体为黑体，如图8-208所示。

图8-207

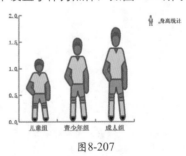

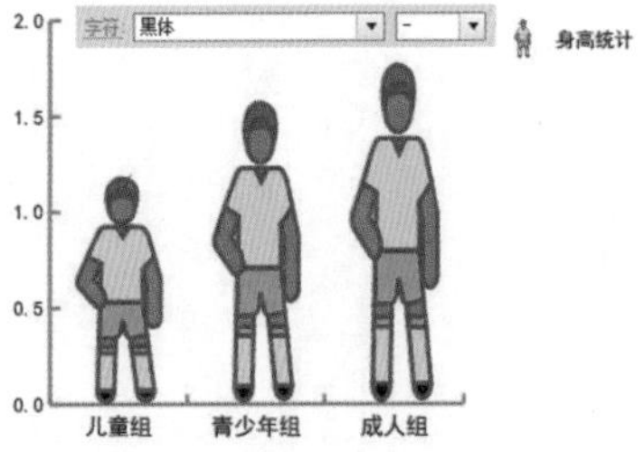

图8-208

05 使用矩形工具 ■ 创建几个矩形，填充线性渐变，放在小球星的身后，如图8-209、图8-210所示。

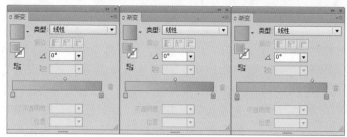

图8-209

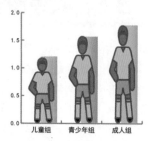

图8-210

技术看板：图例替换技巧

- 在使用自定义的图形替换图表图形时，可以在"图表列"对话框的"列类型"选项下拉列表中选择如何缩放与排列图案。
- 选择"垂直缩放"选项，可根据数据的大小在垂直方向伸展或压缩图案，但图案的宽度保持不变。
- 选择"一致缩放"选项，可根据数据的大小对图案进行等比缩放。

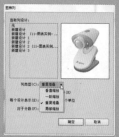

"图表列"对话框

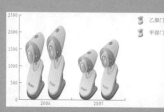

垂直缩放

一致缩放

- 选择"重复堆叠"选项，对话框下面的选项被激活。在"每个设计表示"文本框中可以输入每个图案代表几个单位。例如，输入100，表示每个图案代表100个单位，Illustrator会以该单位为基准自动计算使用的图案数量。单位设置完成后，需要在"对于分数"选项中设置不足一个图案时如何显示图案。选择"截断设计"选项，表示不足一个图案时使用图案的一部分，该图案将被截断；选择"缩放设计"选项，表示不足一个图案时图案将被等比缩小，以便完整显示。

选择"截断设计"选项

选择"缩放设计"选项

- 选择"局部缩放"选项，可以对局部图案进行缩放。

第9章

影像达人：图层与蒙版

9.1 图层

在Illustrator中，图稿都存放于图层中。图层可以保存和管理组成图稿的所有对象，它就像结构清晰的文件夹，将图形放置于不同的文件夹（图层）后，选择和查找时都非常方便。使用图层还可以调整对象的堆叠顺序、控制显示模式，以及锁定和删除对象等。

9.1.1 图层面板

打开一个文件，如图9-1所示，"图层"面板中会显示图稿的组成对象，如图9-2所示。

图9-1

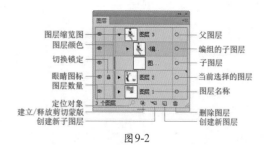

图9-2

- 定位对象 🔍：选择一个对象后，如图9-3所示，单击该按钮，即可选择对象所在的图层或子图层，如图9-4所示。当文档中的图层、子图层和组的数量较多时，通过这种方法可以快速找到所需图层。

图9-3

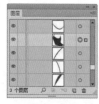

图9-4

- 图层/子图层：单击创建新图层按钮 🔲，可以创建一个图层。单击创建新子图层 🔲 按钮，可以在当前选择的图层内创建一个子图层。

- 图层名称：显示了图层的名称。
- 图层颜色：选择一个图层中的对象时，对象的定界框显示为其所在图层的颜色。
- 眼睛图标 👁：单击该图标可以隐藏或重新显示图层。
- 切换锁定 🔒：可以锁定图层中的对象，使其处于无法编辑的保护状态。
- 建立/释放剪切蒙版 🔲：用来创建或释放剪切蒙版。
- 删除图层 🗑：用来删除图层和子图层。

9.1.2 创建图层和子图层

新建文档时，会自动创建一个图层。单击"图层"面板中的创建新图层按钮 🔲，可以新建一个图层，如图9-5所示。单击创建新子图层按钮 🔲，则可在当前选择的图层中创建一个子图层，如图9-6所示。单击图层前面的 ▶ 图标展开（或关闭）图层列表，可以查看到图层中包含的子图层，如图9-7所示。

  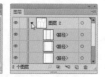

图9-5   图9-6   图9-7

提示：

按住Ctrl键单击 🔲 按钮，可以在"图层"面板顶部新建一个图层。如果要在创建图层或子图层时设置名称和颜色，可以按住Alt键单击 🔲 按钮或 🔲 按钮，在打开的对话框中进行设置。

9.1.3 选择与移动图层

单击"图层"面板中的一个图层，即可选择该图层，如图9-8所示。开始绘图时，创建的对象会保存到当前选择的图层中，如图9-9、图9-10所示。

单击并拖动图层和子图层，可以调整它们的堆叠顺序，如图9-11、图9-12所示。如果将图层拖动到其他图层内，则该图层会成为这一图层的子图层。由于绘图时所创建的对象的堆叠顺序与图层的堆叠顺序一致，因此，调整图层顺序会影响对象的显示效果，如图9-13所示。

图9-8　　　　　　　图9-9

图9-10　　　　　　图9-11

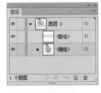 

图9-12　　　　　　图9-13

提示：

如果要同时选择多个不相邻的图层，可按住Ctrl键分别单击它们；如果要同时选择多个相邻的图层，可单击最上面的图层，再按住Shift键单击最下面的图层。

9.1.4　修改图层的名称和颜色

绘制复杂的图形时，往往要创建多个图层，将不同的图形分开管理。给图层重新命名以及设置醒目的颜色可以为编辑操作带来方便。

双击一个图层，如图9-14所示，在打开的"图层选项"对话框中可以修改它的名称，如图9-15、图9-16所示。当图层数量较多时，给图层命名，可以更加方便地查找和管理对象。

图9-14　　　　图9-15　　　　图9-16

选择一个对象时，它的定界框、路径、锚点和中心点都会显示与其所在的图层相同的颜色，

如图9-17所示。双击一个图层，可以在打开的对话框中修改图层颜色，如图9-18、图9-19所示。为图层设置不同的颜色，有助于选择时区分不同图层上的对象。

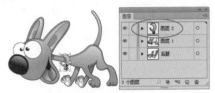

图9-17

图9-18

图9-19

技术看板：设置图层选项

在"图层选项"对话框中，选择"模板"选项，可以将当前图层定义为模板图层，模板图层前会显示▣状图标、图层处于锁定状态，名称显示为斜体；选择"显示"选项，当前图层为可见图层；选择"预览"选项，当前图层中的对象为预览模式，图层前会显示出◉状图标，取消选择时，对象为轮廓模式，图标为○状；选择"锁定"选项，可以将当前图层锁定；选择"打印"选项，可打印当前图层，取消选择时，图层中的对象不能被打印，图层的名称显示也会变为斜体；选择"变暗图像至"选项，再输入一个百分比值，可以淡化当前图层中的位图图像和链接图像的显示效果。

9.1.5　显示和隐藏图层

在"图层"面板中，图层前面有眼睛图标◉的，表示该图层中的对象在画板中为显示状态，如图9-20所示。单击一个对象前面的眼睛图标◉，可以隐藏该对象，如图9-21所示。单击图层前面的眼睛图标◉，则可隐藏图层中的所有对象，这些对象的眼睛图标也会变为灰色◎，如图9-22所示。如果要重新显示图层或图层中的对象，可在原眼睛图标处单击。

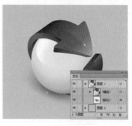

图9-20　　　　　　图9-21

图9-22

技术看板：图层的隐藏和显示技巧

按住Alt键单击一个图层的眼睛图标 👁，可以隐藏其他图层。在眼睛图标 👁 列单击并拖动鼠标，可同时隐藏多个相邻的图层。采用相同的方法操作，可以重新显示图层。

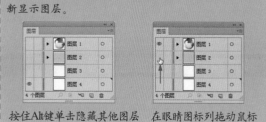

按住Alt键单击隐藏其他图层　　　在眼睛图标列拖动鼠标

9.1.6　设置个别对象的显示模式

绘制和编辑复杂的图形时，为了便于选择对象以及加快屏幕的刷新速度，可以切换视图模式。例如，在默认状态下，图形以预览模式显示，如图9-23所示，执行"视图>轮廓"命令，可以切换为轮廓模式，显示对象的轮廓，如图9-24所示，此时更容易选择锚点。

　　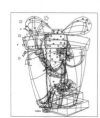

预览模式　　　　　　轮廓模式
图9-23　　　　　　图9-24

使用 "预览"和"轮廓"命令时，画板中所有对象的视图模式都会被切换。如果要切换个别对象的视图模式，可以按住Ctrl键单击对象所在图层前面的眼睛图标 👁，该图层中的对象就会切换为轮廓模式，此时眼睛图标会变为 ◎ 状，如图9-25、图9-26所示。如果要将对象切换回预览模式，可以按住Ctrl键单击 ◎ 状图标。

图9-25　　　　　　图9-26

9.1.7　复制图层

在"图层"面板中，将一个图层拖动到创建新图层按钮 🔲 上，即可复制该图层，得到的图层位于原图层之上，如图9-27、图9-28所示。如果按住Alt键（光标会变为 ⬚ 状）单击并将一个图层拖动到其他图层的上方或下方，则可将图层复制到指定位置，如图9-29、图9-30所示。

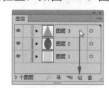

图9-27　　　　　　图9-28

图9-29　　　　　　图9-30

9.1.8　锁定图层

编辑对象、尤其是修改锚点时，为了不破坏其他对象，或避免其他对象的锚点影响当前操作，可以将这些对象锁定，将其保护起来；如果要锁定一个对象，可单击其眼睛图标 👁 右侧的方块，该方块中会显示出一个 🔒 状图标，如图9-31所示；如果要锁定一个图层，可单击该图层眼睛图标右侧的方块，如图9-32所示。锁定的对象不能被选择和修改，但它们是可见的，并且能够被打印出来。如果要解除锁定，可以单击锁定图标🔒。

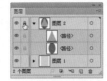

图9-31　　　　　图9-32

- 锁定当前选择的对象，可执行"对象>锁定>所选对象"命令（快捷键为Ctrl+2）。
- 锁定与所选对象重叠、且位于同一图层中的所有对象，可执行"对象>锁定>上方所有图稿"命令。
- 锁定除所选对象所在图层以外的所有图层，可执行"对象>锁定>其他图层"命令。
- 锁定所有图层，可在"图层"面板中选择所有图层，然后从面板菜单中选择"锁定所有图层"命令。
- 解锁文档中的所有对象，可执行"对象>全部解锁"命令。

9.1.9　删除图层

在"图层"面板中选择一个图层或对象，单击删除图层按钮🗑即可将其删除。也可以将图层或对象拖动到🗑按钮上直接删除。删除图层时，会同时删除图层中包含的所有对象，如图9-33、图9-34所示。删除对象时，不会影响图层和图层中的其他子图层，如图9-35所示。

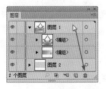

图9-33　　　　　图9-34

图9-35

9.1.10　合并与拼合图层

在"图层"面板中，相同层级上的图层和子图层可以合并。方法是按住Ctrl键单击这些图层，将它们选择，执行面板菜单中的"合并所选图层"命令，它们就会合并到最后一次选择的图层中，如图9-36、图9-37所示。如果要将所有的图层拼合到一个图层中，可先单击该图层，如图9-38所示，再执行面板菜单中的"拼合图稿"命令，如图9-39所示。

图9-36　　　　　图9-37

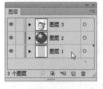

图9-38　　　　　图9-39

9.1.11　粘贴时记住图层

选择一个对象并将其复制以后（按下Ctrl+C快捷键），如图9-40所示，选择一个图层，如图9-41所示，按下Ctrl+V快捷键，可以将对象粘贴到所选图层中，如图9-42所示。

如果要将对象粘贴到原图层（即复制图稿的图层），可以在"图层"面板菜单中选择"粘贴时记住图层"，然后再进行粘贴操作，如图9-43所示。

图9-40

图9-41　　　　图9-42　　　　图9-43

9.2　剪切蒙版

蒙版是用来隐藏对象的工具。Illustrator可以创建两种蒙版，即剪切蒙版和不透明蒙版。剪切蒙版用于控制对象的显示范围，不透明度蒙版用于控制对象的显示程度。路径、复合路径、组对象或文字都可以用来创建蒙版。

9.2.1　实战：创建剪切蒙版

剪切蒙版使用一个图形（称为"剪贴路径"）来隐藏其他对象，位于该图形范围内的对象显示，位于该图形以外的对象会被蒙版遮盖而不可见。只有矢量对象可以作为剪切蒙版，但任何对象都可以作为被隐藏的对象。

01 打开光盘中的素材文件，如图9-44所示。

图9-44

02 使用选择工具 选取文字，执行"对象>复合路径>建立"命令，将文字创建为复合路径，如图9-45所示。

图9-45

03 在"图层1"后面单击，如图9-46所示，选取该图层中的图形，包括转换为复合路径的文字和图案编组，如图9-47所示。

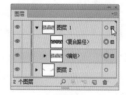

图9-46

图9-47

04 执行"对象>剪切蒙版>建立"命令，将文字路径创建为剪切蒙版，剪切蒙版和被蒙版隐藏的对象称为剪切组，如图9-48所示，剪贴路径以外的对象部分都会被隐藏，而路径也将变为无填色和描边的对象，如图9-49所示。

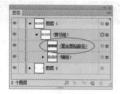

图9-48

图9-49

技术看板：剪切蒙版的不同创建方式

选择对象后，使用"对象>剪切蒙版>建立"命令创建剪切蒙版时，作为蒙版的路径只遮盖被选择的对象，如果通过单击"图层"面板中的 按钮来创建剪切蒙版，则会遮盖同一图层中的所有对象。

选择两个对象

使用"建立"命令创建剪切蒙版

单击 按钮创建剪切蒙版

9.2.2　实战：编辑剪切蒙版

01 打开光盘中的素材文件，如图9-50所示。

图9-50

图9-54

02 单击"图层"面板中的"复合剪贴路径"子图层，选择文字路径，如图9-51所示。选择膨胀工具 ⬭ ，将光标放在文字边缘，如图9-52所示，单击鼠标使路径产生弯曲变化，如图9-53所示。用同样方法在文字的其他位置单击，使文字的形状产生膨胀，如图9-54所示。

图9-51

提示：

创建剪切蒙版后，剪贴路径和被其遮盖的对象会自动调整到同一图层中，蒙版的遮盖效果只对该图层中的对象起作用。如果将其他图层中的对象拖动到剪切组合中，也会对其进行遮盖。同样，如果将剪切蒙版中的对象拖至其他图层，则可释放该对象，使其完整显示出来。

9.2.3　释放剪切蒙版

选择剪切蒙版对象，执行"对象>剪切蒙版>释放"命令，或单击"图层"面板中的建立/释放剪切蒙版按钮 ▣ ，即可释放剪切蒙版，被剪贴路径遮盖的对象会重新显示出来。

图9-52　　　　图9-53

9.3　不透明度蒙版

不透明蒙版可以改变对象的不透明度，使对象产生透明效果。创建图形与图像合成效果时，常会用到该功能。

9.3.1　实战：用不透明度蒙版创建点状人物

不透明度蒙版是通过蒙版对象（上面的对象）的灰度来遮盖下面对象的。蒙版中的黑色区域会完全遮盖下面的对象；白色区域会完全显示下面的对象；灰色为半透明区域，会使对象呈现出一定的透明效果，灰色越深，对象的透明程度越高。如果作为蒙版的对象是彩色的，Illustrator会将它转换为灰度模式，并根据其灰度值来决定蒙版的遮盖程度。

01 新建一个文档。使用椭圆工具 ⬭ 按住Shift键创建一个圆形，如图9-55所示。使用选择工具 ▸ 按住Shift+Alt键向右下方拖动鼠标，锁定45°角复制图形，如图9-56所示。连续按

下Ctrl+D快捷键再次复制，如图9-57所示。

图9-55　　　　图9-56　　　　图9-57

02 按下Ctrl+A快捷键选择所有图形，按住Shift+Alt键向右侧拖动鼠标，锁定水平方向复制图形，如图9-58所示。连续按下Ctrl+D快捷键再次复制，如图9-59所示。

图9-58 　　　　　图9-59

03 使用选择工具 ▶ 选取部分图形，按下Delete
键删除，如图9-60所示。修改图形的填充颜
色，如图9-61所示。按下Ctrl+A快捷键选择
所有图形，将它们拖动到"色板"面板中，
定义为图案，如图9-62所示。

图9-60 　　图9-61 　　　图9-62

04 选择矩形工具 ▢ ，将光标放在画板的左上
角，如图9-63所示，单击鼠标打开"矩形"对
话框，创建一个与画板相同大小的矩形，如
图9-64所示。单击自定义的图案，为它填充该
图案，无描边颜色，如图9-65、图9-66所示。

图9-63 　　　　　图9-64

图9-65 　　　　　图9-66

05 保持图形的选取状态，单击"透明度"面板
中的"制作蒙版"按钮，创建不透明度蒙
版，如图9-67所示。

图9-67

06 打开一个素材文件，如图9-68所示。选择该图
形，按下Ctrl+C快捷键复制，按下Ctrl+Tab快

捷键切换到图案文档中，单击蒙版缩览图，
进入蒙版编辑状态，如图9-69所示，按下
Ctrl+F快捷键将人物图形粘贴到蒙版中，勾选
"反相蒙版"选项，如图9-70、图9-71所示。

图9-68 　　　　　图9-69

图9-70 　　　　　图9-71

07 在当前状态下，人物的五官图形还不完整，
下面来修改这些内容。单击对象缩览图，结
束蒙版编辑状态，如图9-72所示。新建一个
图层，选择用于定义图案的圆形，放在不完
整的图形上，如图9-73所示。

图9-72 　　　　　图9-73

提示：

着色的图形或位图图像都可以用来遮盖下面的对象。
如果选择的是一个单一的对象或编组对象，则会创建
一个空的蒙版。如果要查看对象的透明程度，可以执
行"视图>显示透明度网格"命令，通过透明度网格
来观察透明区域。

9.3.2　实战：编辑不透明度蒙版

01 打开光盘中的素材文件。使用选择工具 ▶
选择图形，如图9-74所示。单击蒙版缩览
图，进入蒙版编辑状态，如图9-75所示。

图9-74 　　　　　图9-75

02 按Ctrl+A快捷键选择蒙版里的所有图形，如图9-76所示。将不透明度设置为50%，如图9-77所示。单击左侧的对象缩览图，如图9-78所示，结束蒙版的编辑，画面中原来的图案颜色会变浅，如图9-79所示。

图9-76　　　　　图9-77

图9-78　　　　　图9-79

提示：

处于蒙版编辑模式时无法进入隔离模式，处于隔离模式时，同样也无法进入蒙版编辑模式。

9.3.3　链接蒙版

创建不透明度蒙版后，蒙版与被其遮盖的对象保持链接状态，它们的缩览图中间有一个链接图标，此时移动、旋转或变换对象时，蒙版会同时变换，因此，被遮盖的区域不会改变，如图9-80所示。单击图标取消链接，可单独移动对象或蒙版，或是对其执行其他操作，如图9-81所示为移动蒙版时的效果。如果要重新建立链接，可在原图标处单击，重新显示链接图标。

图9-80

图9-81

9.3.4　停用与激活不透明度蒙版

编辑不透明度蒙版时，按住Alt键单击蒙版缩览图，画板中就会只显示蒙版对象，如图9-82所示，这样可避免蒙版内容的干扰，使操作更加准确；按住Alt键单击蒙版缩览图，可以重新显示蒙版效果；按住Shift键单击蒙版缩览图，可以暂时停用蒙版，此时缩览图上会出现一个红色的"×"，如图9-83所示。如果要恢复不透明度蒙版，可按住Shift键再次单击蒙版缩览图。

图9-82　　　　　图9-83

9.3.5　剪切与反相不透明度蒙版

在默认情况下，新创建的不透明蒙版为剪切状态，即蒙版对象以外的部分都被剪切掉了，如图9-84所示。如果取消"剪切"选项的勾选，则位于蒙版以外的对象会显示出来，如图9-85所示。如果勾选"反相蒙版"选项，则可以反转蒙版对象的明度值，即反转蒙版的遮盖范围，如图9-86所示。

 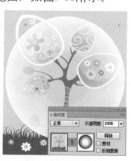

图9-84　　　　　图9-85

图9-86

9.3.6 隔离混合与挖空组

在"透明度"面板菜单中选择"显示选项"命令，面板中会显示图9-87所示的选项。

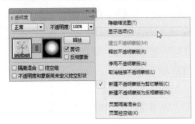

图9-87

隔离混合

在"图层"面板中选择一个图层或组，勾选"隔离混合"选项，可以将混合模式与所选图层或组隔离，使它们下方的对象不受混合模式的影响。关于混合模式的内容，请参阅"9.4混合模式与不透明度"。

挖空组

选择"挖空组"选项后，可以保证编组对象

中单独的对象或图层在相互重叠的地方不能透过彼此而显示，如图9-88所示，图9-89所示为取消选择时的状态。

图9-88　　　　　图9-89

不透明度和蒙版

不透明度和蒙版用来创建与对象不透明度成比例的挖空效果。挖空是指透过当前的对象显示出下面的对象，要创建挖空，对象应使用除"正常"模式以外的混合模式。

9.3.7 释放不透明度蒙版

选择对象后，单击"透明度"面板中的"释放"按钮，可以释放不透明蒙版，使对象恢复到蒙版前的状态，即重新显示出来。

9.4 混合模式与不透明度

选择图形或图像后，可以在"透明度"面板中修改混合模式和不透明度。混合模式决定了当前对象与它下面的对象堆叠时是否混合，以及采用什么方式混合。不透明度决定了对象的透明程度。

9.4.1 调整混合模式

选择一个或多个对象，单击"透明度"面板顶部的 ▼ 按钮打开下拉列表，选择一种混合模式，所选对象便会采用这种模式与下面的对象混合。Illustrator提供了16种混合模式，它们分为6组，如图9-90所示，每一组中的混合模式都有着相近的用途。

在如图9-91所示的文件中，默认状态下图形为"正常"模式，此时对象的不透明度为100%，会完全遮盖下面的对象，如图9-92所示。选择红、绿、蓝和黑白渐变图形，并调整混合模式，即可让它们与下面的人物图像产生混合效果。

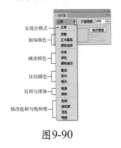  

图9-90　　　　　　　　　图9-91　　　　　　　　图9-92

混合模式/效果		混合模式/效果		混合模式/效果	
变暗：在混合过程中对比底层对象和当前对象的颜色，使用较暗的颜色作为结果色，比当前对象亮的颜色将被取代，暗的颜色保持不变	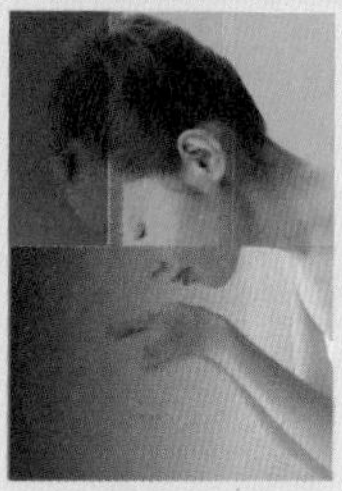	正片叠底：将当前对象和底层对象中的深色相互混合，结果色通常比原来的颜色深	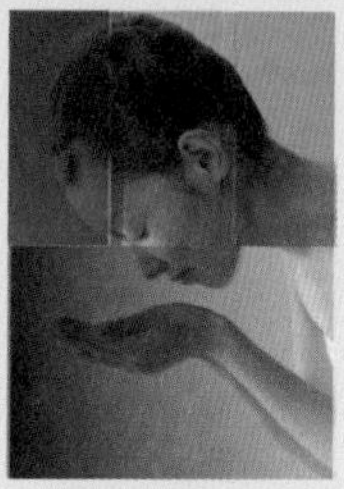	颜色加深：对比底层对象与当前对象的颜色，使用低的明度显示	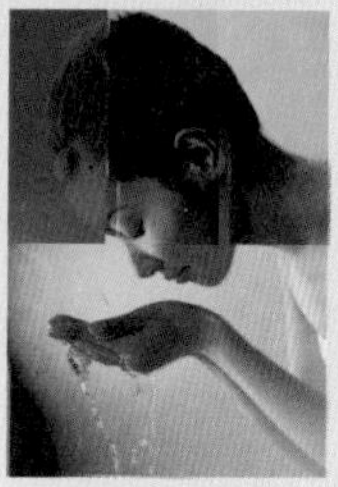
变亮：对比底层对象和当前对象的颜色，使用较亮的颜色作为结果色，比当前对象暗的颜色被取代，亮的颜色保持不变		滤色：当前对象与底层对象的明亮颜色相互融合，效果通常比原来的颜色亮	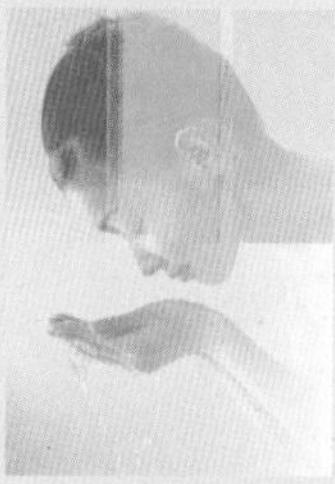	颜色减淡：在底层对象与当前对象中选择明度高的颜色来显示混合效果	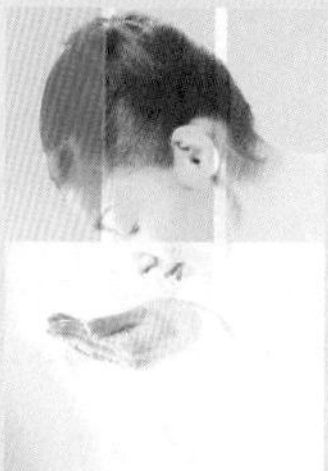
叠加：以混合色显示对象，并保持底层对象的明暗对比		柔光：当混合色大于50%灰度时，对象变亮；小于50%灰度时，对象变暗		强光：与柔光模式相反，当混合色大于50%灰度时对象变暗；小于50%灰度时对象变亮	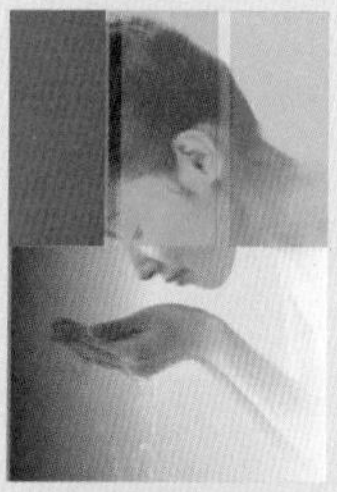
差值：以混合色中较亮颜色的亮度减去较暗颜色的亮度，如果当前对象为白色，可以使底层颜色反相，与黑色混合时保持不变	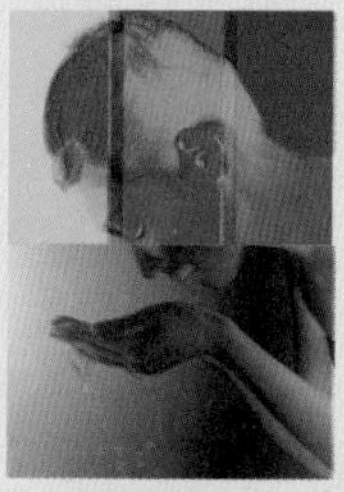	排除：与差值的混合方式相同，只是产生的效果比差值模式柔和		色相：混合后的亮度和饱和度由底层对象决定，色相由当前对象决定	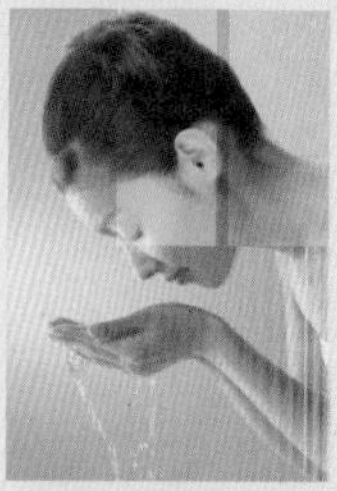
饱和度：混合后的亮度和色相由底层对象决定，饱和度由当前对象决定		混色：混合后的亮度由底层对象决定，色相和饱和度由当前对象决定	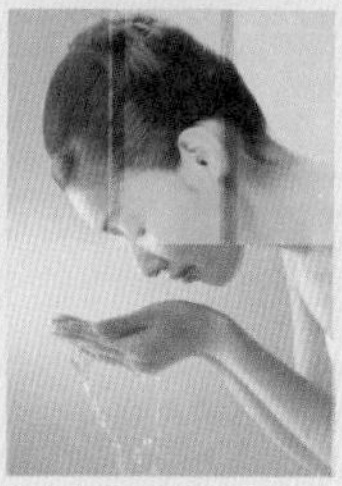	明度：混合后的色相和饱和度由底层对象决定，亮度由当前对象决定	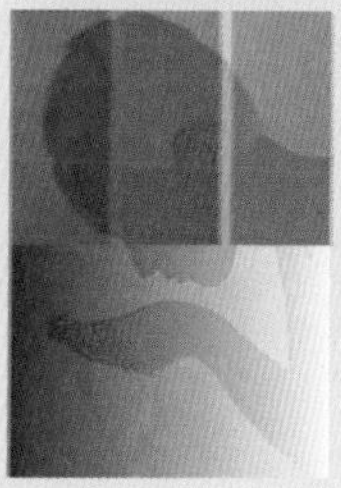

9.4.2　调整不透明度

在默认情况下，对象的不透明度为100%，如图9-93所示。将对象选择后，在"不透明度"文本框中输入数值，或单击 ▼ 按钮在打开的下拉列表中选择参数，即可使其呈现透明效果，如图9-94、图9-95所示。

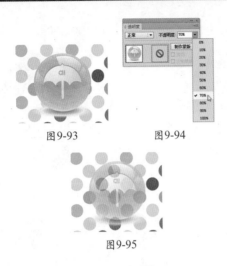

图9-93　　　　　　　图9-94

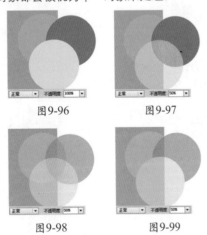

图9-95

9.4.3　调整编组对象的不透明度

调整编组对象的不透明度时，会因选择方式的不同而有所区别。例如，图9-96所示的3个圆形为一个编组对象，此时它的不透明度为100%。如图9-97所示为单独选择黄色圆形并设置它的不透明度为50%的效果。如图9-98所示为使用编组选择工具 分别选择每一个图形，再单独设置其不透明度为50%的效果，此时所选对象重叠区域的透明度将相对于其他对象改变，同时会显示出累积的不透明度。如图9-99所示为使用选择工具 选择组对象，然后设置它的不透明度为50%的效果，此时组中的所有对象都会被视为单一对象来处理。

图9-96　　　　　　　图9-97

图9-98　　　　　　　图9-99

只有位于图层或组外面的对象及其下方的对象可以通过透明对象显示出来。如果将某个对象移入此图层或组，它就会具有此图层或组的不透明度。而如果将某一对象从图层或组中移出，则其不透明度设置也将被去掉，不再保留。

9.4.4　调整填色和描边的不透明度

选择一个对象，如图9-100所示。在默认情况下，调整对象的不透明度时，它的填色和描边的不透明度将同时被修改，如图9-101、图9-102所示。

图9-100 　　　图9-101　　　图9-102

如果只调整填充内容的不透明度，可以在"外观"面板中选择"填色"，然后在"透明度"面板中调整，这时描边的不透明度不会改变，如图9-103所示。如果只调整描边的不透明度，则选择"描边"选项，然后再进行调整，如图9-104所示。

图9-103　　　　　　　图9-104

9.4.5　调整填色和描边的混合模式

如果要单独调整填色或描边的混合模式，可以选择对象，在"外观"面板中选择"填色"或"描边"属性，然后在"透明度"面板中修改混合模式。例如，图9-105所示为原图形效果，如图9-106所示为只修改填色混合模式的效果，如图9-107所示为只修改描边的混合模式的效果。

　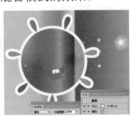

图9-105　　　　　　　图9-106

图9-107

9.4.6 调整图层的不透明度和混合模式

图层也可以设置不透明度和混合模式属性。操作方法是，在"图层"面板中单击图层右侧的圆形图标 ，将图层选中，如图9-108所示，然后在"透明度"面板中为它设置不透明度和混合模式，如图9-109、图9-110所示。为图层设置不透明度或混合模式后，在该图层中创建的所有图形或图像都会使用这些属性。

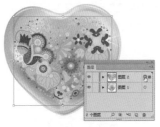

图9-108

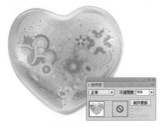

图9-109

图9-110

9.5 精通蒙版：人在画外

01 打开光盘中的素材文件，如图9-111所示。使用钢笔工具 ✍ 沿人像的轮廓绘制闭合式路径，如图9-112所示。下面使用该路径限定人像的显示范围。

02 使用选择工具 ▶ 选取人像和绘制的路径，如图9-113所示，执行"对象>剪切蒙版>建立"命令，创建剪切蒙版，如图9-114、图9-115所示。

图9-111

图9-112

图9-113

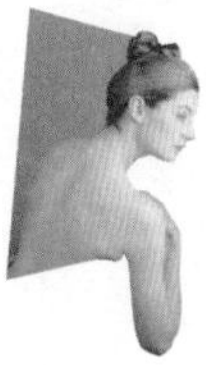

图9-114

图9-115

03 使用选择工具 ▶ 将对象拖动到另一个画板中，这里有一个现成的画框，如图9-116所示。如果图像的边缘与画框不一致，可以使用直接选择工具 ▶ 选择边缘的锚点，将它们对齐到画框上。选择"图层1"，如图

9-117所示，用钢笔工具 ✍ 绘制一个图形作为投影，如图9-118所示。

图9-116

图9-117

图9-118

04 执行"效果>风格化>羽化"命令，对图形进行羽化，使它的边缘变得模糊，如图9-119、图9-120所示。

图9-119

图9-120

提示：

本实例介绍的是使用同一个图层上的对象创建剪切蒙版，要点是将剪贴路径放在需要被隐藏对象的上面。如果是使用位于不同图层上的图形制作剪切蒙版，则应将剪贴路径所在的图层调整到被遮盖对象的上层。

9.6 精通蒙版：趣味照片

01 打开光盘中的素材文件，如图9-121所示。执行"文件>置入"命令，打开"置入"对话框，选择光盘中的PSD格式素材图片，取消"链接"选项的勾选，如图9-122所示，单击"置入"按钮，然后在画板中单击，将图片嵌入文档中，如图9-123所示。

图9-121

图9-122

图9-123

02 单击"图层"面板底部的 按钮，新建一个图层，如图9-124所示。使用钢笔工具 沿卡片的边缘绘制一个闭合式路径，如图9-125所示。这个卡片图形在后面的操作中会用来制作剪切蒙版。

图9-124

图9-125

03 使用选择工具 在小狗图像上单击，将其选取，如图9-126所示，按下Ctrl+C快捷键复制。单击"图层2"，如图9-127所示，执行"编辑>就地粘贴"命令，将复制的图像粘贴到该图层中，如图9-128所示。

图9-126

图9-127　　　　　　　图9-128

04 执行"效果>艺术效果>海报边缘"命令，对图像进行海报化处理，如图9-129、图9-130所示。

图9-129　　　　　　　图9-130

05 在"透明度"面板中设置混合模式为"明度"，如图9-131、图9-132所示。

图9-131　　　　　　　图9-132

06 保持图像的选取状态，按下Ctrl+[快捷键将其调整到路径层（卡片图形）的下方，如图9-133所示。单击"图层"面板底部的 按钮，建立剪切蒙版，将卡片以外的图像隐藏，如图9-134、图9-135所示。

图9-133　　　　图9-134

图9-135

9.7 精通蒙版：奇妙字符画

01 打开光盘中的素材文件，如图9-136所示。使用选择工具 单击图像，将其选择，单击"透明度"面板中的"制作蒙版"按钮，并勾选"剪切"选项，建立不透明度蒙版。单击蒙版缩览图，如图9-137所示，进入蒙版编辑状态。

图9-136　　　　图9-137

02 选择文字工具 T ，在画板单击并向右下方拖动鼠标，拖出一个与小猫图像大小相同的文本框，然后输入文字，设置文字颜色为白色，大小为14pt，如图9-138所示。文字内容可自定，大概输入五行即可。

图9-138

03 在文本中双击，将文本全部选取，按下Ctrl+C快捷键复制，在最后一个文字后面单击设置插入点，按下Ctrl+V快捷键粘贴文本，重复粘贴，直到文本布满画面，如图9-139所示。单击对象缩览图，结束蒙版的

编辑，如图9-140所示。

图9-139　　　　图9-140

04 单击"图层1"前面的 按钮，展开图层列表，将"图像"图层拖动到面板底部的 按钮上进行两次复制，如图9-141、图9-142所示。通过多张图像的重叠，使字符效果更加清晰，如图9-143所示。

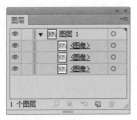

图9-141　　　　图9-142

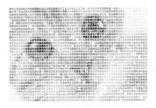

图9-143

第10章

绘画达人：画笔与符号

10.1　画笔

画笔可以为路径描边，添加复杂的图案和纹理，也可以使其呈现传统的毛笔绘画效果。

10.1.1　画笔面板

"画笔"面板中保存了预设的画笔样式，可以为路径添加不同风格的外观。选择一个图形，如图10-1所示，单击"画笔"面板中的一个画笔，即可对其应用画笔描边，如图10-2、图10-3所示。

图10-1

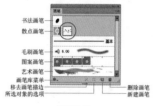
图10-2

图10-3

● 画笔类型：画笔分为5种类型，分别是书法画笔、散点画笔、毛刷画笔、图案画笔和艺术画笔，如图10-4所示。书法画笔可以创建类似于使用书法钢笔带拐角的尖绘制的描边；散点画笔可以将一个对象（如一只瓢虫或一片树叶）沿着路径分布；毛刷画笔可以创建具有自然笔触的描边；图案画笔可以将图案沿路径重复拼贴；艺术画笔可以沿着路径的长度均匀拉伸画笔形状（如粗炭笔）或对象形状。

书法画笔　散点画笔　毛刷画笔　图案画笔　艺术画笔
图10-4

● 画笔库菜单：单击该按钮，可以在下拉菜单中选择系统预设的画笔库。

● 移去画笔描边：选择一个对象，单击该按钮可删除应用于对象的画笔描边。

● 所选对象的选项：单击该按钮可以打开"画笔选项"对话框。

● 新建画笔：单击该按钮，可以打开"新建画笔"对话框，选择新建画笔类型，可创建新的画笔。如果将面板中的一个画笔拖至该按钮上，则可复制画笔。

● 删除画笔：选择面板中的画笔后，单击该按钮可将其删除。

技术看板：图案画笔与散点画笔的区别

图案画笔和散点画笔通常可以达到同样的效果。它们之间的区别在于，图案画笔会完全依循路径，散点画笔则会沿路径散布开来。此外，在曲线路径上，图案画笔的箭头会沿曲线弯曲，散点画笔的箭头会保持直线方向。

图案画笔　散点画笔　图案画笔　散点画笔

10.1.2　实战：为图形添加画笔描边

在Illustrator中，可以将画笔描边应用于任何绘图工具或形状工具创建的线条，如钢笔工具和铅笔工具绘制的路径，矩形和弧形等工具创建的图形。

01 打开光盘中的素材文件，如图10-5所示。使用选择工具选择椭圆，为它添加蓝色描边，如图10-6所示。

图10-5

图10-6

02 单击"画笔"面板中的一个画笔，为椭圆添加画笔描边，如图10-7、图10-8所示。如果单击其他画笔，则新画笔会替换旧画笔，如图10-9所示。

图10-7

图10-8

图10-9

技术看板：设置"画笔"面板的显示方式

在默认情况下，"画笔"面板中的画笔以列表视图的形式显示，即显示画笔的缩览图，不显示名称，只有将光标放在一个画笔样本上，才能显示它的名称。如果选择面板菜单中的"列表视图"选项，则可同时显示画笔的名称和缩览图，并以图标的形式显示画笔的类型。此外，也可以选择面板菜单中一个选项，单独显示某一类型的画笔。

提示：

使用"对象>扩展外观"命令可以将画笔描边转换为轮廓。

查看画笔名称

以列表视图显示

单独显示毛刷画笔

10.1.3 实战：使用画笔工具绘制水粉画

画笔工具 ✎ 可以在绘制路径的同时对路径应用画笔描边，创建各种艺术线条和图案。

01 执行"窗口>画笔库>艺术效果>艺术效果_粉笔炭笔铅笔"命令，打开该画笔库。选择如图10-10所示的画笔，使用画笔工具 ✎ 勾勒出船的外形，如图10-11所示。如果绘制不准确，可以用锚点编辑工具修改路径的形状。

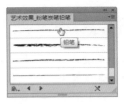
图10-10

图10-11

02 选择"铅笔-钝头"画笔，如图10-12所示，使用画笔工具 ✎ 绘制船身，并修改描边颜色，如图10-13所示。

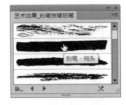

图10-12

图10-13

03 使用"粉笔-涂抹"画笔绘制出木纹效果，如图10-14、图10-15所示。

04 使用"粉笔-圆头"画笔继续绘制，增加笔触的变化效果，如图10-16、图10-17所示。

05 使用不同的画笔样本进行绘制，如图10-18、

图10-19所示。即使使用同一种画笔样本绘制线条，描边粗细不同，也会产生不同的笔触，因此，可适当调整描边的宽度，使笔触效果产生更加丰富的变化。

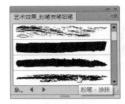

图10-14

图10-15

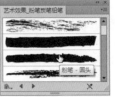
图10-16

图10-17

图10-18

图10-19

06 绘制水面线条，如图10-20所示，描边使用较深的颜色，如图10-21所示。

图10-20

图10-21

07 执行"窗口>画笔库>艺术效果>艺术效果_水彩"命令，打开该画笔库。使用"水彩描边3"画笔绘制远山，该画笔能产生淡淡的透明效果，如图10-22、图10-23所示。图10-24所示为最终效果。

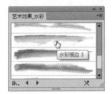

图10-22

图10-23　　　　　　图10-24

画笔工具选项

双击画笔工具 ✎，可以打开"画笔工具选项"对话框设置画笔工具的各项参数，如图10-25所示。

图10-25

- 保真度：用来设置必须将鼠标移动多大距离，Illustrator 才会向路径添加新锚点，该值越高，路径越平滑。
- 填充新画笔描边：选择该选项后，可以在路径区域内填充颜色，包括开放式路径形成的区域，如图10-26所示。取消选择时，无填色，如图10-27所示。

图10-26　　　　　　图10-27

- 保持选定：选择该选项，绘制出一条路径

后，路径自动处于选择状态。

- 编辑所选路径：选择该选项，可以使用画笔工具对当前选择的路径进行修改。
- 范围：用来确定鼠标与现有路径在多大距离之内，才能使用画笔工具编辑路径。

10.1.4　实战：使用斑点画笔工具

斑点画笔工具 ✎ 可以绘制用颜色或图案进行填充的、无描边的形状。该工具的特别之处是绘制的图形能与具有相同颜色（无描边）的其他形状进行交叉与合并。

01 打开光盘中的素材文件，如图10-28所示。选择斑点画笔工具 ✎，将填充颜色设置为白色，如图10-29所示。

图10-28　　　　　　图10-29

02 在便签上单击并拖动鼠标，涂抹出一个心形，如图10-30所示。将心形内部用白色填满，如图10-31所示。涂抹的过程中可以放开鼠标按键，多次绘制，这些线条只要重合，就会自动合并为一个图形，如图10-32所示。

图10-30　　　图10-31　　　图10-32

10.1.5　使用画笔库

画笔库是Illustrator提供的各种预设画笔文件。单击"画笔"面板中的画笔库按钮 ▥▾，或执行"窗口>画笔库"命令，在打开的下拉菜单中可以选择画笔库，如图10-33所示。选择一个画笔库后，可以打开单独的面板。如图10-34所示为"装饰_散布"画笔库，单击或使用画笔库中的画笔时，它们会自动添加到"画笔"面板中。

图10-33

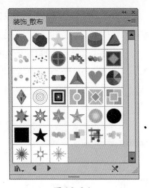

图10-34

除了预设的画笔库外，还可以创建自定义的画笔库。操作方法是，将所需的画笔添加到"画笔"面板中，并删除不需要的画笔，然后执行"画笔"面板菜单中的"存储画笔库"命令进行保存。需要使用该画笔库时，可以执行"窗口>画笔库>其他库"命令，在打开的对话框中选择保存的画笔库，将其打开。

10.2 创建与修改画笔

如果Illustrator提供的画笔不能完全满足需要，可以创建自定义的画笔。创建散点画笔、艺术画笔和图案画笔前，必须先创建要使用的图形，并且该图形不能包含渐变、混合、画笔描边、网格、位图图像、图表、置入的文件和蒙版。

10.2.1 设定画笔类型

新建画笔前需要先设定画笔的类型。单击"画笔"面板中的新建画笔按钮 ，打开"新建画笔"对话框，如图10-35所示，选择一个画笔类型，单击"确定"按钮，即可打开相应的画笔选项对话框，在对话框中便可以进行画笔的具体设定。

图10-35

10.2.2 创建书法画笔

在"新建画笔"对话框中选择"书法画笔"选项，打开图10-36所示的对话框，可以创建书法类型的画笔。

- 名称：可输入画笔的名称。
- 画笔形状编辑器：单击并拖动窗口中的箭头可以调整画笔的角度，如图10-37所示，单

击并拖动黑色的圆形调杆可以调整画笔的圆度，如图10-38所示。

图10-36

图10-37

图10-38

- 画笔效果预览窗：用来观察画笔的调整结果。如果将画笔的角度和圆度的变化方式设置为"随机"，并调整"变量"参数，则画笔效果预览窗将出现3个画笔，如图10-39所示。中间显示的是修改前的画笔，左侧显示的是随机变化最小范围的画笔，右侧显示的是随机变化最大范围的画笔。

图10-39

- 角度/圆度/大小：用来设置画笔的角度、圆度和直径。在这3个选项右侧的下拉列表中包含了"固定"、"随机"和"压力"等选项，它们决定了画笔角度、圆度和直径的变化方式。如果选择除"固定"以外的其他选项，

则"变量"选项可用，通过设置"变量"可以确定变化范围的最大值和最小值。

10.2.3　创建散点画笔

创建散点画笔前，先要制作创建画笔时使用的图形，如图10-40所示。选择该图形，单击"画笔"面板中的新建画笔按钮 🖥，在弹出的对话框中选择"散点画笔"选项，打开如图10-41所示的对话框。

图10-40　　　　　图10-41

- 大小/间距/分布：可以设置散点图形的大小、图形之间的间距，以及图形偏离路径的距离。
- 旋转相对于/旋转：在"旋转相对于"下拉列表中选择一个旋转基准目标，可基于该目标旋转图形。例如，选择"页面"选项，图形会以页面的水平方向为基准旋转，如图10-42所示；选择"路径"选项，则图形会按照路径的走向旋转，如图10-43所示。在"旋转"选项中可以设置图形的旋转角度。

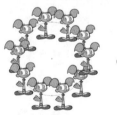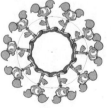

图10-42　　　　　图10-43

- 方法：设定图形的颜色处理方法，包括"无"、"色调"、"淡色和暗色"、"色相转换"。选择"无"，表示画笔绘制的颜色与样本图形的颜色一致；选择"色调"，原画笔中的黑色部分将被工具面板中的描边颜色替换，灰色部分会变为工具面板中描边颜色的淡色，白色部分不变；选择"淡色和暗色"，表示画笔中除了黑色和白色部分保

持不变外，其他部分均使用工具面板中描边颜色不同浓淡的颜色；选择"色相转换"，工具面板中的描边颜色将替换画笔样本图形的主色，画笔中的其他颜色在变化的同时保持彼此之间的色彩关系。该选项可以保证画笔中的黑色、灰色和白色不变。单击提示按钮 💡，在打开的对话框中查看该选项的具体说明，如图10-44所示。

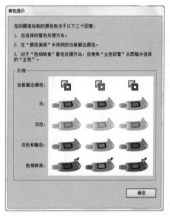

图10-44

- 主色：用来设置图形中最突出的颜色。如果要修改主色，可选择对话框中的 🖋 工具，在右下角的预览框中单击样本图形，将单击点的颜色定义为主色，如图10-45所示。

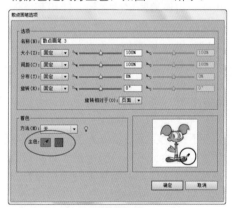

图10-45

10.2.4　创建毛刷画笔

毛刷画笔可以创建具有自然毛刷画笔所画外观的描边。如图10-46所示为使用各种不同毛刷画笔绘制的插图。在"新建画笔"对话框中选择"毛刷画笔"选项，打开如图10-47所示的对话框，可以创建毛刷类画笔。

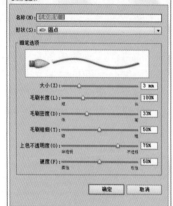

图10-47

图10-46

图10-49

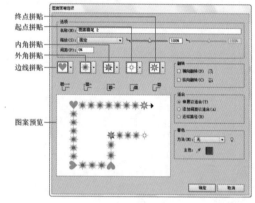

图10-50

- 名称：设置毛刷画笔的名称。
- 形状：可以从10个不同画笔模型中选择形状，这些模型提供了不同的绘制形状和毛刷画笔路径的外观，如图10-48所示。

图10-48

- 大小：可设置画笔的直径。使用画笔时，也可以按下"["和"]"键调整画笔大小。
- 毛刷长度/毛刷密度：毛刷长度是从画笔与笔杆的接触点到毛刷尖的长度。毛刷密度是在毛刷颈部的指定区域中的毛刷数。
- 毛刷粗细：可设置毛刷的粗细，可以从精细到粗糙（从1%到100%）。
- 上色不透明度：可设置所使用画笔的不透明度。
- 硬度：可设置毛刷的坚硬度。如果设置较低的毛刷硬度值，毛刷会很轻便；设置较高值时，会变得更加坚硬。

10.2.5 创建图案画笔

图案画笔的创建方法与前面几种画笔有所不同，由于要用到图案，因此，在创建画笔前，先要创建图案，并将其保存在"色板"面板中，如图10-49所示，然后单击"画笔"面板中的新建画笔按钮，在弹出的对话框中选择"图案画笔"选项，打开如图10-50所示的对话框。

- 设定拼贴：单击拼贴选项右侧的按钮，打开下拉列表可以选择图案，如图10-51、图10-52所示。
- 缩放：设置图案样本相对于原始图形的缩放程度。
- 间距：设置图案之间的间隔距离。
- "翻转"选项组：控制路径中图案画笔的方向。选择"横向翻转"选项，图案沿路径的水平方向翻转；选择"纵向翻转"选项，图案沿路径的垂直方向翻转。

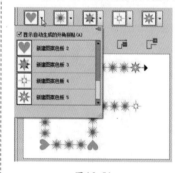

图10-51

图10-52

- "适合"选项组：调整图案与路径长度的匹配程度。选择"伸展以适合"选项，可拉长或缩短图案以适合路径的长度，如图10-53所示；选择"添加间距以适合"选项，可在图案之间增加间距，使其适合路径的长度，图案保持不变形，如图10-54所示；选择"近似路径"选项，可在保持图案形状的同时，使其接近路径的中间部分，该选项仅用于矩形路径，如图10-55所示。

图10-53 　　　　图10-54 　　　　图10-55

- "着色"选项组：设置图案的颜色处理方法，设置方法与散点画笔相同。

10.2.6　创建艺术画笔

创建艺术画笔前，先要创建作为画笔使用的图形，并且图形中不能包含文字。如图10-56所示为一个图形对象，将它选择，单击"画笔"面板中的新建画笔按钮 🖵 ，在弹出的对话框中选择"艺术画笔"选项，打开图10-57所示的对话框。该对话框中的选项与其他画笔选项基本相同，特别之处就是可通过单击"方向"选项中的箭头来调整图形与路径之间的对应关系，箭头方向代表了路径的结束方向。

图10-56　　　　　　　图10-57

10.2.7　实战：缩放画笔描边

01 打开光盘中的素材文件。选择添加了画笔描边的对象，如图10-58所示，双击比例缩放工具 ，在打开的对话框中设置缩放参数并勾选"比例缩放描边和效果"选项，同时缩放对象和描边，如图10-59、图10-60所示。如果取消该选项的选择，则仅缩放对象，描边比例保持不变，如图10-61所示。

02 按Ctrl+Z快捷键撤销缩放操作。再来看一下，自由缩放会产生怎样的效果。使用选择工具 选择对象，拖动定界框上的控制点缩放图形，此时描边的比例保持不变，如图10-62所示。

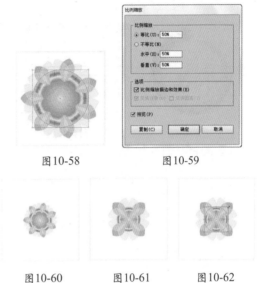

图10-58　　　　　　　图10-59

图10-60　　　　图10-61　　　　图10-62

03 如果想要单独缩放描边，不影响对象，可在选择对象后，单击"画笔"面板中所选对象的选项按钮 ，在打开的对话框中设置缩放比例，如图10-63、图10-64所示。

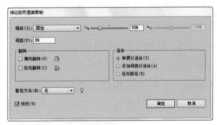

图10-63

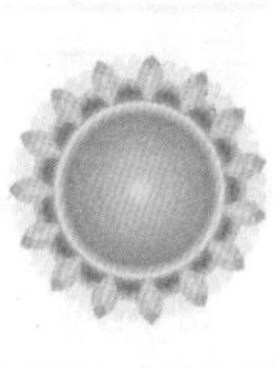

图10-64

10.2.8　实战：修改画笔

使用预设的画笔或自定义的画笔时，如果要修改画笔的某些选项，可以双击"画笔"面板中的画笔，在打开的对话框中修改参数，然后单击"确定"按钮即可。

01 打开光盘中的素材文件，如图10-65所示。圆形应用了"艺术画笔1"，打开"画笔"面板，双击该画笔，如图10-66所示，打开该画笔的选项对话框。

 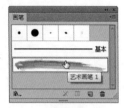

图10-65　　　　　图10-66

02 修改画笔参数，如图10-67所示。单击"确定"按钮关闭对话框，此时会弹出一个提示，如图10-68所示。

图10-67

图10-68

03 单击"应用于描边"按钮，可更改画笔描边，图形上使用的画笔描边也会同时修改，如图10-69所示。单击"保留描边"按钮，可以保留既有描边不变，而将修改的画笔以新样本方式保存在"画笔"面板中，如图10-70所示。

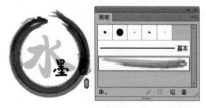

图10-69

图10-70

10.2.9　实战：更新画笔

01 打开光盘中的素材文件，如图10-71所示。将光标放在"画笔"面板中的画笔样本上，如图10-72所示，单击并将其拖动到画板中，如图10-73所示。

图10-71　　　　图10-72　　　　图10-73

02 保持该图形的选取状态。执行"编辑>编辑颜色>重新着色图稿"命令，打开"重新着色图稿"对话框，单击"明亮"颜色组，如图10-74所示，用该颜色组修改图形的颜色，单击"确定"按钮关闭对话框，如图10-75所示。

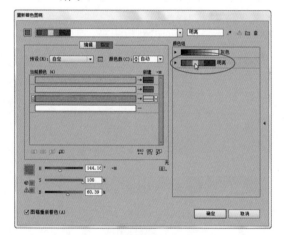

图10-74

图10-75

03 按住Alt键将修改后的画笔图形拖回到"画笔"面板中的原始画笔上，如图10-76所示，弹出一个提示，单击"应用于描边"按钮确认修改，如图10-77所示。

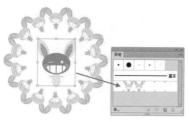

图10-76

图10-77

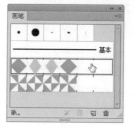

图10-81　　　　　　　　图10-82

图10-83

03 单击"扩展描边"按钮，可以删除面板中的画笔，应用到对象上的画笔会扩展为图形，如图10-84所示；单击"删除描边"按钮，则面板中的画笔和对象上应用的描边都会被删除，对象将使用工具面板中的描边设置，如图10-85所示。

10.2.10　实战：移去和删除画笔描边

01 打开光盘中的素材文件。选择应用了画笔描边的图形，如图10-78所示，单击"画笔"面板中的移去画笔描边按钮 ✕，删除它的画笔描边，如图10-79、图10-80所示。

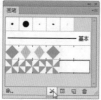

图10-78　　　　图10-79　　　　图10-80

02 如果要删除"画笔"面板中的画笔，可以将其选择，如图10-81所示，然后单击删除画笔按钮 🗑。如果文档中的图形使用了该画笔，如图10-82所示，则会弹出一个对话框，如图10-83所示。

图10-84　　　　　　　图10-85

提示：

如果要删除当前文档中所有没有使用的画笔，可执行"画笔"面板菜单中的"选择所有未使用的画笔"命令，选择这些画笔，再单击"画笔"面板中的删除画笔按钮 🗑。

10.3　符号

在平面设计工作中，经常要绘制大量重复的对象，如花草、地图上的标记等。Illustrator为这样的任务提供了一项简便的功能，就是符号。将一个对象定义为符号后，可以通过符号工具生成大量相同的对象（它们称为符号实例）。所有的符号实例都与"符号"面板中的符号样本链接，当修改符号样本时，实例就会自动更新，使用符号不仅可以节省绘图时间，还能够显著地减少文件占用的存储空间。

10.3.1　符号面板

打开一个文件，如图10-86所示。这幅插画中用到了十几种符号。如图10-87所示为它的"符号"面板。在面板中可以创建、编辑和管理符号。

图10-86　　　　　　　图10-87

图10-88

 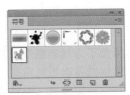

图10-89　　　　　　　图10-90

- 类型：包含"影片剪辑"和"图形"两个选项。影片剪辑在 Flash 和 Illustrator 中是默认的符号类型。
- 启用9格切片缩放的参考线：如果要在 Flash 中使用9格切片缩放，可勾选该选项。
- 对齐像素网格：勾选该选项，可以对符号应用像素对齐属性。

- 符号库菜单 ：单击该按钮，可以打开下拉菜单选择一个预设的符号库。
- 置入符号实例 ：选择面板中的一个符号，单击该按钮，即可在画板中创建该符号的一个实例。
- 断开符号链接 ：选择画板中的符号实例，单击该按钮，可以断开它与面板中符号样本的链接，该符号实例便成为可单独编辑的对象。
- 符号选项 ：单击该按钮，可以打开"符号选项"对话框。
- 新建符号 ：选择画板中的一个对象，单击该按钮，可将其定义为符号。
- 删除符号 ：选择面板中的符号样本，单击该按钮可将其删除。

提示：

直接将对象拖动到"符号"面板中也可以创建为符号。如果不想在创建符号时打开"新建符号"对话框，可按住Alt键单击 按钮。

10.3.3　使用符号库

Illustrator提供了各种类型的符号库。单击"符号"面板中的符号库菜单按钮 ，或执行"窗口>符号库"命令，在打开的下拉菜单中可以选择一个符号库将其打开，如图10-91所示，所选符号库会出现在一个单独的面板中，如图10-92所示。

10.3.2　将对象定义为符号

图形、复合路径、文本、位图图像、网格对象或是包含以上对象的编组对象都可以定义为符号。选择要创建为符号的对象，如图10-88所示，单击"符号"面板中的新建符号按钮 ，打开"符号"选项对话框，如图10-89所示，输入名称，单击"确定"按钮即可将其定义为符号，如图10-90所示。默认情况下，选定对象会变为新符号的实例。如果不希望它变为实例，可按住Shift键单击 按钮来创建符号。

 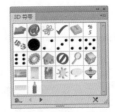

图10-91　　　　　　　图10-92

除了可以使用预设的符号库外，还可以创建自定义的符号库。方法是先将符号库中所需的符号添加到"符号"面板中，再执行"符号"面板菜单中的"存储符号库"命令即可。自定义的符号库的打开和使用方法与Illustrator符号库相同。

技术看板：花朵高跟鞋

Illustrator符号中的图形非常丰富，是实现创意的好素材，只要充分加以利用，可为作品增添色彩。例如，下图中美丽的高跟鞋便使用了"花朵"、"自然"和"庆祝"等符号库中的符号图形，只是对符号的密度进行了简单的修改，便制作出一个个独特的高跟鞋。

10.4 创建与编辑符号

Illustrator的工具面板中包含8种符号工具。其中，符号喷枪工具 用于创建符号实例，其他工具用于编辑符号实例。符号可进行移动、缩放和旋转等操作，也可以着色、调整不透明度或添加图形样式。

10.4.1 实战：使用符号喷枪工具创建符号

01 打开光盘中的素材文件，如图10-93所示。在"符号"面板中选择图10-94所示的符号。

图10-93 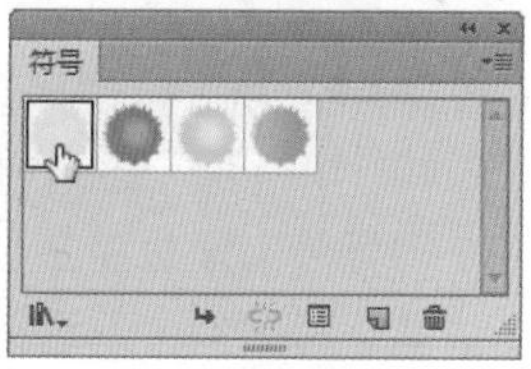　　　　　图10-94

02 选择符号喷枪工具 ，在画板中单击一次鼠标，可以创建一个符号，如图10-95所示；如果按住鼠标的左键不放，则符号会以鼠标的单击点为中心向外扩散，如图10-96所示；拖动鼠标，符号会沿着鼠标的运行轨迹分布，如图10-97所示。

03 保持符号组的选取状态。在"符号"面板中选择其他符号，用符号喷枪工具 添加新的符号实例，如图10-98～图10-101所示。

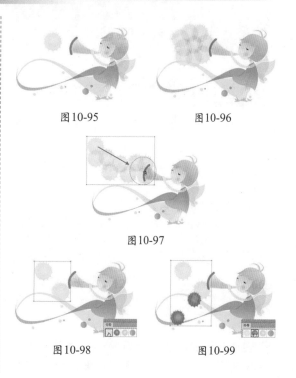

图10-95　　　　　图10-96

图10-97

图10-98　　　　　图10-99

图10-100　　　　　　　图10-101

04 如果要删除符号，可在符号组的选取状态下，在"符号"面板中选择要编辑的符号对应的样本，然后选择符号喷枪工具 ，将光标放在要删除的符号上，如图10-102所示，按住Alt键单击或单击并拖动鼠标即可删除符号，如图10-103所示。

图10-102　　　　　　　图10-103

技术看板：符号编辑要点

使用符号喷枪工具 创建的一组符号实例称为符号组。一个符号组中可以出现不同的符号。如果要编辑组中的符号，则首先要选择符号组，然后在"符号"面板中选择要编辑的符号所对应的符号样本。处理符号组时，符号工具仅影响"符号"面板中选择的符号。如果要同时编辑符号组中的多种实例或所有实例，可先按住Ctrl键单击"符号"面板中多个样本，将它们同时选择，再进行处理。

10.4.2　实战：移动、旋转和堆叠符号

01 打开光盘中的素材文件，用选择工具 选择符号组，如图10-104所示。在"符号"面板中选择符号样本，使用符号位移器工具 在符号上单击并拖动鼠标可以移动符号，如图10-105所示。

图10-104　　　　　　　图10-105

02 按住Shift键单击一个符号，可将其调整到其他符号的上面，如图10-106所示；按住

Shift+Alt键单击一个符号，可将其调整到其他符号的下面，如图10-107所示。

图10-106　　　　　　　图10-107

03 使用符号旋转器工具 在符号上单击或拖动鼠标可以旋转符号。旋转时，符号上会出现一个带有箭头的方向标识，通过它可以观察符号的旋转方向和旋转角度，如图10-108、图10-109所示。

图10-108　　　　　　　图10-109

提示：

使用任意符号工具时，按下键盘中的"]"键和"["键，可增加和减小工具的直径。

10.4.3　实战：调整符号的密度和大小

01 打开光盘中的素材文件，选择符号组，如图10-110所示。这个符号组中包含3种符号，在"符号"面板中按住Shift键单击这3种符号样本，将它们全部选择，如图10-111所示。

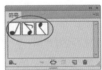

图10-110　　　　　　　图10-111

02 使用符号紧缩器工具 在符号上单击或移动鼠标，可以聚拢符号，如图10-112所示；按住Alt键操作，可以使符号扩散开，如图10-113所示。

图10-112　　　　　图10-113

03 使用符号缩放器工具 🔧 在符号上单击可以
放大符号，如图10-114所示；按住Alt键单击

则缩小符号，如图10-115所示。

图10-114　　　　　图10-115

10.4.4　实战：调整符号的颜色和透明度

01 打开光盘中的素材文件，选择符号组，如图
10-116所示。这个符号组中只包括一种符号，
当选择符号组时，在"符号"面板中它所对
应的符号样本为选取状态，如图10-117所示。

图10-116　　　　　图10-117

02 在"色板"或"颜色"面板中设置一种填充
颜色，如图10-118所示。选择符号着色器工
具 🔧，在符号上单击，可以为其着色，如
图10-119所示。连续单击，可增加颜色的浓
度，如图10-120所示。按住Alt键单击符号可
以还原颜色。

03 如果要调整符号的不透明度，可以选择符号
滤色器工具 🔧，在符号上单击即可使其呈
现透明效果，如图10-121所示。按住Alt键单
击可还原符号的不透明度。

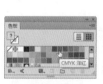

图10-118　　　　　图10-119

图10-120　　　　　图10-121

10.4.5　实战：为符号添加图形样式

01 打开光盘中的素材文件，选择符号组，如图
10-122所示。在"图形样式"面板中选择一
种样式，如图10-123所示，符号组中的所有
符号都会应用该样式，如图10-124所示。

图10-124

图10-122　　　　　图10-123

02 如果只想对符号组中的一种符号应用样式，
可以在选择符号组以后，选择符号样式器
工具 🔧，然后在"图形样式"面板中选择
一种样式，如图10-125所示，单击"符号"
面板中的符号样本，如图10-126所示。使用

185

符号样式器工具 ◎ 在符号上单击或拖动鼠标，即可将所选样式应用到符号中，如图10-127所示。如果要清除符号中添加的样式，可按住Alt键单击。

图10-125　　　　　　　图10-126

图10-127

10.4.6　替换符号

选择画板中的符号实例，如图10-128所示，在"符号"面板中选择另外一个符号样本，如图10-129所示，执行面板菜单中的"替换符号"命令，即可用该符号替换所选符号，如图10-130所示。

图10-128　　　　　　　图10-129

图10-130

10.4.7　重新定义符号

如果符号组中使用了不同的符号，但只想替换其中的一种符号，可通过重新定义符号的方式来进行操作。双击"符号"面板中的符号，如图10-131所示，进入到符号编辑状态，在图像窗口左上角会显示所编辑符号的名称，如图10-132所示，使用编组选择工具 ▷+ 选取小船图形，调整颜色，如图10-133所示，单

击窗口左上角的 ← 按钮，结束符号的编辑状态，返回文档中，所有使用该样本创建的符号实例都会更新，其他符号实例则保持不变，如图10-134所示。

图10-131　　　　　　　图10-132

图10-133　　　　　　　图10-134

提示：

还有一种重新定义符号的方法，即先将符号样本从"符号"面板拖到画板中，单击 ❖ 按钮，断开符号实例与符号样本的链接，此时可以对符号实例进行编辑和修改，修改完成后，执行面板菜单中的"重新定义符号"命令，将它重新定义为符号，同时，文档中所有使用该样本创建的符号实例都会更新。

10.4.8　扩展符号实例

前面介绍了怎样修改"符号"面板中的符号样本，并影响该样本创建的所有符号实例。如果只想单独修改符号实例，而不影响符号样本，则可将实例扩展。

选择符号实例，如图10-135所示，单击"符号"面板中的断开符号链接按钮 ❖，或执行"对象>扩展"命令，扩展符号实例，如图10-136所示，这时就可以单独对它们进行修改，如图10-137所示。

图10-135　　　　　　　图10-136

图10-137

10.5 精通画笔：艺术涂鸦字

01 打开光盘中的素材文件，执行"窗口>画笔库>矢量包>手绘画笔矢量包"命令，打开该画笔库，选择如图10-138所示的画笔。使用画笔工具 ✏ 绘制路径，如图10-139所示。

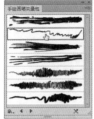 

图10-138　　　　　图10-139

02 在控制面板中设置描边粗细为0.75pt，如图10-140所示。再绘制一个小一点的路径，组成字母"D"，如图10-141所示。

图10-140　　　　　图10-141

03 绘制出其他几个字母，如图10-142所示。在字母上画出缠绕着的线条，设置描边粗细为0.25pt，如图10-143所示。

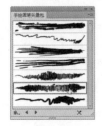 

图10-142　　　　　图10-143

04 选择如图10-144所示的画笔，在字母上面绘制一条路径，如图10-145所示，用该画笔特有的纹理表现质感，如图10-146所示。

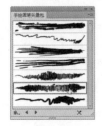 

图10-144　　　　　图10-145

图10-146

05 单击"手绘画笔矢量包"面板底部的 ▶ 按钮，切换到"颓废画笔矢量包"面板，选择如图10-147所示的画笔，将描边颜色设置为浅绿色，绘制出随意的线条，在控制面板中设置描边粗细为3pt，如图10-148所示。

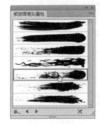 

图10-147　　　　　图10-148

06 绘制如图10-149所示的线条，按Shift+Ctrl+[快捷键将线条移至最底层，放在文字的后面，如图10-150所示。

图10-149　　　　　图10-150

07 在"图层1"前面单击，显示该图层，如图10-151、图10-152所示。

图10-151

图10-152

10.6 精通画笔：来自外星人的新年贺卡

01 使用钢笔工具绘制一个半圆形，如图10-153所示。执行"窗口>画笔库>艺术效果>艺术效果_粉笔炭笔铅笔"命令，打开该画笔库，选择"粉笔-涂抹"画笔，如图10-154所示。设置图形的填充颜色为砖红色，描边粗细为0.1pt，如图10-155所示。

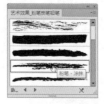

图10-153 　　　　图10-154

图10-155

02 在半圆形头部下面绘制两颗牙齿，使用画笔工具绘制出外星人的身体，半圆形中间绘制一条竖线，如图10-156所示。在头部一左一右绘制两个图形，填充为暖灰色，在右面图形上绘制一条斜线，好像闭着的眼睛，在身上绘制一个口袋图形，如图10-157所示。再绘制出耳朵和四肢，如图10-158所示。

图10-156 　　　 图10-157 　　　 图10-158

> **提示：**
>
> 绘制形象时，免不了要将某个图形移到前面或后面，此时可按下快捷键来完成。按下Ctrl+] 快捷键可上移一层，按下Shift+Ctrl+] 快捷键可移至顶层；反之，按下Ctrl+[快捷键可下移一层，按下Shift+Ctrl+[快捷键可移至底层。

03 绘制一些非常短的路径，无填色，类似缝纫线效果，如图10-159所示。下面为图形添加高光效果，在头顶、鼻子和身体边缘绘制路径，设置描边颜色为浅黄色，宽度为1pt，如图10-160所示，这样做可使色块产生质感，画面也有了粉笔画的笔触效果。

图10-159 　　　　图10-160

> **提示：**
>
> 在绘制图形时，对于外形要求比较精确的图形应使用钢笔工具绘制，而外形比较随意则可使用画笔、铅笔工具来完成，这样绘制的线条不呆板。

04 执行"窗口>画笔库>艺术效果>艺术效果_油墨"命令，在打开的面板中选择"锥形-尖角"画笔，如图10-161所示，就像在用铅笔写字一样拖动鼠标，写下"2013"等文字，如图10-162所示。

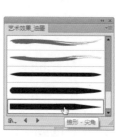

图10-161 　　　　图10-162

05 使用矩形工具绘制一个矩形，填充浅黄色，描边颜色为砖红色，将其置于底层，如图10-163所示。单击"艺术效果_油墨"面板中的"干油墨2"画笔，以该画笔进行描边，如图10-164、图10-165所示。

06 在画面中画些小花朵作为装饰，输入祝福的话语和其他文字，一张可爱、有趣的贺卡就制作完了，如图10-166所示。

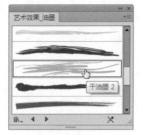

图10-163　　　　　图10-164

图10-165　　　　　图10-166

07 还可以尝试使用其他样式的画笔来表现。比如，选取组成外星人的图形，执行"窗口>画笔库>装饰>典雅的卷曲和花形画笔组"命令，在打开的面板中选择"皇家"画笔，如图10-167所示，将描边宽度设置为0.25pt，得到图10-168所示的效果。

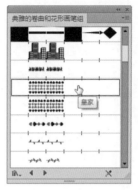

图10-167　　　　　　图10-168

10.7　精通符号：淡雅插画

01 打开光盘中的素材文件，如图10-169所示。

图10-169

02 选择极坐标网格工具，在画板空白处单击，弹出"极坐标网格工具选项"对话框，设置网格大小，勾选"填色网格"选项，如图10-170所示，单击"确定"按钮，创建极坐标网格，如图10-171所示。单击"路径查找器"面板中的分割按钮，将网格图形分割，使用编组选择工具选取图形的每个部分，分别填充绿色、白色和黄色，无描边，如图10-172所示。

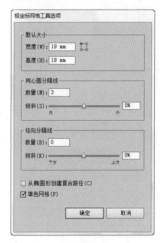

图10-170

图10-171　　　　　图10-172

03 使用选择工具 ▶ 按住Alt键拖动图形进行复制，调整颜色，制作出如图10-173所示的5个图形，分别将它们拖入"符号"面板，定义为符号样本，如图10-174所示。

图10-173　　　　图10-174

04 单击图10-175所示的符号样本，选择符号喷枪工具 🖋，在人物脸部按住鼠标拖动，创建符号组，如图10-176所示。使用符号缩放器工具 🔍 在符号上单击放大符号，按住Alt键单击缩小符号，如图10-177所示。

图10-175

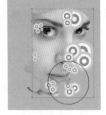

图10-176　　　　图10-177

05 保持符号组的选取状态。选择如图10-178所示的符号样本，在符号组中添加符号，如图10-179所示，调整符号大小，如图10-180所示。

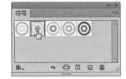

图10-178

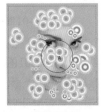
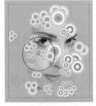

图10-179　　　　图10-180

06 按住Ctrl键单击"符号"面板中应用于画面的两个样本，如图10-181所示，使用符号位移器工具 🔍 在符号上单击并拖动鼠标移动符号，如图10-182所示。继续添加符号，调整大小及位置，如图10-183所示。

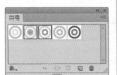

图10-181　　　图10-182　　　图10-183

07 在"透明度"面板中设置混合模式为"混色"，不透明度为60%，如图10-184、图10-185所示。

08 再创建一个符号组，将组内的符号调的小一些，分散排列在面部周围，如图10-186所示。可以直接从"符号"面板中将符号样本拖到画板中，调整大小和位置，制作成图10-187所示的效果。

图10-184

图10-185　　　图10-186　　　图10-187

09 使用文字工具 T 在画面右上角输入文字，如图10-188所示。图10-189所示为调整背景色的效果。

图10-188　　　　图10-189

10.8 精通符号：替换符号

01 打开光盘中的素材文件，如图10-190所示。人物所在的图层处于锁定状态，如图10-191所示。

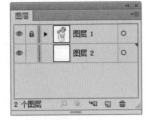

图10-190　　　　　　图10-191

02 单击"符号"面板中的"极坐标图形"符号，如图10-192所示，将其直接拖入画面中，如图10-193所示。

图10-192　　　　　　图10-193

提示：

这个实例没有使用符号工具创建符号，而是直接将符号从面板中拖至画面中，这是因为每一种符号在画面中的数量不多，所以没有创建符号组，而是以每个符号作为一个可单独编辑的对象，使用选择工具 对其位置、大小的调整会更加方便，调整其前后顺序时，按快捷键（Ctrl+]键向前移动、Ctrl+[键向后移动）。

03 将"女生乙"符号拖入画面中，按下Ctrl+[快捷键将其移至"极坐标图形"符号后面，如图10-194、图10-195所示。使用选择工具 按住Alt键拖动符号进行复制，调整前后顺序，如图10-196所示。

图10-194

图10-195　　　　　　图10-196

04 将"符号"面板中的其他符号（除"星星甲"外）拖入画面中，排列在小朋友周围，如图10-197、图10-198所示。

图10-197　　　　　　图10-198

05 单击"图层1"的 图标，解除锁定状态。在"图层1"后面单击，选取小朋友图像，如图10-199所示，拖动 图标到"图层2"，将图像移至"图层2"中，如图10-200所示。

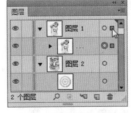
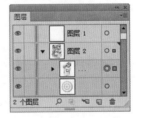

图10-199　　　　　　图10-200

06 选取画面底部的几个符号，如图10-201所示，按Shift+Ctrl+]快捷键移至顶层，如图10-202所示。

07 使用矩形工具 绘制一个黄色的矩形。选择文字工具 T ，在"字符"面板中设置字体及大小，在画面中输入文字，如图10-203、图10-204所示。

图10-201　　　　图10-202

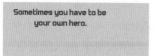

图10-203　　　　图10-204

08 使用直线工具 ✏，按住Shift键创建一条直线。在"描边"面板中勾选"虚线"选项，设置参数如图10-205所示，效果如图10-206所示。

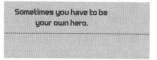

图10-205　　　　图10-206

09 将矩形、文字及虚线选取以后，按Ctrl+G快捷键编组，移动到画面下方。双击旋转工具 ↻，在"旋转"对话框中设置角度为-15°，如图10-207所示。创建一个与画布大小相同的矩形，单击"图层"面板底部的 按钮，创建剪切蒙版，将画板以外的图形隐藏，如图10-208所示。

图10-207　　　　图10-208

10 如果要将画面中的"极坐标图形"符号替换为其他符号，可以先使用选择工具 ▶，按住Shift键选择它们，如图10-209所示，选择"符号"面板中的"星星甲"符号，打开"符号"面板菜单，选择"替换符号"命令，如图10-210、图10-211所示。

图10-209

图10-210

图10-211

第11章

特效达人：效果、外观与图形样式

11.1 Illustrator效果

效果可以修改对象外观，为对象添加特效。例如，可以使对象扭曲、边缘产生羽化、呈现线条状等。添加效果后，可通过"外观"面板对效果进行编辑和修改。

11.1.1 效果概述

Illustrator的"效果"菜单中包含两类效果，如图11-1所示，位于菜单上部的"Illustrator效果"是矢量效果，其中的3D效果、SVG滤镜、变形效果、变换效果、投影、羽化、内发光以及外发光可同时应用于矢量和位图，其他效果只能用于矢量图；位于菜单下部的"Photoshop效果"与Photoshop的滤镜相同，它们可应用于矢量对象和位图。

选择对象后，执行"效果"菜单中的命令，或单击"外观"面板中的 *fx* 按钮，打开下拉列表选择一个命令即可应用效果。应用一个效果后（如使用"扭转"效果），菜单中就会保存该命令，如图11-2所示。执行"效果>应用扭转（效果名称）"命令，可以再次使用该效果，如果要修改效果参数，可以执行"效果>扭转（效果名称）"命令。

图11-1   图11-2

应用一个效果后，如图11-3所示，它会出现在"外观"面板中，如图11-4所示。在该面板中可以编辑、移动、复制、删除效果，也可将其存储为图形样式。

图11-3   图11-4

11.1.2 实战：为图形添加效果

01 打开光盘中的素材文件，如图11-5所示。使用选择工具 选取齿孔图形，如图11-6所示。

图11-5   图11-6

02 执行"效果>风格化>投影"命令，在打开的对话框中设置参数，使邮票产生投影效果，如图11-7、图11-8所示。

图11-7   图11-8

11.1.3 实战：为外观属性添加效果

01 打开光盘中的素材文件，如图11-9所示。打开"外观"面板。

02 使用选择工具 选取对象（文字与图形已经编组），执行"效果>风格化>涂抹"命令，在打开的对话框中设置参数，使图形产生水彩笔涂鸦效果，如图11-10、图11-11所示。在"外观"面板中会显示编组图形所应用的效果，如图11-12所示。

图11-9

图11-10

图11-11　　　　图11-12

11.1.4　SVG滤镜

SVG是将图像描述为形状、路径、文本和滤镜效果的矢量格式，它生成的文件很小，可以在Web、打印甚至资源有限的手持设备上提供较高品质的图像，并且可以任意缩放。SVG滤镜主要用在以SVG效果支持高质量的文字和矢量方式的图像。

执行"效果>SVG 滤镜>应用SVG滤镜"命令，可在打开的对话框中选择滤镜并预览效果。执行"效果>SVG滤镜>导入SVG滤镜"命令，可以导入其他的SVG滤镜。由于一些SVG效果是动态的，所以必须使用浏览器来打开。

11.1.5　变形效果组

"变形"效果组中包括了15种效果，如图11-13所示，它们可以扭曲路径、文本、外观、混合以及位图，创建弧形、拱形和旗帜等变形效果。这些效果与Illustrator预设的封套扭曲的变形样式相同。

图11-13

11.1.6　扭曲和变换效果组

"扭曲和变换"效果组中包含7种效果，如图11-14所示，它们可以改变对象的形状。

图11-14

● 变换：可以调整对象大小，进行移动、旋转、镜像和复制。
● 扭拧：可以随机向内或向外弯曲和扭曲路径段。图11-15所示为"扭拧"对话框，图11-16所示为原图形，图11-17所示为扭拧效果。

图11-15

图11-16　　　　　图11-17

- 扭转：可以沿顺时针或逆时针旋转对象，如图11-18所示。

图11-18

- 收缩和膨胀：可以使对象向内收缩或向外膨胀，如图11-19、图11-20所示。

图11-19　　　　　图11-20

- 波纹效果：可以将对象的路径段转换为同样大小的尖峰和凹谷形成的锯齿和波形数组，如图11-21所示。
- 粗糙化：可以将矢量对象的路径段变形为各种大小的尖峰和凹谷的锯齿数组，如图11-22所示。

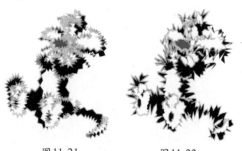

图11-21　　　　　图11-22

- 自由扭曲：图11-23所示为"自由扭曲"对话框，拖动对象4个角的控制点可以改变对象的形状，如图11-24所示。

图11-23

图11-24

11.1.7　栅格化

　　Illustrator提供了两种栅格化矢量图形的方法。第一种方法是使用"对象>栅格化"命令，将矢量对象转换为真正的位图；第二种是用"效果>栅格化"命令处理矢量对象，使其呈现位图的外观，但不会改变对象的矢量结构。

　　例如，图11-25所示为一个矢量图形，"外观"面板中显示了该对象为一个编组的矢量图形，如图11-26所示。使用"对象>栅格化"命令处理它，就会将对象转换为真正的位图，如图11-27所示。而使用"效果"菜单中的"栅格化"命令处理时，"外观"面板中仍保存着该对象的矢量属性，如图11-28所示。

图11-25　　　　　　　　　图11-26

图11-27　　　　　图11-28

选择一个矢量对象，如图11-29所示，执行"效果>栅格化"命令，打开"栅格化"对话框，如图11-30所示。

图11-29

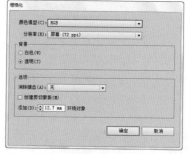

图11-30

- 颜色模型：可以设置在栅格化过程中所用的颜色模型，即生成 RGB 或 CMYK 颜色的图像（取决于文档的颜色模式）、灰度图像或1 位图像（黑白位图或是黑色和透明色，取决于所选的背景选项）。
- 分辨率：可以设置栅格化后图像的分辨率（ppi）。
- 背景：可以设置矢量图形的透明区域如何转换为像素。选择"白色"选项，表示用白色像素填充透明区域，如图11-31所示；选择"透明"选项，则会创建一个 Alpha 通道（适用于除 1 位图像以外的所有图像），如图11-32所示。

图11-31　　　　　图11-32

- 消除锯齿：应用消除锯齿效果可以改善栅格化图像的锯齿边缘外观。
- 创建剪切蒙版：可以创建一个使栅格化图像的背景显示为透明的蒙版。
- 添加环绕对象：可以在栅格化图像的周围添加指定数量的像素。

11.1.8　裁剪标记

打开一个文件，如图11-33所示，执行"效果>裁剪标记"命令，可以在画板上创建裁剪标记，如图11-34所示，它指示了所需的打印纸张剪切位置。需要围绕页面上的几个对象创建标记（例如，打印一张名片），或对齐已导出到其他应用程序的 Illustrator 图稿时，裁剪标记是非常有用的。

图11-33　　　　　图11-34

11.1.9　路径效果组

"路径"效果组中包含3个用于处理路径的命令，如图11-35所示。

图11-35

- 位移路径：可以从对象中位移出新的路径。图11-36所示为"位移路径"对话框，设置"位移"为正值时，向外扩展路径，如图11-37所示；设置为负值时，向内收缩路径，如图11-38所示。"连接"选项用来设置路径拐角处的连接方式，"斜接限制"选项用来设置斜角角度的变化范围。

图11-36

图11-37　　　　　图11-38

- 轮廓化对象：可以将对象创建为轮廓，通常用来处理文字，将文字创建为轮廓后，可以对它的外形进行编辑、使用渐变填充，而文字的内容可以随时修改。
- 轮廓化描边：可以将对象的描边转换为轮廓。与使用"对象>路径>轮廓化描边"命令转换轮廓相比，使用该命令转换的轮廓仍然可以修改描边粗细。

11.1.10　路径查找器效果组

"路径查找器"效果组中包含"相加"、"交集"、"差集"和"相减"等命令，如图11-39所示，它们与"路径查找器"面板创建的效果相同。不同之处在于，路径查找器效果只改变对象的外观，不会造成实质性的破坏，但这些效果只能用于处理组、图层和文本对象，而"路径查找器"面板可用于任何对象、组和图层的组合。

图11-39

提示：

使用"路径查找器"效果组中的命令时，需要先将对象编为一组，否则这些命令不会产生任何作用。

11.1.11　转换为形状效果组

"转换为形状"效果组中包含"矩形"、"圆角矩形"和"椭圆"命令，它们可将图形转换成为矩形、圆角矩形和椭圆形。执行其中的任

何一个命令都可以打开"形状选项"对话框，并且，在转换时，既可以在"绝对"选项中设置数值进行转换，也可以在"相对"选项中设置转换后的对象相对于原对象扩展的宽度和高度。例如，图11-40所示为一个图形对象，图11-41所示为"形状选项"对话框参数，图11-42所示为转换结果。

图11-40　　　　　　　　图11-41

图11-42

11.1.12　风格化效果组

"风格化"效果组中包含6种效果，如图11-43所示，它们可以为图形添加投影、羽化等特效。

图11-43

- 内发光/外发光：可以使对象产生向内和向外的发光，并且可以调整发光颜色。图11-44所示为原图形，图11-45所示为内发光效果，图11-46所示为外发光效果。

图11-44　　　　　　　图11-45

图11-46

- 圆角：可以将对象的角点转换为平滑的曲线，使图形中的尖角变为圆角，如图11-47~图11-49所示。

图11-47   图11-48

图11-49

- 投影：可以为对象添加投影，创建立体效果，如图11-50~图11-52所示。

图11-50   图11-51

图11-52

- 涂抹：可以将图形创建为类似素描的手绘效果。图11-53所示为原图，图11-54所示为"涂抹"对话框，在"设置"下拉列表中可以选择一个预设的涂抹样式，如图11-55所示，效果如图11-56所示。如果要创建自定义的涂抹效果，可以从任意一个预设的涂抹效果开始，然后在此基础上设置其他选项。

图11-53

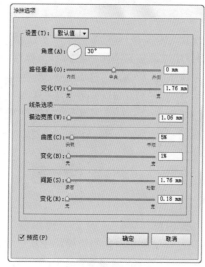

图11-54

图11-55

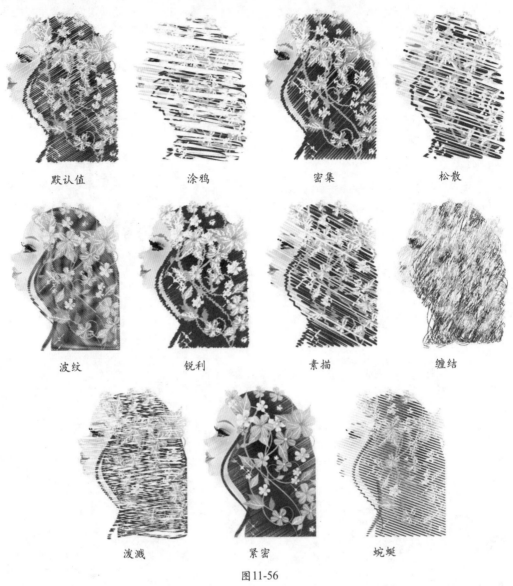

默认值　　　　　涂鸦　　　　　密集　　　　　松散

波纹　　　　　锐利　　　　　素描　　　　　缠结

泼溅　　　　　紧密　　　　　蜿蜒

图11-56

● 羽化：可以柔化对象的边缘，使其边缘逐渐透明，如图11-57～图11-59所示。

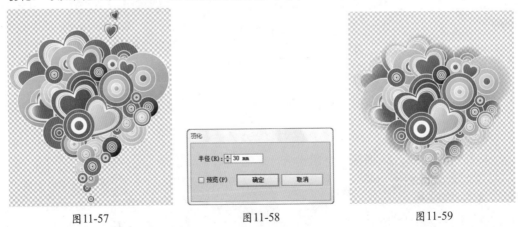

图11-57　　　　　　　　　图11-58　　　　　　　　　图11-59

11.2　Photoshop效果

Photoshop效果是从Photoshop的滤镜中移植过来的，如图11-60所示。它们可以使矢量图形呈现位图般的外观特效，而且这些效果也可以处理位图。

如果要使用Photoshop效果处理对象，首先应选择对象，如图11-61所示，然后在"效果"菜单中选择一个命令，弹出"效果画廊"，有少部分命令也会弹出相应的对话框。效果画廊集成了扭曲、画笔描边、素描、纹理、艺术效果和风格化效果组中的命令。单击一个效果组前面的▶按钮，展开该效果组，单击其中的一个效果即可添加该效果，如图11-62所示，同时，对话框右侧的参数设置区内会显示选项，此时可调整效果参数或修改为其他效果，如图11-63、图11-64所示。单击"效果画廊"中的新建效果图层按钮，可以创建一个效果图层。新建效果图层后，可以添加不同的效果，如果要删除一个效果图层，可以单击它，然后单击删除效果图层按钮。

图11-60　　　　　　　　图11-61

图11-62

图11-63　　　　　　图11-64

提示：

在"效果画廊"或任意效果的对话框中，按住Alt键，"取消"按钮会变成"重置"或者"复位"按钮，单击它可将参数恢复到初始状态。如果在执行效果的过程中想要终止操作，可以按下Esc键。

11.3 外观属性

外观是一组在不改变对象基础结构的前提下，影响对象外观效果的属性，它包括填色、描边、透明度和各种效果。

11.3.1 外观面板

"外观"面板可以保存、修改和删除对象的外观属性。当为对象填色、描边或应用效果时，它们就会按照使用的先后顺序记录到该面板中，图11-65、图11-66所示为3D糖果瓶的外观属性。

图11-65

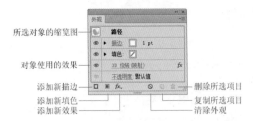

图11-66

- 所选对象缩览图：当前选择对象的缩览图，其右侧的名称标识对象的类型，例如路径、文字、组、位图图像和图层等。
- 描边：显示并可修改对象的描边属性，包括描边颜色、宽度和类型。
- 填色：显示并可修改对象的填充内容。
- 不透明度：显示并可修改对象的不透明度值和混合模式。
- 眼睛图标 👁：单击该图标，可以隐藏或重新显示效果。
- 添加新描边 ▢：单击该按钮，可以为对象增加一个描边属性。
- 添加新填色 ▣：单击该按钮，可以为对象增加一个填色属性。
- 添加新效果 *fx.*：单击该按钮，可在打开的下拉菜单中选择一个效果。

- 清除外观 🚫：单击该按钮，可清除所选对象的外观，使其变为无描边、无填色的状态。
- 复制所选项目 🗐：选择面板中的一个项目后，单击该按钮可以复制该项目。
- 删除所选项目 🗑：选择面板中的一个项目后，单击该按钮可将其删除。

11.3.2 实战：修改基本外观

01 打开光盘中的素材文件，使用选择工具 ▶ 选择圆形，如图11-67所示。"外观"面板中会列出它当前的外观属性，如图11-68所示。

图11-67　　　　　　　图11-68

02 单击基本属性中的任意一项，便可进行修改。先单击"描边"，然后在打开的下拉面板中选择一个图案作为描边使用，如图11-69所示；再单击"填色"，使用图案填充圆形，如图11-70所示。修改外观后的图形效果如图11-71所示。

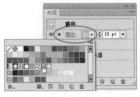 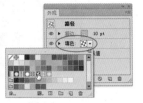

图11-69　　　　　　　图11-70

图11-71

11.3.3　实战：修改效果参数

　　使用"效果"菜单中的命令为对象添加 Illustrator效果后，可随时通过"外观"面板修改效果参数，或删除效果。

01 打开光盘中的素材文件。使用选择工具 选择添加"涂抹"效果的圆形，如图11-72所示。

图11-72

02 双击"外观"面板中的效果名称，如图11-73所示，可在弹出的对话框中重新设置效果参数，如图11-74、图11-75所示。

图11-73　　　　　　　图11-74

图11-75

> **提示：**
>
> 如果要删除一个效果，可在"外观"面板中将它拖动到删除所选项目按钮 上。

　11.3.4　实战：复制外观属性

01 打开光盘中的文件，如图11-76所示。使用编组选择工具 在左侧的标签上单击，选择该图形，如图11-77所示。

图11-76

图11-77

02 将"外观"面板顶部的缩览图拖动到另外一个对象上，即可将所选标签的外观复制给目标对象，如图11-78、图11-79所示。

图11-78

图11-79

03 使用吸管工具 也可以复制外观。先按下 Ctrl+Z快捷键撤销操作，用编组选择工具 选择右侧的绿色标签，如图11-80所示，选择吸管工具 ，在红色标签上单击，即可将它的外观直接复制给所选对象，如图11-81所示。

图11-80

图11-81

默认情况下，使用吸管工具 🖋 复制对象外观属性时，会复制所有属性。如果只想复制部分属性，可以双击吸管工具 🖋，在打开的"吸管选项"对话框中设置。此外，在"栅格取样大小"下拉列表中还可以调整取样区域的大小。

11.3.5 实战：调整外观的堆栈顺序

01 打开光盘中的素材文件，如图11-82所示。使用选择工具 ▶ 选择图形。在"外观"面板中，外观属性按照其应用于对象的先后顺序堆叠排列，这种形式称为堆栈。图中的文字与图形已经编组，并设置了投影与外发光效果，如图11-83所示。

图11-82   图11-83

02 将"投影"效果向下拖放到"外发光"效果下面，调整效果的堆栈顺序，如图11-84所示，这样操作会影响对象的显示效果，如图11-85所示。

图11-84   图11-85

11.3.6 实战：设置图层和组的外观

在Illustrator中，图层和组也可以添加效果，添加之后，只要将对象创建、移动或编入到这一图层或组中，它就会自动拥有与图层或组相同的外观。

01 打开光盘中的素材文件，如图11-86所示。单击图层名称右侧的 ◯ 图标，选择图层（可以是空的图层），如图11-87所示。

图11-86   图11-87

02 执行"效果>风格化>投影"命令，为图层添加"投影"效果，此时该图层中所有的对象都会添加"投影"效果，如图11-88、图11-89所示。

图11-88   图11-89

03 将"图层1"中的图形拖动到"图层2"中，如图11-90所示，该图形便拥有与"图层2"相同的"投影"效果，如图11-91所示。

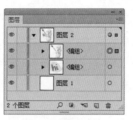

图11-90 图11-91

11.3.7 显示和隐藏外观

选择对象后，在"外观"面板中单击一个属性前面的眼睛图标 👁，即可隐藏该属性，如图11-92、图11-93所示。如果要重新将其显示出来，可在原眼睛图标处单击。

图11-92

图11-93

11.3.8 扩展外观

选择对象，如图11-94所示，执行"对象>扩展外观"命令，可以将它的填色、描边和应用的

效果等外观属性扩展为独立的对象（对象会自动编组），如图11-95所示。

图11-94 图11-95

11.3.9 删除外观

选择一个对象，如图11-96所示。如果要删除它的一种外观属性，可在"外观"面板中将该属性拖动到删除所选项目按钮 🗑 上，如图11-97～图11-99所示。如果要删除填色和描边之外的所有外观，可以执行面板菜单中的"简化至基本外观"命令。如果要删除所有外观（对象会变为无填色、无描边状态），可单击清除外观按钮 🚫 。

图11-96 图11-97

图11-98 图11-99

11.4 图形样式

图形样式是一系列外观属性的集合，它们保存在"图层样式"面板中。将图形样式应用于对象，可以快速改变对象的外观。

11.4.1 图形样式面板

"图形样式"面板用来创建、保存和应用外观属性，如图11-100所示。

图11-100

- 默认 🔲：单击该样式，可以将当前选择的对象设置为默认的基本样式，即黑色描边、白色填色。
- 图形样式库菜单 🔃：单击该按钮，可以在打开的下菜单中选择图形样式库。
- 断开图形样式链接 ↩️：用来断开当前对象使用的样式与面板中样式的链接。断开链接后，可单独修改应用于对象的样式，而不会影响面板中的样式。
- 新建图形样式 🔲：选择一个对象，单击该按钮，即可将所选对象的外观属性保存到"图形样式"面板中。
- 删除图形样式 🗑️：选择面板中的图形样式后，单击该按钮可将其删除。

11.4.2　实战：使用图形样式

01 打开光盘中的素材，使用选择工具 ▶ 选择背景图形，如图11-101所示。单击"图形样式"面板中的一个样式，即可为它添加该样式，如图11-102、图11-103所示。如果再单击其他样式，则新样式会替换原有的样式。

图11-101

图11-102

图11-103

02 在画板以外的空白处单击，取消选择。在没有选择对象的情况下，可以将"图形样式"面板中的样式拖动到对象上，直接为其添加该样式，如图11-104、图11-105所示。如果对象是由多个图形组成的，可以为它们添加不同的样式。

图11-104

图11-105

11.4.3　实战：创建图形样式

01 打开光盘中的素材文件，选择对象，如图11-106所示，它添加了"凸出和斜角"效果。单击"图形样式"面板中的 🔲 按钮，将它的外观保存为图形样式，如图11-107所示。以后有别的图形需要添加与之相同的样式，只需单击创建的样式即可。

图11-106

图11-107

02 再来看一下怎样将现有的样式合并为新的样式，按住 Ctrl 键单击两个或多个图形样式，将它们选择，如图11-108所示，在执行面板菜单中选择"合并图形样式"命令，可基于它们创建一个新的图形样式，新建的样式包含所选样式的全部属性，如图11-109所示。

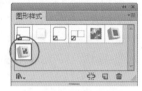

图11-108　　　　　　图11-109

11.4.4　实战：重新定义图形样式

01 打开光盘中的素材文件，如图11-110所示，使用选择工具 ▶ 选取背景的灰色图形，在"图形样式"面板中选择一个样式，如图11-111所示，为图形添加该样式，如图11-112所示。

图11-110　　　　　　图11-111

图11-112

02 先来修改现有的外观。在"外观"面板中有两个填色属性，选择最上面的"填色"，单击 ▼ 按钮在打开的面板中选择白色，如图11-113所示，效果如图11-114所示。

03 单击下面的"填色"选项，设置填色为浅灰色，如图11-115、图11-116所示。

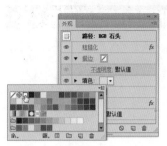

图11-113　　　　　　图11-114

图11-115　　　　　　图11-116

04 下面再来为图形样式添加新的效果。执行"效果>风格化>投影"命令，在打开的对话框中设置参数，如图11-117所示。单击"确定"按钮关闭对话框，即可为当前的图形样式添加"投影"效果，如图11-118所示。

图11-117　　　　　　图11-118

05 执行"外观"面板菜单中的"重新定义图形样式"命令，如图11-119所示，可以用修改后的样式替换"图形样式"面板中原有的样式，如图11-120所示。

图11-119　　　　　　图11-120

技术看板：图形具有的多重属性

这个实例中所应用到的图形样式是"纹理"样式库中的"RGB石头"，它具有两种填色属性。先看一下位于上面的填色属性，它代表图形的填充颜色，将它填充为白色时，图形就变成了白色。再来看一下位于下面的填色属性，其中包含"位移路径"效果，当隐藏"位移路径"效果时，可以发现图形变成了一个矩形。由此可以得出两种填色的意义，第一种代表图形自身的填充颜色，第二种则代表为图形添加的圆角边框，就好像一个矩形放在一个圆角矩形上面，两个图形都用渐变填色。那么，为什么不直接为图形描一个渐变颜色的边呢？因为在Illustrator CS6以前的版本描边是不能设置渐变的，这个样式是以前版本延续过来的，所以会有这样的制作方法，这也为我们提供了一种新的思路，可以通过不同的途径制作出相同的效果。在Illustrator CC中，可以将描边设置为8pt，并为其填充渐变颜色，再将描边拖到填色下方，就制作出一模一样的效果了。

一个图形中带有的两种填色属性

隐藏填色属性中的"位移路径"效果

为描边填充渐变可以制作出相同的效果

 11.4.5 使用图形样式库

Illustrator提供了3D效果、图像效果和文字效

果等预设的样式库。执行"窗口>图形样式库"命令，或单击"图形样式"面板中的 按钮，在下拉菜单中选择一个样式库，如图11-121所示，它就会出现在一个新的面板中。选择图形样式库中的一个样式，如图11-122所示，该样式会应用到所选对象，同时自动添加到"图形样式"面板中，如图11-123所示，此时可通过"外观"面板对其进行编辑，如图11-124所示。

图11-121　　　　　　图11-122

图11-123　　　　　　图11-124

技术看板：在不影响对象的情况下修改样式

如果当前修改的样式已被文档中的对象使用，则对象的外观会自动更新。如果不希望应用到对象的样式发生改变，可以在修改样式前选择对象，再单击"图形样式"面板中的 按钮，断开它与面板中的样式的链接，然后再对样式进行修改。

11.5 精通效果：水滴字

01 选择文字工具 T，在"字符"面板中设置字体及大小，如图11-125所示。在画面中单击输入文字，如图11-126所示。

图11-125 　　　　　图11-126

02 使用修饰文字工具■单击数字"2"，显示定界框，如图11-127所示。拖动定界框，将数字缩小，如图11-128所示。

图11-127

图11-128

03 按下Shift+Ctrl+O快捷键将文字创建为轮廓。双击变形工具■，打开"变形工具选项"对话框设置参数，如图11-129所示。将光标放在文字边缘，向文字内部拖动鼠标进行变形处理，如图11-130所示。

图11-129

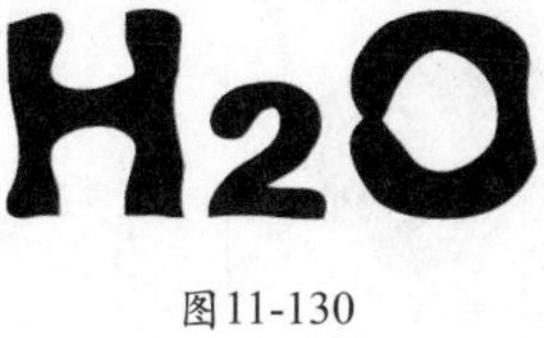

图11-130

04 将文字的填充颜色设置为白色。执行"效果

>风格化>内发光"命令，设置参数如图11-131所示，效果如图11-132所示。

图11-131　　　　　图11-132

05 执行"效果>风格化>投影"命令，添加投影效果，如图11-133、图11-134所示。

图11-133　　　　　图11-134

06 在"图层1"的眼睛图标◉右侧单击，锁定该图层（出现锁状图标🔒）。单击"图层"面板底部的■按钮，新建一个图层，拖至"图层1"下方，如图11-135所示。使用矩形工具■创建一个矩形，填充径向渐变，如图11-136、图11-137所示。

图11-135　　　　　图11-136

图11-137

07 使用钢笔工具✒绘制水滴图形，填充为深蓝色，无描边，如图11-138所示。按Ctrl+C快捷键复制该图形。设置混合模式为"正片叠

底"，如图11-139所示。在图形较多相互重叠时，会产生丰富的色彩变化效果。使用网格工具 在图形上单击，添加网格点，填充蓝色，如图11-140所示。

示，将矩形以外的图形隐藏。

图11-138　　　图11-139　　　图11-140

图11-142　　　　　图11-143

08 按3次Ctrl+V快捷键粘贴图形，分别填充成粉红色、橙色和黄色，再制作成网格图形，如图11-141所示。

图11-144　　　　　图11-145

图11-141

11 单击"图层1"前面的锁状图标，解除锁定状态，选取文字，设置混合模式为"正片叠底"，如图11-146、图11-147所示。

09 复制图形并调整大小，排列在画面中，如图11-142所示。选择背景图形，按Ctrl+C快捷键复制，在画面空白处单击，取消矩形的选取状态，按Ctrl+F快捷键将复制的图形粘贴到前面，如图11-143所示。

10 在"图层"面板中可以看到，该图形位于最上方，如图11-144所示，单击面板底部的 按钮，创建剪切蒙版，如图11-145所示，将矩形以外的图形隐藏。

图11-146　　　　　图11-147

11.6　精通效果：数码相机

01 按Ctrl+N快捷键，创建一个1024px×768px，RGB模式的文档。执行"文件>置入"命令，选择光盘中的相机素材，取消对话框中"链接"选项的勾选，置入文件，如图11-148所示。使用矩形工具 创建一个矩形框，如图11-149所示。

图11-148　　　　　　　图11-149

02 单击"图层"面板底部的 ▣ 按钮，创建剪切蒙版，将矩形以外的图像隐藏，如图11-150、图11-151所示。

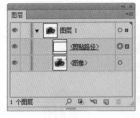

图11-150　　　　　　　图11-151

03 执行"编辑>编辑颜色>调整色彩平衡"命令，设置蓝色参数为-10%，降低图像中的蓝色调，如图11-152、图11-153所示。

图11-152　　　　　　　图11-153

04 按Ctrl+C快捷键复制图像，按Ctrl+F 快捷键粘贴到前面。执行"效果>像素化>彩色半调"命令，设置参数如图11-154所示，效果如图11-155所示。

图11-154　　　　　　　图11-155

05 设置图像的不透明度为50%，如图11-156、图11-157所示。

图11-156　　　　　　　图11-157

06 创建一个与画面大小相同的矩形，填充为青绿色（R108、G225、B196）。在"透明度"面板中设置混合模式为"变暗"，如图

11-158、图11-159所示。

图11-158　　　　　　　图11-159

07 新建一个图层，如图11-160所示。绘制一个黑色的矩形，如图11-161所示。

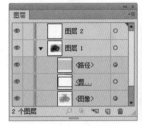

图11-160　　　　　　　图11-161

08 选择文字工具 **T**，在"字符"面板中设置字体及大小，如图11-162所示。在画面中输入文字，设置第二行文字大小为25pt，第三行文字大小为27pt，效果如图11-163所示。

图11-162　　　　　　　图11-163

09 用直线段工具 ╱ 按住Shift键绘制直线，对文字进行分隔。设置直线的描边颜色为浅黄色，粗细为1pt。在右下角绘制一个红色椭圆形。执行"窗口>符号库>箭头"命令，选择如图11-164所示的箭头，拖放到椭圆形上，如图11-165所示。

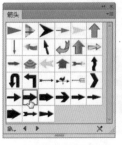

图11-164　　　　　　　图11-165

11.7 精通外观：多重描边字

01 打开光盘中的素材文件，使用选择工具 ↖ 选取数字"2"，如图11-166所示。设置填充颜色为橙色，描边颜色为橘红色，描边粗细为12pt，如图11-167所示。

图11-166　　　　图11-167

02 打开"外观"面板，如图11-168所示，双击"内容"属性，展开内容选项，如图11-169所示。

图11-168　　　　图11-169

03 选择"描边"属性，单击面板底部的复制所选项目按钮 🔲，复制该属性，如图11-170所示，将"描边"属性拖动到"填色"属性下方，设置描边粗细为34pt，按F6键打开"颜色"面板，修改描边颜色为深红色，如图11-171、图11-172所示。

图11-170　　　　图11-171

图11-172

04 执行"效果>风格化>投影"命令，打开"投

影"对话框，使用系统默认的参数即可，如图11-173、图11-174所示。

图11-173　　　　图11-174

05 使用直线段工具 ╱，按住Shift键绘制一个直线，描边颜色为浅绿色，描边粗细为12pt，如图11-175、图11-176所示。

图11-175　　　　图11-176

06 选择"描边"属性，连续两次单击面板底部的复制所选项目按钮 🔲，复制该属性，如图11-177所示，修改描边的颜色和粗细，使它们由小到大排列，依次为12pt、34pt、60pt，如图11-178所示，这样才能使细描边显示在粗描边上面，如图11-179所示。

图11-177　　　　图11-178

图11-179

07 按Shift+Ctrl+E快捷键，应用"投影"效果，使竖线也具有与数字相同的投影，如图11-180所示。按Ctrl+[快捷键将竖线移动到数字后面，如图11-181所示。

图11-180　　　　图11-181

08 在数字上绘制一个矩形，填充"黑色-透明"线性渐变，如图11-182、图11-183所示。

图11-182　　　　图11-183

提示：

"色板"面板中有"黑色-透明"渐变样本，这种渐变的滑块颜色都是黑色，只是一方滑块的不透明度为0%，才能得到有色到透明的过渡效果。

09 使用选择工具，按住Shift键单击数字"2"，将其与矩形同时选取，如图11-184所示，单击"透明度"面板中的"制作蒙版"按钮，取消"剪切"选项的勾选。蒙版中的渐变图形遮盖了数字，黑色渐变覆盖的区域被隐藏，由于渐变是黑色到透明的过渡，数字也呈现由清晰到消失的渐变效果，如图11-185、图11-186所示。

图11-184　　　　图11-185　　　　图11-186

10 使用椭圆工具，按住Shift键绘制一个圆形，无填充颜色，描边颜色为黄色，在"外观"面板中复制出两个"描边"属性，调整颜色和粗细，如图11-187、图11-188所示。

图11-187　　　　图11-188

11 用同样方法制作数字"3"，按Shift+Ctrl+[快捷键移至底层，如图11-189、图11-190所示。

图11-189　　　　图11-190

12 执行"文件>置入"命令，置入光盘中的素材文件，取消"链接"选项的勾选，使图像嵌入到文档中，如图11-191所示。按下Shift+Ctrl+[快捷键将素材移至底层，如图11-192所示。

图11-191　　　　图11-192

13 绘制一个与背景大小相同的矩形，执行"窗口>色板库>渐变>木质"命令，载入"木质"库，选择如图11-193所示的渐变样本作为填充，如图11-194所示。这个矩形位于最顶层，用来协调画面色调，使数字与背景的木板好像在同一个场景中。

图11-193   图11-194

14 设置该图形的混合模式为"正片叠底"，不透明度为75%，如图11-195、图11-196所示。

图11-195   图11-196

15 按Ctrl+C快捷键复制该矩形，按Ctrl+F快捷键粘贴到前面，在"渐变"面板中调整渐变颜色，如图11-197所示，在"透明度"面板中设置不透明度为54%，如图11-198、图11-199所示。

图11-197   图11-198

图11-199

16 打开光盘中的素材文件，如图11-200所示，在"图层1"后面单击，选取该层中的所有内容，如图11-201所示。

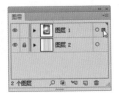

图11-200   图11-201

17 按Ctrl+C快捷键复制。切换到特效字文档中，单击"图层"面板底部的 按钮，新建一个图层，按Ctrl+V快捷键粘贴，使画面内容丰富，如图11-202、图11-203所示。

图11-202   图11-203

第12章

虚拟现实：3D与透视
网格

12.1　3D效果

Illustrator的3D效果是从Adobe Dimensions中移植过来的，最早出现在Illustrator CS版本中。3D效果是非常强大的功能，可以将平面的2D图形制作为3D的立体对象。在应用3D效果时，还可以调整对象的角度、透视，添加光源和贴图。

12.1.1　凸出和斜角

"凸出和斜角"命令通过挤压的方法为路径增加厚度从而创建3D对象。如图12-1所示为一个平面图形，将其选择后，执行"效果>3D>凸出和斜角"命令，在打开的对话框中设置参数如图12-2所示，单击"确定"按钮，即可沿对象的Z轴拉伸出一个3D对象，如图12-3所示。

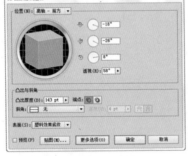

图12-1　　　　　　　图12-2

图12-3

● 位置：在该选项下拉列表中可以选择一个预设的旋转角度。如果想要自由调整角度，可拖动对话框左上角观景窗内的立方体，如图12-4、图12-5所示。如果要设置精确的旋转角度，可在指定绕X轴旋转 、指定绕Y轴旋转 和指定绕Z轴旋转 右侧的文本框中输入角度值。

图12-4

图12-5

● 透视：在文本框中输入数值，或单击 按钮，然后移动显示的滑块可以调整透视。应用透视可以使立体效果更加真实。如图12-6所示为未设置透视的立体对象，如图12-7所示为设置了透视后的效果。

图12-6　　　　　　　图12-7

● 凸出厚度：用来设置挤压厚度，该值越高，对象越厚。如图12-8、图12-9所示是分别设置该值为20pt和60pt时的挤压效果。

图12-8　　　　　　　图12-9

● 端点：按下 按钮，可以创建实心立体对象，如图12-10所示；按下 按钮，则创建空心立体对象，如图12-11所示。

图12-10　　　　　　　图12-11

● 斜角/高度：在"斜角"选项的下拉列表中可以选择一种斜角样式，创建带有斜角的立体对象，如图12-12所示为未设置斜角的立体效果，如图12-13所示为设置了斜角后的效果。单击 按钮，可以在保持对象大小的基础上通过增加像素形成斜角，如图12-14所示；单击 按钮，则从原对象上切除部分像素形成斜角（如图12-13所示）。为对象设置斜角

后，可以在"高度"文本框中输入斜角的高
度值。

图12-12　　　　图12-13　　　　图12-14

技术看板：多图形同时创建立体效果

由多个图形组成的对象可以同时创建立体效果，操作
方法是将对象全部选择，执行"凸出和斜角"命令，
图形中的每一个对象都会应用相同程度的挤压。

多图形组成的滚轴　　同时应用3D效果

旋转3D对象

12.1.2　绕转

"绕转"命令可以将图形沿自身的Y轴绕转，
成为立体对象。如图12-15所示为一个酒杯的剖面
图形，将它选择，执行"效果>3D>绕转"命令，
在打开的对话框中设置参数如图12-16所示，单击
"确定"按钮，即可将它绕转成一个酒杯，如图
12-17所示。绕转的"位置"和"透视"选项与
"凸出和斜角"命令相应选项的设置方法相同。

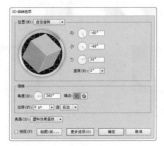

图12-15　　　　　　　图12-16

图12-17

● 角度：用来设置对象的绕转角度，默认为
　360°，此时绕转出的对象为一个完整的立体对
　象，如图12-18所示；如果角度值小于360°，
　则对象上会出现断面，如图12-19所示。

● 端点：按下 ◎ 按钮，可以生成实心对象；按
　下 ◎ 按钮，可创建空心的对象。

● 位移：用来设置绕转对象与自身轴心的距离，
　该值越高，对象偏离轴心越远。如图12-20、
　图12-21所示是分别设置该值为70pt和90pt
　的效果。

图12-18　　图12-19　　图12-20　　图12-21

● 自：用来设置绕转的方向，如果用于绕转的
　图形是最终对象的右半部分，应该选择"左
　边"，如图12-22所示，如果选择从"右边"
　绕转，则会产生错误的结果，如图12-23所
　示。如果绕转的图形是对象的左半部分，选
　择从"右边"绕转才能到正确的结果。

图12-22　　　　　　　图12-23

12.1.3　旋转

"旋转"命令可以在一个虚拟的三维空间
中旋转对象。被旋转的对象可以是一个图形或图
像，也可以是一个由"凸出和斜角"或"绕转"
命令生成的3D对象。如图12-24所示为一个图像，
将它选择后，使用"旋转"效果即可旋转它，如
图12-25、图12-26所示。该效果的选项与"凸出和
斜角"效果完全相同。

图12-24　　　　图12-25

图12-26

12.1.4　设置三维对象的表面

使用"凸出和斜角"命令和"绕转"命令创建立体对象时，可以在相应对话框的"表面"下拉列表中选择4种表面效果，如图12-27所示。

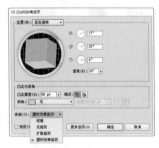

图12-27

● 线框：只显示线框结构，无颜色和贴图，如图12-28所示。此时屏幕的刷新速度最快。

● 无底纹：不向对象添加任何新的表面属性，3D 对象具有与原始2D 对象相同的颜色，但无光线的明暗变化，如图12-29所示。此时屏幕的刷新速度较快。

图12-28　　　　　图12-29

● 扩散底纹：对象以一种柔和的、扩散的方式反射光，但光影的变化不够真实和细腻，如图12-30所示。

● 塑料效果底纹：对象以一种闪烁的、光亮的

材质模式反射光，可获得最佳的3D效果，但屏幕的刷新速度会变慢，如图12-31所示。

图12-30　　　　图12-31

12.1.5　添加与修改光源

使用"凸出和斜角"和"绕转"命令创建3D效果时，如果将对象的表面效果设置为"扩散底纹"或"塑料效果底纹"，则可以在3D场景中添加光源，生成更多的光影变化，使对象立体感更加真实。单击相应对话框中的"更多选项"按钮，可以显示光源设置选项，如图12-32所示。

图12-32

光源编辑预览框：在默认情况下，光源编辑预览框中只有一个光源，单击 按钮可以添加新的光源，如图12-33所示，单击并拖动光源可以移动它的位置，如图12-34所示。单击一个光源将其选择后，单击 按钮，可将其移动到对象的后面，如图12-35所示。单击 按钮，则可将其移动到对象的前面，如图12-36所示。如果要删除光源，可以选择光源，然后单击 按钮。

图12-33　　　　图12-34

图12-35　　　　图12-36

● 光源强度：设置光源的强度，范围为

0%～100%，该值越高，光照的强度越大。

- 环境光：设置环境光的强度，它可以影响对象表面的整体亮度。
- 高光强度：设置高光区域的亮度，该值越高，高光点越亮。
- 高光大小：设置高光区域的范围，该值越高，高光的范围越广。
- 混合步骤：设置对象表面光色变化的混合步骤，该值越高，光色变化的过渡越细腻，但会耗费更多的内存。图12-37是设置该值为3生成的效果，图12-38所示是设置该值为30生成的效果。

　　图12-37　　　　　　图12-38

- 底纹颜色：控制对象的底纹颜色。选择"无"选项，表示不为底纹添加任何颜色，如图12-39所示；"黑色"为默认选项，它可在对象填充颜色的上方叠印黑色底纹，如图12-40所示；选择"自定"选项，然后单击选项右侧的颜色块，可在打开的"拾色器"中设置底纹颜色，如图12-41、图12-42所示。

　　图12-39　　　　　　图12-40

　　图12-41　　　　　　图12-42

- 保留专色：如果对象使用了专色，选择该项可确保专色不会发生改变。
- 绘制隐藏表面：用来显示对象的隐藏表面，以便对其进行编辑。

 12.1.6　在3D对象表面贴图

在Maya、3ds Max等3D软件中，可通过贴图

的方式将图片映射在对象的表面，以模拟现实生活中的图案、纹理和材质，使对象产生更加真实的质感。Illustrator也可以为3D对象贴图，但需要先将贴图文件保存在"符号"面板中，创建为符号。例如，图12-43所示是一个3D铅笔，如图12-44所示是为该铅笔制作的两个贴图，如图12-45所示是贴图后的铅笔效果。在对象表面贴图会占用较多的内存，因此，如果符号的图案过于复杂，计算机的处理速度会变慢。

使用"凸出和斜角"和"绕转"命令创建3D效果时，可单击对话框底部的"贴图"按钮，在打开的"贴图"对话框中为对象的表面设置贴图，如图12-46所示。

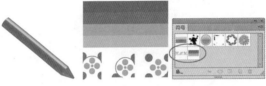

　　图12-43　　　　　　图12-44

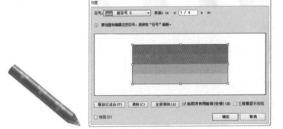

　　图12-45　　　　　　图12-46

- 表面：用来选择要贴图的对象表面，可单击第一个 |◀ 、上一个 ◀ 、下一个 ▶ 和最后一个 ▶| 按钮切换表面，被选择的表面在画板中会显示出红色的轮廓线，如图12-47、图12-48所示。

　　图12-47

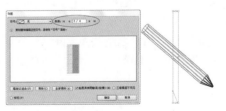

　　图12-48

● 符号：选择一个表面后，可以在"符号"下拉
列表中为它选择一个符号，如图12-49所示。
通过符号定界框可以移动、旋转和缩放符号，
以调整贴图在对象表面的位置和大小，如图
12-50所示。

图12-49

图12-50

● 缩放以适合：单击该按钮，可自动调整贴图
的大小，使之与选择的面相匹配。

● 清除/全部清除：单击"清除"按钮，可清除
当前设置的贴图；单击"全部清除"按钮，
则清除所有表面的贴图。

● 贴图具有明暗调：选择该项后，贴图会在对象

表面产生明暗变化，如图12-51所示；如果取消
选择，则贴图无明暗变化，如图12-52所示。

● 三维模型不可见：未选择该项时，可以显示
立体对象和贴图效果；选择该项后，仅显示
贴图，隐藏立体对象，如图12-53所示。如果
将文本贴到一条凸出的波浪线的侧面，然后
选择"三维模型不可见"选项，就可以将文
字变形成为一面旗帜。

图12-51　　图12-52　　图12-53

技术看板：增加模型的可用表面

如果对象设置了描边，则使用"凸出和斜角"、"绕
转"命令创建3D对象时，描边也可以生成表面，并
可为这样的表面贴图。

12.2　绘制透视图

透视网格提供了可以在透视状态下绘制和编辑对象的可能。例如，可以使道路或铁轨看上去像在视
线中相交或消失一般，也可以将一个对象置入到透视中，使其呈现透视效果。

12.2.1　透视网格

选择透视网格工具田或执行"视图>透视网
格>显示网格"命令，即可显示透视网格，如图
12-54所示。在显示透视网格的同时，画板左上角
还会出现一个平面切换构件，如图12-55所示。要
在哪个透视平面绘图，需要先单击该构件上面的
一个网格平面。如果要隐藏透视网格，可以执行
"视图>透视网格>隐藏网格"命令。

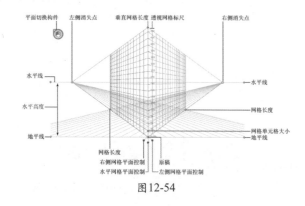

图12-54

无活动的网格平面

左侧网格平面———右侧网格平面

水平网格平面

图12-55

使用键盘快捷键1（左平面）、2（水平面）和3（右平面）可以切换活动平面。此外，平面切换构件可以放在屏幕四个角中的任意一角。如果要修改它的位置，可双击透视网格工具 ，在打开的对话框中设定。

技术看板：透视网格预设

Illustrator提供了预设的一点、两点和三点透视网格，在"视图>透视网格"下拉菜单中可以进行选择。

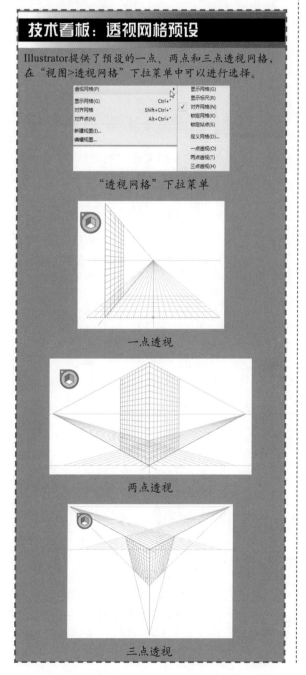

"透视网格"下拉菜单

一点透视

两点透视

三点透视

12.2.2 实战：在透视中创建对象

01 按下Ctrl+N快捷键，新建一个文档。执行"视图>透视网格>三点透视"命令，显示透视网格，如图12-56所示。

图12-56

02 选择透视网格工具 ，将光标放在网格点上，如图12-57所示，单击并按住Shift键向下拖动，如图12-58、图12-59所示。

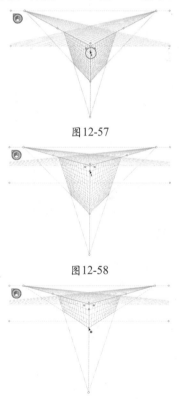

图12-57

图12-58

图12-59

03 执行"视图>智能参考线"命令，启用智能参考线，以便使对象能更好地对齐到网格上。将填色设置为当前编辑状，描边设置为无，如图12-60所示。执行"窗口>色板库>图案>装饰>Vonster"命令，打开该色板库。选择一个图案，如图12-61所示。

图12-60　　　　　图12-61

04 在平面切换构建上单击，设定为左侧网格平面。选择矩形工具 ▭，在网格上创建矩形，如图12-62所示。单击右侧网格平面，然后在右侧的网格上创建矩形，如图12-63所示。

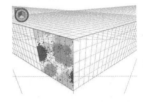 

图12-62　　　　　图12-63

05 单击水平网格平面，在顶部创建矩形，如图12-64所示。执行"视图>透视网格>隐藏网格"命令隐藏网格，效果如图12-65所示。

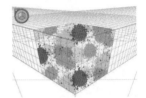 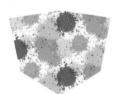

图12-64　　　　　图12-65

06 按下Ctrl+A快捷键选择所有图形，按下Ctrl+C快捷键复制。执行"编辑>贴在前面"命令，将图形粘贴在最前方。使用选择工具 ▶ 选择一个矩形，如图12-66所示，为它填充黑白线性渐变，如图12-67、图12-68所示。

07 选择顶部的矩形，为它填充渐变色，如图12-69所示。使用选择工具 ▶ 按住Shift键单击填充了渐变的两个矩形，将它们选择，在"透明度"面板中设置混合模式为"变暗"，如图12-70、图12-71所示。

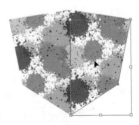 

图12-66　　　　　图12-67

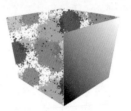 

图12-68　　　　　图12-69

图12-70　　　　　图12-71

12.2.3 实战：在透视中引进对象

01 打开光盘中的素材文件，如图12-72所示。执行"视图>透视网格>显示网格"命令，显示透视网格。单击左侧网格平面，如图12-73所示。使用透视选区工具 ▶ 单击图形，将其选择，如图12-74所示。

图12-72　　　图12-73　　　图12-74

02 按住Alt键拖动图形，将它复制到透视网格上，对象的外观和大小会发生改变，如图12-75所示。

图12-75

03 单击右侧网格平面，如图12-76所示，使用透视选区工具 ▶ 按住Alt键单击并拖动花纹图形，在侧面网格上复制一个图形，如图12-77所示。

图12-76　　　　　　　图12-77

04 保持图形的选取状态，将光标放在右侧中间的控制点上，单击并拖动鼠标，将图形的宽度调窄，如图12-78所示。按下Shift+Ctrl+I快捷键隐藏透视网格，效果如图12-79所示。

图12-78　　　　　　　图12-79

12.2.4　实战：在透视中变换对象

01 打开光盘中的素材文件，如图12-80所示。使用透视选区工具 ▶ 选择窗子，如图12-81所示。

图12-80

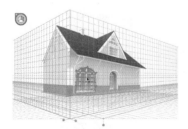

图12-81

02 拖动鼠标即可在透视中移动它的位置，如图

12-82所示。按住Alt键拖动，则可以复制对象，如图12-83所示。

图12-82

图12-83

03 在透视网格中，图形也有定界框，如图12-84所示，拖动控制点可以缩放对象（按住Shift键可等比缩放），如图12-85所示。

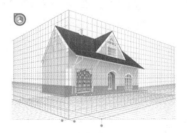

图12-84

图12-85

12.2.5　释放透视中的对象

　　如果要释放带透视视图的对象，可以执行"对象>透视>通过透视释放"命令，所选对象就会从相关的透视平面中释放，并可作为正常图稿使用。该命令不会影响对象外观。

12.3　精通3D：平台玩具设计

01 使用矩形工具　绘制两个矩形，分别填充浅灰色和皮肤色。使用钢笔工具　绘制玩具的衣服，如图12-86所示。再绘制一个矩形，填充深棕色，按下Shift+Ctrl+[快捷键将其移至底层，如图12-87所示。

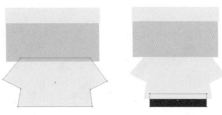

图12-86　　　　　　　图12-87

02 使用椭圆工具　绘制一个黑色的椭圆形，使用钢笔工具　绘制一个小的三角形，填充白色，作为眼睛的高光，如图12-88所示。使用选择工具　选取三角形与椭圆形，按下Ctrl+G快捷键编组，按住Shift键向右侧拖动，到相应位置在放开鼠标前按下Alt键进行复制，如图12-89所示。

图12-88　　　　　　　图12-89

03 使用矩形网格工具　创建一个网格图形，如图12-90所示，使用选择工具　按住Shift键选取帽子、面部、衣服和裤子图形，如图12-91所示。

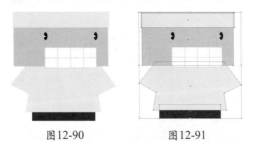

图12-90　　　　　　　图12-91

提示：

创建矩形网格的过程中可按下键盘上的"↑"键和"↓"键调整水平分隔线的数量；按下"→"键和"←"键调整垂直分隔线的数量。

04 执行"效果>3D>凸出和斜角"命令，在打开

的对话框中设置透视参数为70°，凸出厚度为50pt。单击对话框右侧的"更多选项"按钮，显示光源选项，然后在光源预览框中将光源略向下拖动，如图12-92、图12-93所示。

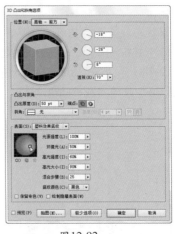

图12-92　　　　　　　图12-93

05 选择眼睛和嘴巴图形，按下Ctrl+G快捷键编组，如图12-94所示。执行"效果>3D>旋转"命令，打开"3D旋转选项"对话框，设置透视为70°，其他参数不变，如图12-95所示，效果如图12-96所示。

图12-94　　　　　　　图12-95

图12-96

06 使用钢笔工具　绘制鞋面图形，如图12-97所示。执行"效果>3D>凸出和斜角"命

令，在打开的对话框中调整物体角度，设置
凸出厚度为50pt，如图12-98所示，效果如图
12-99所示。

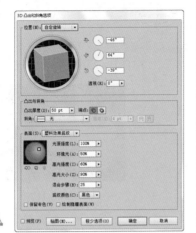

图12-97   图12-98

图12-99

07 将鞋子移动到玩具上，按下Shift+Ctrl+[快捷
键移至底层，执行"窗口>色板库>其他库"
命令，在弹出的对话框中选择光盘中的色板
文件，如图12-100所示，打开该色板库，如
图12-101所示。

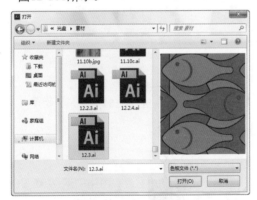

图12-100

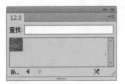

图12-101

08 在鞋面上绘制一个四边形，单击如图12-102所
示的图案，用它填充图形，如图12-103所示。
使用钢笔工具 ✍ 绘制两条路径作为鞋带，设
置描边粗细为2pt，效果如图12-104所示。

图12-102

图12-103   图12-104

09 使用选择工具 ▶ 将组成鞋子的图形选取，
按下Ctrl+G快捷键编组，按住Alt键向右侧
拖动进行复制，如图12-105所示。使用钢笔
工具 ✍ 分别在衣服和头上绘制图形，使用
"色板"面板中的图案进行填充，效果如图
12-106所示。

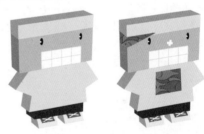

图12-105   图12-106

10 选取头上的图案图形，设置混合模式为"变
暗"，如图12-107、图12-108所示。

图12-107   图12-108

11 在上衣的边缘处绘制黑色的图形，如图12-109
所示，在里面的位置绘制路径，描边粗细为
1pt，效果如图12-110所示。

图12-109　　　　　　　　图12-110

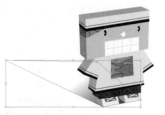

图12-111　　　　　　　　图12-112

图12-113

12 绘制玩具的投影图形，按下Shift+Ctrl+[快捷键将投影图形移至底层。为该图形填充线性渐变，如图12-111、图12-112所示。选一张背景素材来衬托，效果更加生动，如图12-113所示。

12.4　精通3D：制作手提袋

01 按下Ctrl+N快捷键，打开"新建"对话框，创建一个A4大小的文件，如图12-114所示。

02 用矩形工具 ▣ 创建一个矩形，填充径向渐变，如图12-115、图12-116所示。用钢笔工具 ✐ 和文字工具 **T** 添加一些图形和文字，如图12-117所示。

03 按下Ctrl+A快捷键全选，按下Ctrl+G快捷键编组。将图形拖动到"符号"面板中创建为符号，如图12-118所示。单击断开符号链接按钮 ⇄，用编组选择工具 ▷+ 选择渐变图形，为它填充粉色，再将文字改为黑色，如图12-119所示。将该图形拖动到"符号"面板中，创建为一个符号。再采用同样的方法再制作一个紫色背景的符号，如图12-120所示。

图12-118

图12-114　　　　　　　　图12-115

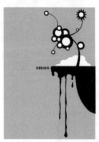

图12-119　　　　　　　　图12-120

图12-116　　　　　　　　图12-117

04 用矩形工具 ▣ 创建一个矩形，如图12-121所示。执行"效果>3D>凸出和斜角"命令，设置参数如图12-122所示。单击"贴图"按钮，打开"贴图"对话框，单击▶按钮，将表面切换为"5"，在"符号"下拉列表中选择"新符号1"，如图12-123所示，关闭对话框，生成3D图形，如图12-124所示。

图12-121

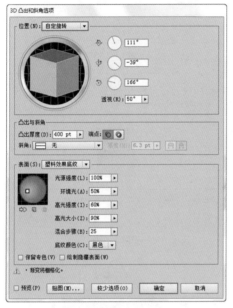

图12-122

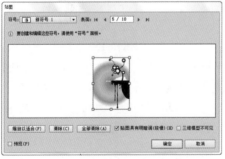

图12-123

图12-124

05 用钢笔工具✐绘制两条路径，作为手提袋的拎手，如图12-125所示。按下Ctrl+A快捷键全选，按下Ctrl+G快捷键编组。在手提袋侧面输入一行文字，如图12-126所示。

图12-125　　　　图12-126

06 使用选择工具▶按住Alt键拖动手提袋进行复制，按下Shift+Ctrl+[快捷键，将复制后的图形移动到最后面，如图12-127所示。双击比例缩放工具⬚，在打开的对话框中勾选"比例缩放描边和效果"选项，设置等比缩放值为83%，如图12-128所示，将图形和添加的效果等比例缩小，如图12-129所示。

图12-127　　　　图12-128

图12-129

07 用编组选择工具▷选择矩形，如图12-130所示，将它的描边设置为粉色，如图12-131所示。

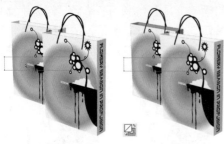

图12-130　　　　　图12-131

08 双击"外观"面板中的"3D凸出和斜角"
选项，如图12-132所示，打开"3D凸出和
斜角"对话框，单击"贴图"按钮，修改贴
图，如图12-133、图12-134所示。

图12-132

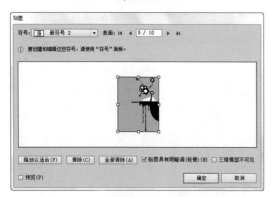

图12-133

图12-134

09 再复制一个手提袋，按下Shift+Ctrl+[快捷键移
动到最后面，将它的描边颜色设置为紫色，

采用同样的方法缩小图形，再修改它的旋转
角度和贴图，如图12-135～图12-137所示。

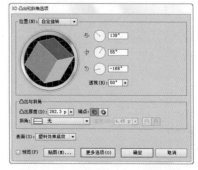

图12-135

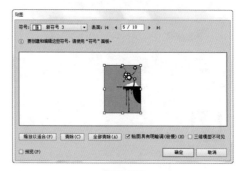

图12-136

图12-137

10 用钢笔工具 绘制两个投影形状的图形，填
充线性渐变，将它们放在手提袋后面，如图
12-138所示。最后再添加背景、图形和文字
元素，如图12-139所示。

图12-138　　　　　　图12-139

第13章

动漫先锋：Web与动画

 **13.1 编辑Web图形**

Illustrator 提供了可以制作切片、优化图像和输出图像的网页编辑工具。设计 Web 图形时，所要关注的问题与设计印刷图形截然不同。例如，使用 Web 安全颜色，平衡图像品质和文件大小以及为图形选择最佳文件格式等。

13.1.1 使用Web 安全颜色

颜色是网页设计的重要方面，然而，一台计算机屏幕上的颜色未必能在其他系统上的Web 浏览器中以同样的效果显示。为了使Web图形的颜色能够在所有的显示器上看起来都一摸一样，就需要使用Web安全颜色。

在"颜色"面板和"拾色器"中调整颜色时，如果出现警告图标 ，如图13-1所示，就表示当前设置的颜色不能在其他Web浏览器上显示为相同的效果。Illustrator会在该警告旁边提供与当前颜色最为接近的Web安全颜色，单击它，可以将当前颜色替换为Web 安全颜色，如图13-2所示。

图13-1　　　　　　图13-2

此外，选择"颜色"面板菜单中的"Web 安全RGB"命令，或在"拾色器"对话框中选择"仅限Web颜色"选项，可以始终在Web安全颜色模式下设置颜色。

13.1.2 实战：创建切片

网页包含许多元素，如HTML 文本、位图图像和矢量图等。在 Illustrator 中，可以使用切片来定义图稿中不同 Web 元素的边界。例如，如果图稿包含需要以 JPEG 格式进行优化的位图图像，其他部分更适合作为 GIF 文件进行优化，可以使用切片隔离位图图像，然后再分别对其进行优化，以便减小文件的大小，使下载更加容易。

01 打开光盘中的素材文件，选择切片工具 ，在图稿上单击并拖出一个矩形框，如图13-3所示，放своей鼠标后，即可创建一个切片，如图13-4所示。按住Shift键拖动鼠标可以创建正方形切片，按住Alt键拖动鼠标可以从中心向外创建切片。

图13-3　　　　　　图13-4

提示：

创建切片时，Illustrator 会在当前切片周围生成用于占据图像其余区域的自动切片。

02 在另一个画板中使用选择工具 选择两个对象，如图13-5所示，执行"对象>切片>建立"命令，可以为每一个对象创建一个切片，如图13-6所示。执行"对象>切片>从所选对象创建"命令，则可以将所选对象创建为一个切片。

 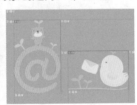

图13-5　　　　　　图13-6

03 按下Ctrl+R快捷键显示标尺。在水平标尺和垂直标尺上拖出参考线，如图13-7所示。执行"对象>切片>从参考线创建"命令，可以按照参考线的划分区域创建切片，如图13-8所示。

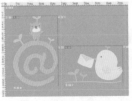 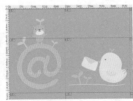

图13-7　　　　　　图13-8

13.1.3　实战：选择与编辑切片

01 打开光盘中的素材文件，如图13-9所示。使用切片选择工具 [icon] 单击一个切片，将其选择，如图13-10所示。如果要选择多个切片，可按住 Shift 键单击各个切片。

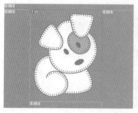
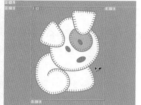

图13-9　　　　　　　　图13-10

提示：

自动切片显示为灰色，无法选择和编辑。

02 单击并拖动切片可将其移动，Illustrator 会根据需要重新生成子切片和自动切片，如图13-11所示。按住Shift键拖动可以将移动限制在垂直、水平或 45° 对角线方向上。按住Alt键拖动切片，可以复制切片。

03 拖动切片的定界框可以调整切片的大小，如图13-12所示。

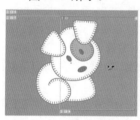

图13-11　　　　　　　　图13-12

13.1.4　实战：创建图像映射

图像映射是指将图像的一个或多个区域（称为热区）链接到一个URL地址上，当用户单击热区时，Web浏览器会载入所链接的文件。

01 打开光盘中的素材文件，如图13-13所示。使用选择工具 [icon] 选择要链接到URL的对象，如图13-14所示。

02 打开"属性"面板，在"图像映射"下拉列表中选择图像映射的形状，在URL文本框中输入一个相关或完整的URL链接地址，如图13-15所示。

图13-13　　　　　　　　图13-14

图13-15

03 设置完成后，单击面板中的浏览器按钮 [icon]，启动计算机中的浏览器链接到URL位置进行验证，如图13-16所示。

图13-16

13.1.5　存储为Web所用格式

执行"文件>存储为Web所用格式"命令，打开"存储为Web所用格式"对话框，如图13-17所示。在对话框中可以对切片进行优化，减小图像文件的大小，以便Web 服务器能够更加高效地存储和传输图像，用户能够更快地下载图像。

● 设置Web图形格式：使用切片选择工具 [icon] 选择切片后，在对话框中可以选择一种格式，如图13-18所示。位图格式（GIF、JPEG、PNG）与分辨率有关，这意味着位图图像的尺寸会随显示器分辨率的不同而发生变化，图像品质也可能会发生改变。矢量格式（SVG和SWF）与分辨率无关，对图形进行放大或缩小时不会降低其品质，矢量格式也可以包含栅格数据。在"存储为Web所用格式"中可以将图稿导出为SVG和SWF格式。

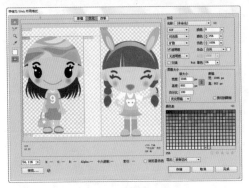

图13-17

图13-18

图像的文件类型、像素尺寸、文件大小、压缩规格和其他 HTML 信息，如图13-20所示。

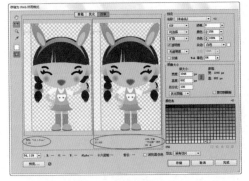

图13-19

图13-20

- 显示选项/注释区域：单击"原稿"选项卡，可以显示未优化的图像；单击"优化"选项卡，可以显示应用了当前优化设置的图像；单击"双联"选项卡，可以并排显示图像的两个版本，即优化前和优化后的图像，如图13-19所示。以"双联"显示时，可以通过观察注释区域，了解原图稿及优化后的图稿的大小、颜色数量等的变化情况。其中，原稿图像的注释显示了文件名和文件大小；优化图像的注释区域显示了当前优化选项、优化后文件的大小及颜色数量等信息。
- 预览：单击该按钮，可以使用默认的浏览器预览优化的图像，同时，还可以在浏览器中查看

- 缩放工具 🔍/抓手工具 ✋：使用缩放工具 🔍 单击可放大窗口的显示比例，按住Alt键单击则缩小窗口的显示比例。放大窗口的显示比例后，可以用抓手工具 ✋ 在窗口内移动图像。
- 切片选择工具 ✄：当图像包含多个切片时，可以使用该工具选择窗口中的切片，以便对其进行优化。
- 吸管工具 ✐/吸管颜色：使用吸管工具 ✐ 在图像上单击，可以拾取单击点的颜色。拾取的颜色会显示在该工具下方的颜色块中。
- 切换切片可视性 ⊞：单击该按钮，可以显示或隐藏切片。

13.2 用Illustrator制作图层动画

人的眼睛看到一幅图像后，1/24秒内不会消失，动画就是利用人视觉的这一暂留特性，使连续播放的静态画面相互衔接形成动态效果。Illustrator强大的绘图功能为动画制作提供了非常便利的条件，画笔、符号、混合等都可以简化动画的制作流程。Illustrator可以制作简单的图层动画，也可以将图形保存为GIF或SWF格式，导入Flash中制作动画。

13.2.1　准备图层动画文件

使用图层创建动画是将每一个图层作为动画的一帧或一个动画文件，再将图层导出为Flash帧或文件，就可以使之动起来。

在Illustrator中制作动画元素后，如图13-21所示，在"图层"面板中单击其所在的图层，如图13-22所示，执行面板菜单中的"释放到图层（顺序）"命令，将对象释放到单独的图层中，如图13-23所示。此外，还可以通过另一种方法释放图层，即执行面板菜单中的"释放到图层（累积）"命令，这样操作时，释放到图层中的对象是递减的，因此，每个新建的图层中将包含一个或多个对象，如图13-24所示。

图13-21　　　　　　图13-22　　　　　　图13-23　　　　　　图13-24

技术看板：将重复使用的动画图形创建为符号

如果在一个动画文件中需要大量地使用某些图形，不妨将它们创建为符号，这样做的好处是画面中的符号实例都与"符号"面板中的一个或几个符号样本建立链接，因此，可以减小文件占用的存储空间，并且也减小了导出的SWF文件的大小。

13.2.2　导出SWF格式

将对象释放到图层后，执行"文件>导出"命令，打开"导出"对话框，在"保存类型"下拉列表中选择*.SWF格式，可以将文件导出为SWF格式，以便在Flash中制作动画。

13.3　精通动画：表情动画

01 使用圆角矩形工具 创建两个圆角矩形，组成一个冰棍的形状，如图13-25、图13-26所示。

两个高光图形，如图13-28所示。

图13-27　　　　图13-28

图13-25　　　　　　图13-26

02 使用铅笔工具 绘制冰棍上的巧克力，形状可随意一些，要表现出巧克力融化下来的效果，如图13-27所示，使用钢笔工具 绘制

03 按下Ctrl+A快捷键全选，按下Ctrl+G快捷键编组。使用选择工具 按住Alt键拖动图形进行复制，如图13-29所示，按下Ctrl+D快捷键复制生成图13-30所示的4个图形。选取

这4个图形，按住Alt键向下拖动进行复制，如图13-31所示，这8个图形分别用于8个关键帧。

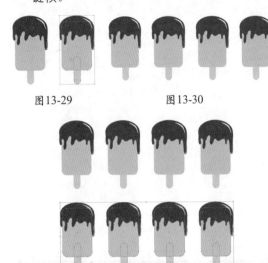

图13-29　　　　　　　　图13-30

图13-31

04 下面来为动画主人公"小豆冰"制作表情。先制作发呆的表情，使用椭圆工具 ⬭ 绘制眼睛和嘴巴，如图13-32所示。在第二个冰棍上制作迷糊的表情，使用螺旋线工具 ⊚ 绘制眼睛，双击镜像工具 ⬧，在打开的对话框中选择"垂直"选项，单击"复制"按钮，可镜像并复制出一个螺旋线，然后调整一下位置就可以了，这样小豆冰就有了一双迷茫的眼睛，再用钢笔工具 ✎ 绘制有些不满和疑问的嘴巴，如图13-33所示。

图13-32　　　　　　图13-33

05 在第3个冰棍上制作哭泣的表情，用直线段工具 ／ 绘制两条直线作为眼睛，选择多边形工具 ⬡，绘制时按下键盘中的"↓"键，减少边数直至成为三角形，在放开鼠标前按下Shift键，可以摆正三角形的位置。使用钢笔工具 ✎ 绘制白色的泪痕图形，如图13-34所示。再绘制喜悦的表情，如图13-35所示。

图13-34　　　　　　图13-35

06 使用直线段工具 ／ 和钢笔工具 ✎ 绘制微笑的表情，如图13-36所示。绘制惊讶的表情时要使用圆角矩形工具 ▢，绘制一个几乎和脸一样宽的张开的大嘴，如图13-37所示。绘制出顽皮和木讷的表情，如图13-38、图13-39所示。8种表情制作完成后，将每一个冰棍极其表情图形选取，按下Ctrl+G快捷键编组。

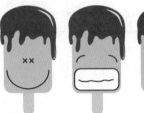

图13-36　　　图13-37　　　图13-38　　　图13-39

07 按下Ctrl+A快捷键全选，单击"对齐"面板中的水平居中对齐按钮 ⬌ 和垂直居中对齐按钮 ⬍，将8个图形对齐到一点，此时，画面中只能看到一个小豆冰棍了。在"图层1"上单击，如图13-40所示，打开面板菜单，选择"释放到图层（顺序）"命令，将它们释放到单独的图层上，如图13-41所示。

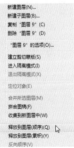

图13-40　　　　　　　　图13-41

08 在"图层1"前面的三角形图标上单击，关闭该图层组，如图13-42所示。单击面板底部的 ▣ 按钮，新建"图层10"，将该图层拖动到"图层1"下方，如图13-43所示。

图13-42　　　　　　　　图13-43

09 打开光盘中的素材文件，如图13-44所示，按下Ctrl+A快捷键全选，按下Ctrl+C快捷键复制，切换到素材文档，按下Ctrl+V快捷键粘贴，如图13-45所示。

图13-44　　　　　　　　图13-45

10 使用编组选择工具 按住Shift键选取冰棍图形，按住Alt键拖动到画面空白处，如图13-46所示。单击"路径查找器"面板中的联集按钮 ，将图形合并在一起，效果如图13-47所示，将图形的填充颜色调得浅一些，如图13-48所示。

图13-46　　　　图13-47　　　　图13-48

11 将图形移动到冰棍的左下方，如图13-49所示。执行"效果>风格化>羽化"命令，设置羽化半径为2mm，使图形边缘产生模糊效果，如图13-50、图13-51所示。

图13-49　　　　图13-50　　　　图13-51

12 执行"文件>导出"命令，打开"导出"对话框，在"保存类型"下拉列表中选择"Flash（*.SWF）"选项，如图13-52所示。

图13-52

13 单击"导出"按钮，弹出"SWF选项"对话框，在"基本"选项卡中，选择"AI图层到SWF帧"，如图13-53所示；在"高级"选项卡中，设置帧速率为4帧/秒，勾选"循环"选项，使导出的动画能够循环不停地播放；勾选"导出静态图层"选项，并选择"图层10"，使其作为背景出现，如图13-54所示。

图13-53　　　　　　　　图13-54

14 单击"确定"按钮导出文件。按照导出路径，找到带有 图标的SWF文件，双击它即可播放动画，效果如图13-55～图13-57所示。

图13-55　　　　图13-56　　　　图13-57

 **13.4 精通动画：舞动的线条**

01 新建一个文件，使用矩形工具 ▢ 创建一个矩形，填充象牙白色，如图13-58所示。单击"图层"面板底部的 ▢ 按钮，新建一个图层，如图13-59所示。使用椭圆工具 ◯ 创建一个椭圆形，设置描边为蓝色，宽度为1pt，如图13-60所示。

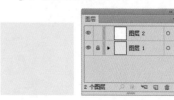

图13-58　　　　图13-59　　　　图13-60

02 选择转换锚点工具 ⟍，将光标放在椭圆上方的锚点上，如图13-61所示，单击鼠标，将其转换为角点，如图13-62所示。在下方锚点上也单击一下，如图13-63所示。

  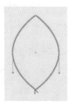

图13-61　　　　图13-62　　　　图13-63

03 选择旋转工具 ↻，将光标放在图形正下方，如图13-64所示，按住Alt键单击，弹出"旋转"对话框，设置角度为30°，单击"复制"按钮，复制图形，如图13-65、图13-66所示。

图13-64　　　　图13-65　　　　图13-66

04 按10下Ctrl+D快捷键，复制出一组图形，如图13-67所示。

05 选择这些图形，按下Ctrl+G快捷键编组。按下Ctrl+C快捷键复制，按下Ctrl+F快捷键粘贴到前面。执行"效果>扭曲和变换>收缩

和膨胀"命令，设置参数如图13-68所示，效果如图13-69所示。

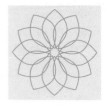 

图13-67　　　　　　　　图13-68

图13-69

06 按下Ctrl+C快捷键复制这组添加了效果的图形，按下Ctrl+F快捷键粘贴到前面。打开"外观"面板，双击"收缩和膨胀"效果，如图13-70所示，在弹出的对话框中修改效果参数，如图13-71、图13-72所示。

图13-70　　　　　　　图13-71

图13-72

07 采用相同的方法，再复制出3组图形，每复制出一组，便修改它的"收缩和膨胀"效果参数，如图13-73～图13-78所示。可按住Shift键拖动定界框上的控制点，将图形适当缩小。

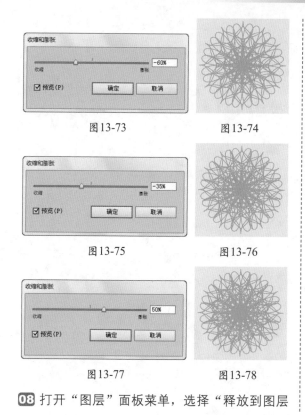

图13-73 图13-74

图13-75 图13-76

图13-77 图13-78

（顺序）"命令，将它们释放到单独的图层上，如图13-79、图13-80所示。

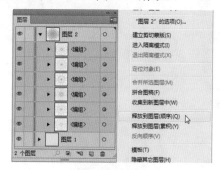

图13-79

图13-80

08 打开"图层"面板菜单，选择"释放到图层

09 执行"文件>导出"命令，打开"导出"对话框，在"保存类型"下拉列表中选择Flash（*.SWF）选项，如图13-81所示；单击"导出"按钮，弹出"SWF选项"对话框，在"导出为"下拉列表中选择"AI图层到SWF帧"，如图13-82所示；单击"高级"按钮，显示高级选项，设置帧速率为8帧/秒，勾选"循环"选项，使导出的动画能够循环不停的播放；勾选"导出静态图层"选项，并选择"图层1"，使其作为背景出现，如图13-83所示，单击"确定"按钮导出文件，按照导出的路径，找到该文件，双击它即可播放该动画，可以看到画面中的线条不断变化，效果生动、有趣。

图13-81 图13-82 图13-83

第14章

时尚风潮：设计项目
综合实例

14.1 特效设计——放飞心灵

□菜鸟级　□玩家级　☑专业级

■ 实例类型：特效设计类
■ 难易程度：★★★☆☆
■ 使用工具：涂抹效果、文字工具
■ 技术要点：使用涂抹命令将心形图形制作成线球效果。制作时为了使线球上的线随意、密集，需要调整路径的角度和变化参数，才能形成类似手绘的自然效果。

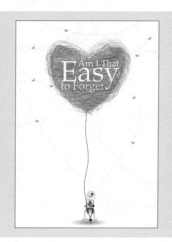

01 打开光盘中的素材文件，如图14-1所示。单击"图层1"前面的眼睛图标 👁，隐藏该图层，单击 🔲 按钮，新建一个图层，如图14-2所示。

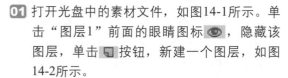

图14-6　　　　图14-7

04 执行"效果>风格化>涂抹"命令，设置参数如图14-8所示，效果如图14-9所示。按下Ctrl+C快捷键复制心形，按下Ctrl+F快捷键粘贴到前面，将填充颜色设置为黄色（C5、Y90），如图14-10所示。

图14-1　　　　图14-2

02 使用椭圆工具 ⬭ 绘制一个圆形，填充为深红色（C15、M100、Y90、K10），如图14-3所示。使用转换锚点工具 🄽 分别在圆形下面和上面的两个锚点上单击，将平滑点转换为角点，如图14-4、图14-5所示。

图14-3　　图14-4　　图14-5

03 选择直接选择工具 🄽，按住Shift键将锚点向下拖动，如图14-6所示，调整锚点位置和锚点上的方向线，制作出心形，如图14-7所示。

图14-8

图14-9　　　　图14-10

05 双击“外观”面板中的“涂抹”属性，如图14-11所示，打开“涂抹选项”对话框，调整“角度”和“变化”的参数，如图14-12、图14-13所示。

外观
路径
描边:
填色:
涂抹
不透明度: 默认值

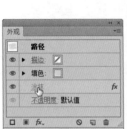

图14-11

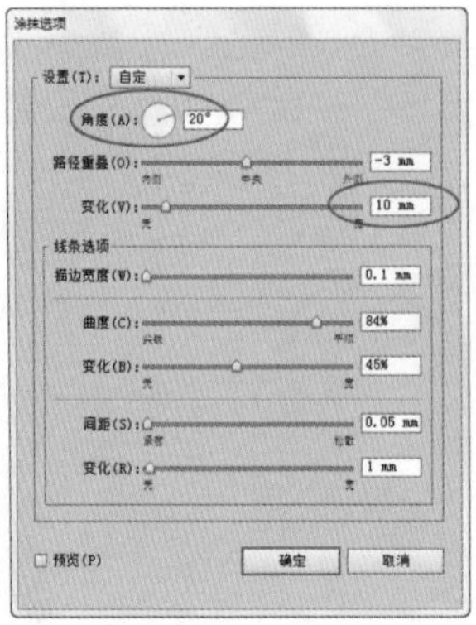

图14-12

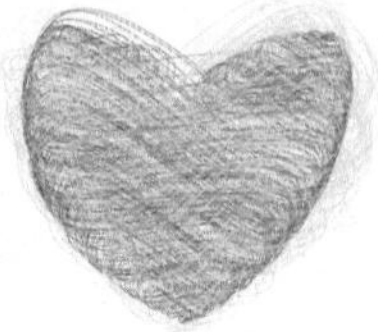

图14-13

06 再次按下Ctrl+F快捷键将复制的心形粘贴到前面，如图14-14所示。将填充颜色设置为红色，双击“外观”面板中的“涂抹”属性，在打开的对话框中修改“角度”和“变化”的参数，如图14-15、图14-16所示。

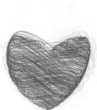

图14-14

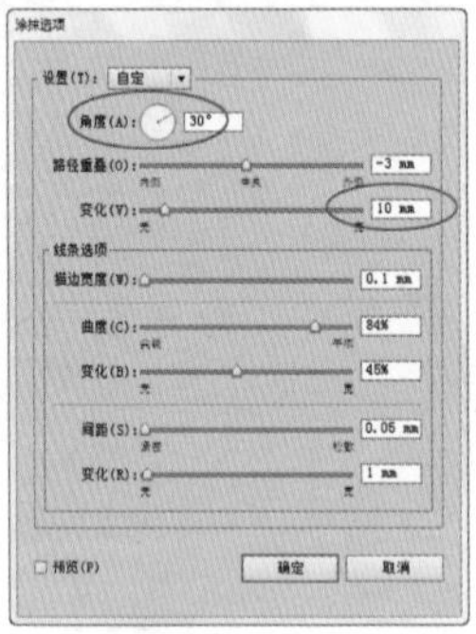

图14-15

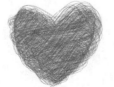

图14-16

07 再重复一次上面的操作，粘贴心形，调整参数，如图14-17、图14-18所示。

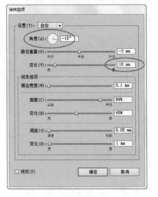

图14-17

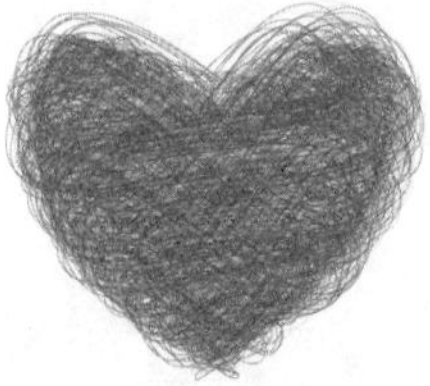

图14-18

08 使用文字工具 T 输入文字，如图14-19所示，每行文字位于一个文本框中，第一行文字大小为38pt，第二行为118pt，第三行为45pt。使用选择工具移动文字的位置，排列成如图14-20所示的效果。

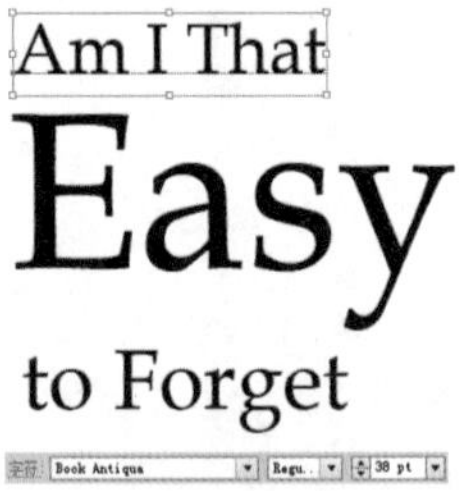

Am I That
Easy
to Forget

图14-19

Am I That
Easy
to Forget

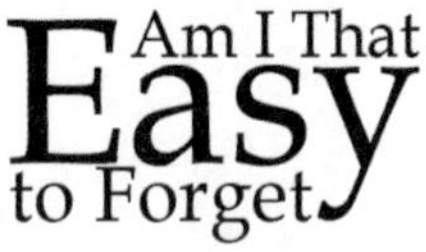

图14-20

09 选取文字，按下Ctrl+G快捷键编组，按下Shift+Ctrl+O快捷键创建为轮廓，如图14-21所示。在“渐变”面板中调整渐变颜色，如图14-22所示。同时文字图形也被填充了渐变颜色，如图14-23所示。

Am I That
Easy
to Forget

图14-21

渐变
类型: 线性
0°

图14-22

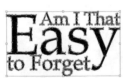

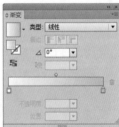

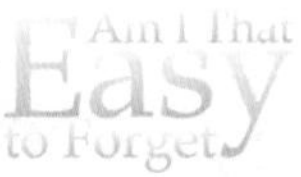

图14-23

10 使用渐变工具  由左至右拖动鼠标，为文字图形重新填充渐变颜色，如图14-24所示。上一步操作中每一个路径图形作为一个填充单位，可以看到每个字母都填充了由白到灰的渐变。而这一步操作则是将所有字母作为一个整体进行填充。

图14-24

11 执行"效果>风格化>投影"命令，添加投影效果，使文字产生立体感，如图14-25、图14-26所示。

图14-25　　　　　图14-26

12 将文字移动到心形上面，如图14-27所示。显示"图层1"，如图14-28所示。使用铅笔工具  在心形的下面绘制一条线，连接到女孩的手上，如图14-29所示。

图14-27　　　　　图14-28

图14-29

14.2 特效设计——小刺猬

□菜鸟级　□玩家级　☑专业级

■ 实例类型：特效设计类
■ 难易程度：★★★☆☆
■ 使用工具：粗糙化效果、收缩和膨胀效果、波纹效果、分别变换
■ 技术要点：使用效果菜单中的命令表现小刺猬身上的刺，通过分别变换命令，将这些刺堆积起来，让小刺猬看起来毛茸茸的，十分可爱。

01 使用钢笔工具 ✏ 绘制一个椭圆形，在"渐变"面板中调整渐变颜色，将图形填充径向渐变，如图14-30、图14-31所示。

图14-30   图14-31

制出一个新的图形，它比原图形小，并且改变了角度，如图14-39所示。

02 执行"效果>扭曲和变换>粗糙化"命令，设置参数如图14-32所示，使路径边缘产生锯齿，如图14-33所示。

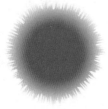

图14-32   图14-33

03 执行"效果>扭曲和变换>收缩和膨胀"命令，设置膨胀参数为32%，使图形边缘呈现绒毛效果，如图14-34、图14-35所示。

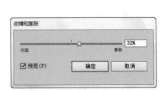

图14-34   图14-35

04 执行"效果>扭曲和变换>波纹效果"命令，使绒毛产生一些变化，如图14-36、图14-37所示。

图14-36   图14-37

05 保持图形的选取状态。在画板中单击鼠标右键，打开快捷菜单，选择"变换>分别变换"命令，打开"分别变换"对话框，设置缩放参数为85%，旋转角度为10°，单击"复制"按钮，如图14-38所示，变换并复

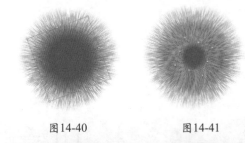

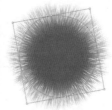

图14-38   图14-39

06 按下Ctrl+D快捷键执行"再次变换"命令，变换出的新图形大小是上一个图形的85%，并且在其基础上旋转了10°，如图14-40所示。连续按5次Ctrl+D快捷键变换图形，效果如图14-41所示。

图14-40   图14-41

提示：

通过"分别变换"和"再次变换"命令将一个绒毛图形变换成一个绒线团后，可以使用选择工具 单击选取每个图形，将光标放在定界框的一角，拖动鼠标调整一下角度，让绒毛之间错落开，效果会更加自然。

07 使用椭圆工具 按住Shift键绘制一个圆形，填充径向渐变，如图14-42、图14-43所示。执行"效果>风格化>投影"命令，设置参数如图14-44所示，效果如图14-45所示。

图14-42   图14-43

图14-44　　　　　　　图14-45

08 绘制一个大一点的圆形作为眼睛，填充灰色渐变，如图14-46、图14-47所示；按下Shift+Ctrl+E快捷键执行"投影"命令，为眼睛添加与黄色鼻子相同的投影效果，如图14-48所示。

图14-46

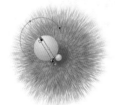

图14-47　　　　　　　图14-48

09 绘制一个小一点的圆形作为眼珠，如图14-49、图14-50所示。

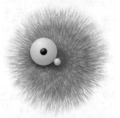

图14-49　　　　　　　图14-50

10 使用钢笔工具 🖋 绘制眼睫毛，如图14-51所示。使用选择工具 ▶ 按住Shift键选取组成眼睛的图形，按下Ctrl+G快捷键编组。双击镜像工具 🕮，打开"镜像"对话框，选择"垂直"选项，单击"复制"按钮，如图14-52所示，镜像并复制出眼睛图形，如

图14-53所示。将复制出的图形移动鼻子右侧，如图14-54所示。

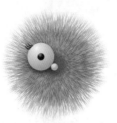

图14-51　　　　　　　图14-52

图14-53　　　　　　　图14-54

11 使用椭圆工具 ⬭ 绘制一个椭圆形，在"渐变"面板中将滑块的颜色设置为紫色，单击左侧滑块，设置不透明度为50%，将右侧滑块的不透明度设置为0%，使渐变呈现逐渐透明的效果，如图14-55、图14-56所示。

图14-55　　　　　　　图14-56

12 打开光盘中的素材文件，如图14-57所示。使用移动工具 ▶ 选取帽子，按下Ctrl+C快捷键复制，按下Ctrl+F6快捷键切换到小刺猬文档，按下Ctrl+V快捷键粘贴，如图14-58所示。按下Ctrl+[快捷键将图形向后调整，使帽子位于绒毛图形中间，如图14-59所示。

图14-57

图14-58　　　　　　图14-59

图14-61

13 再用同样方法将魔法棒粘贴到该文档中，小
刺猬就制作完了，如图14-60所示。如果改
变填充颜色，还可以制作出蓝色、黑色小刺
猬，效果如图14-61、图14-62所示。

图14-60

图14-62

14.3　特效设计——许愿瓶

□菜鸟级　□玩家级　☑专业级

■ **实例类型：**特效设计类
■ **难易程度：**★★★★☆
■ **使用工具：**文字工具、3D效果
■ **技术要点：**输入文字并定义为符号，作
为贴图备用。绘制瓶子的半边轮廓，通过"绕
转"效果制作为3D瓶子，为它贴文字符号，影
藏瓶身，只显示贴图。

01 按下Ctrl+N快捷键，创建一个"1024px×768px"，RGB模式的文档。选择文字工具 **T**，在"字
符"面板中设置字体及大小，如图14-63所示。在画板中单击并拖出一个矩形框，输入文字，每
句话后面以空格作为分隔，如图14-64所示。

图14-63

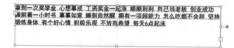

图14-64

02 在部分文字上单击并拖移鼠标选择文字，调整大小为12或14pt，使文字有所变化，如图14-65所示。

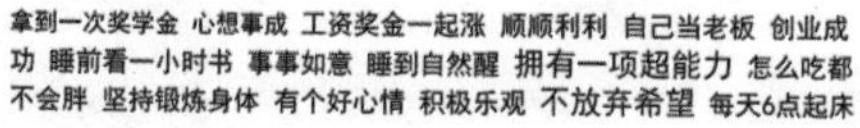

拿到一次奖学金 心想事成 工资奖金一起涨 顺顺利利 自己当老板 创业成功 睡前看一小时书 事事如意 睡到自然醒 拥有一项超能力 怎么吃都不会胖 坚持锻炼身体 有个好心情 积极乐观 不放弃希望 每天6点起床

图14-65

03 按下Shift+Ctrl+O快捷键将文本创建为轮廓，填充浅黄色，如图14-66所示。双击旋转工具 ⟳，在打开的对话框中设置角度为180度，单击"复制"按钮，旋转并复制出一个文本，填充棕色，如图14-67所示。

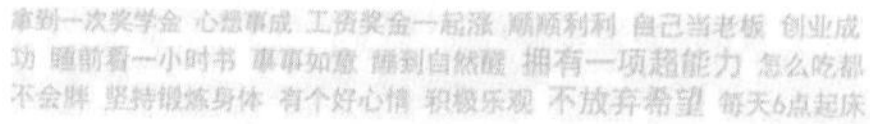

拿到一次奖学金 心想事成 工资奖金一起涨 顺顺利利 自己当老板 创业成功 睡前看一小时书 事事如意 睡到自然醒 拥有一项超能力 怎么吃都不会胖 坚持锻炼身体 有个好心情 积极乐观 不放弃希望 每天6点起床

图14-66

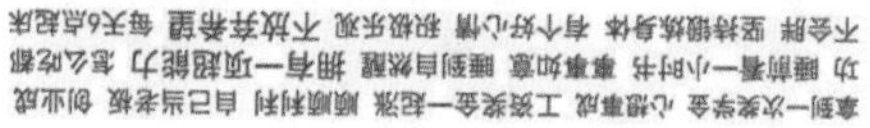

图14-67

04 打开"符号"面板菜单，选择"选择所有未使用的符号"命令，如图14-68所示，按住Alt键单击面板底部的 🗑 按钮，删除面板中的所有符号，如图14-69所示。

图14-68　　　　　图14-69

05 将浅黄色文本拖入"符号"面板中，弹出"符号选项"对话框，设置名称，如图14-70所示，单击"确定"按钮，将文本创建为符号，如图14-71所示。用同样方法将

棕色文本也创建为符号，如图14-72所示。

图14-70

图14-71　　　　　图14-72

06 再创建一个文本框，输入更多的文字，转换为轮廓后制作出浅黄色和棕色两个文本，如图14-73、图14-74所示。将它们分别创建为符号，如图14-75所示。

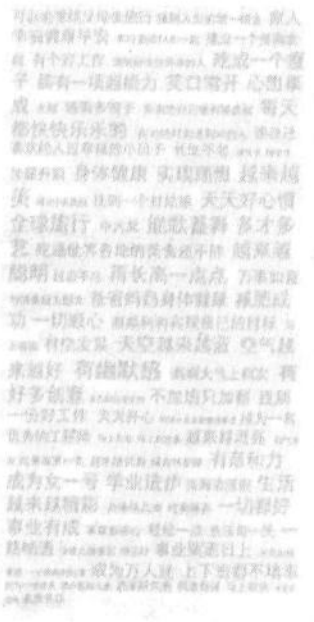

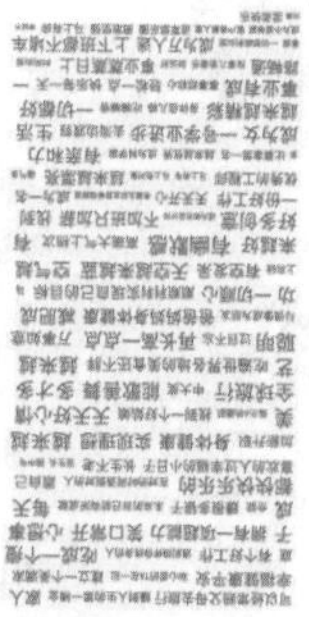

图14-73　　　　　图14-74

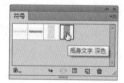

图14-75

07 创建一个与画面大小相同的矩形，填充径向渐变，如图14-76、图14-77所示。

图14-76　　　　　图14-77

08 单击"图层1"前面的 ▶ 图标，展开图层列

表，在"路径"层前面单击，锁定该图层，如图14-78所示。使用钢笔工具 ✍ 绘制瓶子的左半边轮廓，描边颜色为白色，粗细为1pt，无填充颜色，如图14-79所示。

图14-78　　　　　　　图14-79

09 执行"效果>3D>绕转"命令，打开"3D绕转选项"对话框，在偏移自选项中设置为"右边"，其他参数如图14-80所示，勾选"预览"选项，可以在画面中看到瓶子效果，如图14-81所示。

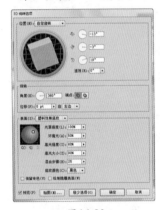

图14-80　　　　　　　图14-81

10 不要关闭对话框，单击"贴图"按钮，打开"贴图"对话框，勾选"三维模型不可见"选项，仅显示明暗贴图，隐藏立体对象。单击 ▶ 按钮，切换到6/8表面，在画面中，瓶子与之对应的表面会显示为红色的线框，在"符号"下拉列表中选择"瓶身文字 浅色"符号，如图14-82所示，为瓶身贴图，如图14-83所示。

图14-82　　　　　　　图14-83

提示：

选择符号后，可勾选对话框中的"预览"选项，画板中的瓶子就会显示贴图效果，此时可拖动符号的定界框，适当调整其大小或按下"缩放以适合"按钮，使图案完全应用于模型表面。

11 单击 ◀ 按钮，切换到3/8表面，在"符号"下拉列表中选择"瓶身文字 深色"符号，如图14-84、图14-85所示。

图14-84　　　　　　　图14-85

12 再分别切换到1/8、2/8、7/8和8/8表面，为瓶口贴图，如图14-86～图14-90所示。

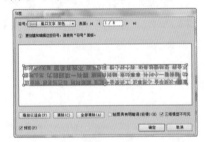

图14-86

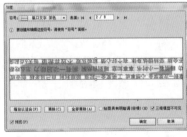

图14-87

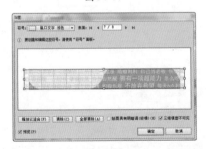

图14-88

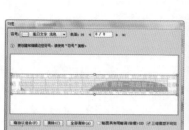

图14-89　　　　　　图14-90

13 在画面中输入文字，如图14-91、图14-92所示。

图14-91　　　　　　图14-92

14 使用修饰文字工具 𝕀 单击"愿"字，文字上会出现定界框，如图14-93所示，拖动定界框的一角，将文字放大，如图14-94所示。

图14-93　　　　　　图14-94

15 使用倾斜工具 ⬈ 在文字上按下鼠标，沿水平方向拖动，使文字产生倾斜变化，如图14-95所示。按下Shift+Ctrl+O快捷键将文字创建为轮廓，如图14-96所示。

图14-95　　　　　　图14-96

16 使用直接选择工具 ▷ 选取文字"瓶"的路径段，如图14-97所示，按住Shift键沿水平方向拖动，延伸笔画，使文字更具装饰性，如图14-98所示。

图14-97

图14-98

17 使用选择工具 ▶ 选取文字，双击"外观"面板中的"内容"属性，如图14-99所示，显示文字的外观属性，如图14-100所示。

图14-99　　　　　　图14-100

18 拖动"描边"到"填色"下方，设置描边颜色为深红色，粗细为9pt，如图14-101、图14-102所示。

图14-101

图14-102

19 输入其他文字，并进行描边处理。打开光盘中的图案素材，复制并粘贴到文档中，效果如图14-103所示。

图14-103

14.4 网站banner设计——设计周

□菜鸟级　□玩家级　☑专业级

■ 实例类型：网页设计类
■ 难易程度：★★★☆☆
■ 使用工具：凸出和斜角效果、剪切蒙版
■ 技术要点：使用"凸出和斜角"命令将方形创建为立方体，并将符号作为贴图映射在立方体表面。

01 打开光盘中的素材文件，如图14-104～图14-106所示。在"符号"面板中保存了3个符号，用来制作立方体的贴图。

02 使用矩形工具 ▣ 按住Shift键创建一个矩形，填充白色，无描边，如图14-107所示。

图14-104　　　　　　图14-105

图14-106　　　　　　图14-107

03 执行"效果>3D>凸出和斜角"命令，在打开的对话框中设置参数，制作一个立方体，如图14-108、图14-109所示。

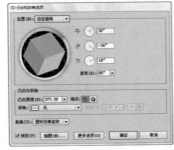

图14-108　　　　　　图14-109

04 不要关闭对话框，单击"更多选项"按钮，显示光源设置选项，单击 ▣ 按钮添加新的光源，新光源会位于对象正中间位置，拖动光源可移动位置，如图14-110、图14-111所示。

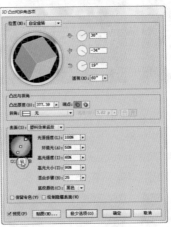

图14-110　　　　　　　　　图14-111

05 单击"贴图"按钮，打开"贴图"对话框，单击 ▼ 按钮在"符号"下拉列表中选择"新建符号"，将其应用于1/6表面，在预览框中调整贴图符号大小，将光标放在符号贴图内，变为 ✥ 状时拖动鼠标调整贴图位置，勾选"贴图具有明暗调"选项，如图14-112、图14-113所示。

06 单击 ▶ 按钮，切换到4/6表面，在"符号"下拉面板中选择"新建符号2"，将光标放在符号的定界框外，拖动鼠标将符号贴图旋转180°，如图14-114、图14-115所示。

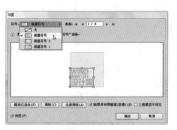

图14-112　　　　　　　　图14-113

图14-114　　　　　　　　图14-115

07 切换到5/6表面，选择"新建符号1"，调整符号角度，如图14-116、图14-117所示，单击"确定"按钮关闭对话框。

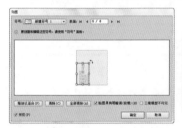

图14-116　　　　　　　　图14-117

08 保持立方体的选取状态，在画板中单击鼠标右键打开快捷菜单，选择"变换>缩放"命令，设置等比缩放参数为170%，勾选"比

例缩放描边和效果"选项，如图14-118所示，等比放大立方体，同时将贴图效果放大，如图14-119所示。

图14-118　　　　　　　　图14-119

09 绘制一个与画板大小相同的矩形，如图14-120所示，单击"图层"面板底部的 ▣ 按钮，创建剪切蒙版，将画板以外的图形隐藏，如图14-121、图14-122所示。

图14-120　　　　　　　　图14-121

图14-122

14.5　包装设计——可爱糖果瓶

☐菜鸟级　☐玩家级　☑专业级

- 实例类型：包装设计类
- 难易程度：★★★☆☆
- 使用工具：3D效果、路径工具
- 技术要点：使用3D效果制作一个可爱的糖果瓶。在制作时需要创建自定义的贴图，并将其贴在瓶体。

01 用钢笔工具 ✍ 绘制一条路径，如图14-123所示。按下Ctrl+R快捷键显示标尺，在垂直标尺上拖出一条参考线，放置在路径的端点上，以测量两个端点是否在同一垂直线上，如图14-124所示。如果不在一条直线上，可以用直接选择工具 ▹ 选择锚点，然后按下键盘中的方向键进行轻微移动，使之对齐。

图14-123　　　　图14-124

02 将路径的描边颜色设置为白色，执行"效果>3D>绕转"命令，设置参数如图14-125所示，勾选"预览"选项，可以看到立体效果，如图14-126所示。

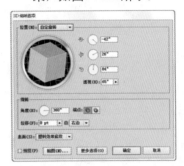

图14-125　　　　图14-126

03 单击"更多选项"按钮，显示光源设置选项。在"底纹颜色"下拉列表中选择"自定"选项，单击后面的颜色块，在打开的"拾色器"中设置底纹颜色为草绿色，如图14-127所示。单击"确定"按钮关闭对话框，如图14-128所示。单击"图形样式"面板中的 🔲 按钮，将当前瓶子所使用的绕转效果保存到面板中，如图14-129所示。

图14-127　　　　图14-128

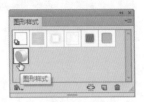

图14-129

04 选择直线段工具 ╱，按住Shift键创建一条直线，设置描边粗细为10pt，颜色为橙色，如图14-130所示。向下复制直线，如图14-131所示。

图14-130　　　　图14-131

05 连续按Ctrl+D快捷键进行再制，生成如图14-132所示的一组直线。改变直线的颜色，形成彩色条纹，如图14-133所示。选择这组图形，将它们拖动到"符号"面板中定义为符号，如图14-134所示。将这些彩色条纹删除。

图14-132　　　　图14-133

图14-134

06 双击"外观"面板中的"3D绕转（映射）"效果，如图14-135所示，在打开的对话框中单击"贴图"按钮，打开"贴图"对话框。单击"表面"右侧的 ◂ 按钮，切换到要进行贴图的表面，在"符号"下拉列表中选择自定义的"新符号"，在预览框中调整符号的位置，如图14-136所示，同时观察画面中的瓶子，彩色条纹完全包裹在瓶身即可，如图14-137所示。

图14-135

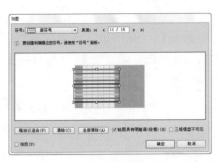

图14-136

图14-137

07 下面来制作瓶盖。先绘制一个橙色的矩形作为瓶盖的贴图，拖动到"符号"面板中保存，如图14-138、图14-139所示。

图14-138 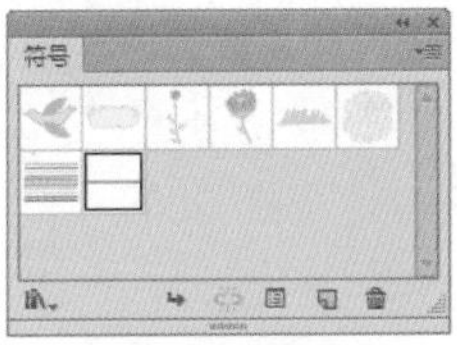　　　　　　图14-139

08 选择弧形工具，按住Shift键单击并向左侧拖动鼠标创建一个弧形，如图14-140所示。单击"图形样式"面板中自定义的样式，为瓶盖添加立体效果，如图14-141所示。将描边颜色设置为粉色，如图14-142所示。

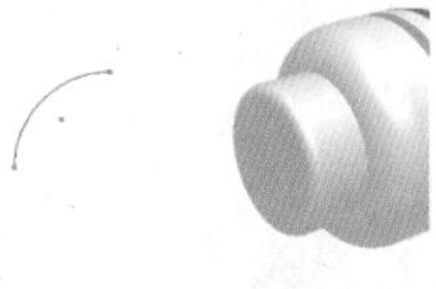

图14-140 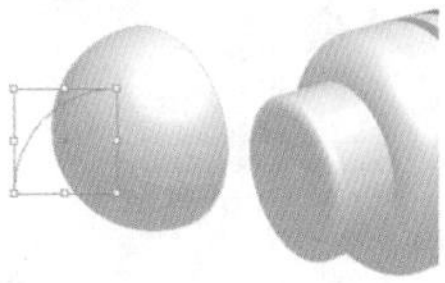　　　　　　图14-141

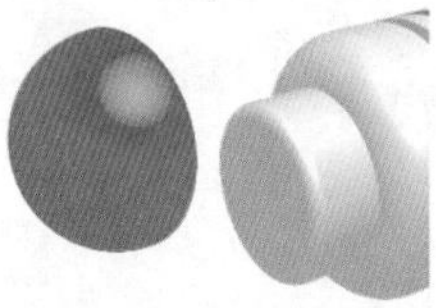

图14-142

09 双击"外观"面板中的"3D绕转（映射）"效果，在打开的对话框中单击"贴图"按钮，打开"贴图"对话框，切换贴图的表面并选择"新符号1"，如图14-143所示，效果如图14-144

所示。设置瓶盖的不透明度为85%，将它移动到瓶口处，如图14-145所示。

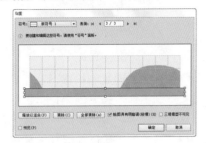

图14-143

图14-144　　　　　　图14-145

10 创建一个圆形，应用"图形样式"面板中的新样式，如图14-146所示。用直接选择工具选择图14-147所示的锚点，按下Delete键删除，剩余的部分成为一个球体，如图14-148所示。按住Alt键拖动糖果进行复制，调整描边颜色，使用糖果呈现不同的颜色，如图14-149所示。

图14-146　　　　　　图14-147

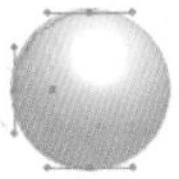

图14-148 　　　　　　图14-149

11 用钢笔工具绘制投影图形，如图14-150所示。执行"效果>风格化>羽化"命令，对投影进行羽化，如图14-151、图14-152所示。

图14-150　　　　　　图14-151

图14-152

12 按下Ctrl+C快捷键复制投影，按下Ctrl+F快捷键粘贴到上面，将它缩小，如图14-153所示。双击"外观"面板中的"羽化"效果，如图14-154所示，在打开的对话框中调整参数为15mm，效果如图14-155所示。

图14-153　　　　　图14-154

图14-155

13 为糖果创建投影，设置羽化参数为1.8mm，效果如图14-156所示。创建一个与画面大小相同的矩形，填充渐变，如图14-157、图14-158所示。

图14-156　　　　　　图14-157

图14-158

14.6　字体设计——乐高积木字

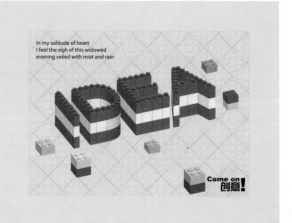

□菜鸟级　□玩家级　☑专业级

■ 实例类型：平面设计类
■ 难易程度：★★★★☆
■ 使用工具：路径查找器、魔棒工具、3D效果、偏移路径
■ 技术要点：用路径分割文字，再通过3D效果制作出积木字，为了让文字呈现一块块积木堆积的效果，使用了"偏移路径"命令。

01 打开光盘中的素材文件，如图14-159所示。画面中的文字已经创建为轮廓，可以作为图形进行编辑，按下Ctrl+A快捷键全选，单击"路径查找器"面板中的分割按钮 ，用直线分割文字，如图14-160所示。黑色直线分割文字后，依然存在于画面中，变为无描边颜色的路径。

图14-159　　　　　图14-160

02 使用魔棒工具 在无描边颜色的路径上单击，选取它们，如图14-161所示，按下Delete键删除，这时，画面中保留的只有红色文字，按下Ctrl+A快捷键全选，可以看到没有多余的路径了，如图14-162所示。

图14-161 　　　　　图14-162

03 执行"效果>3D>凸出和斜角"命令，设置参数如图14-163所示，将文字制作成立体效果，如图14-164所示。

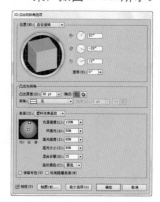

图14-163 　　　　　图14-164

04 执行"效果>路径>位移路径"命令，在打开的对话框中设置位移参数为-0.2mm，如图14-165所示，使积木之间产生微小的距离，体现积木的块面感，如图14-166所示。

图14-165　　　　　图14-166

05 使用选择工具 按住Shift键向上拖动积木，在放开鼠标前按下Alt键进行复制，如图14-167所示。将积木的填充颜色设置为白色，如图14-168所示。保持白色积木的选取状态，按下Ctrl+D快捷键执行"再次变换"命令，再复制出一组积木，如图14-169所示。

图14-167　　　　　图14-168

图14-169

06 使用椭圆工具 按住Shift键绘制一个圆形，使用选择工具 选取圆形，按住Alt+Shift键向下拖动进行复制，如图14-170所示。按下Ctrl+D快捷键变换出更多的圆形，如图14-171所示。选取这些圆形，按下Ctrl+G快捷键编组。执行"效果>3D>凸出和斜角"命令，设置X、Y和Z轴的旋转角度与之前制作的积木相同，凸出厚度为5pt，如图14-172、图14-173所示。

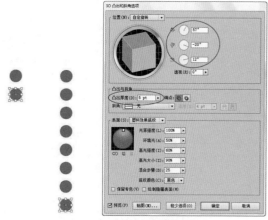

图14-170　图14-171　　　图14-172

图14-173

07 用同样方法在其他三个字母上制作出同样的红色圆柱体，如图14-174所示。在制作字母"E"和"A"时，可以将笔画拆开来做，使圆柱体的摆放能够对齐文字。

图14-174

08 再来制作小块积木，使用矩形工具 按住 Shift键绘制一个正方形，如图14-175所示。按下Alt+Shift+Ctrl+E快捷键打开"3D凸出和斜角选项"对话框，设置凸出厚度为22.5pt，如图14-176、图14-177所示。

图14-175　　　　　图14-176

图14-177

09 再制作4个圆形，如图14-178所示，用同样方法打开"3D凸出和斜角选项"对话框，设置凸出厚度为3.75pt，如图14-179、图14-180所示。选取组成黄色积木的图形，按下Ctrl+G快捷键编组。

图14-178

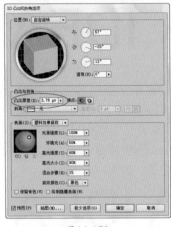

图14-179　　　　　图14-180

10 按住Alt键拖动黄色积木进行复制，将填充颜色分别设置为白色、紫色、蓝色和红色，放置在立体字周围，如图14-181所示。

图14-181

11 在"图层2"前面单击，显示该图层，如图14-182、图14-183所示。

图14-182

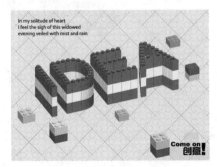

图14-183

14.7　字体设计——CG风格特效字

□菜鸟级　□玩家级　☑专业级

- 实例类型：平面设计类
- 难易程度：★★★★★
- 使用工具：外观属性、图形样式、混合模式、投影、羽化
- 技术要点：在这个实例中，将学习如何使用"外观"面板编辑对象的外观。在翅膀图形上应用样式库中的样本，并对其进行编辑，制作出满意的纹理效果。用渐变表现金属字。

14.7.1　制作金属质感立体字

01 打开光盘中的素材文件，在控制面板中设置描边颜色为暗黄色，粗细为0.5pt，并为文字填充线性渐变，如图14-184、图14-185所示。

图14-184

图14-185

02 按下Ctrl+C快捷键复制文字，按下Ctrl+B快捷键粘贴在后面，设置描边粗细为4pt，如图14-186所示。执行"对象>路径>轮廓化描边"命令，将描边转换为轮廓，为描边填充渐变，如图14-187所示。选择渐变工具 ，在文字上按住Shift键由上至下拖动鼠标填充垂直方向的渐变，如图14-188所示。

图14-186　　　　　图14-187

图14-188

03 再次按下Ctrl+B快捷键粘贴文字，设置描边粗细为8pt，执行"轮廓化描边"命令，然后为文字填充线性渐变，如图14-189、图14-190所示。

图14-189　　　　　图14-190

提示：

虽然描边也可以应用渐变填充，但是，在缩放对象时，描边容易产生变化，会影响到图形的外观效果，因此，在本实例中要将描边转换为轮廓图形。

04 执行"效果>风格化>投影"命令，设置参数如图14-191所示，添加投影后，文字会产生较强的立体感，可以将该文字适当向下移动，如图14-192所示。

图14-191　　　　图14-192

14.7.2　制作翅膀并添加纹理

01 按住Ctrl+Alt键单击创建新图层按钮 ，在当前图层下方新建"图层2"，为了不影响"图层1"中的立体文字，将该图层锁定，如图14-193所示。用钢笔工具 绘制如图14-194所示的图形，按下Ctrl+C快捷键复制，按下Ctrl+B快捷键贴在后面，调整图形高度，如图14-195所示。

图14-193　　　　图14-194

图14-195

02 在右侧绘制一组像翅膀形状的图形，如图14-196所示。双击镜像工具 ，在打开的对话框中选择"垂直"选项，单击"复制"按钮，将翅膀图形垂直翻转并复制，如图14-197所示。将复制后的图形移动到文字左侧，如图14-198所示。

03 在下面的制作中会使用两种不同的纹理相叠加来表现翅膀，因此，在制作前应先保留一组翅膀图形。选择翅膀图形，将其复制、编组并隐藏，留待以后操作时使用。选择文字后面的大一点的背景图形，执行"窗口>图形样

式库>纹理"命令，选择"RGB灰尘"样式，如图14-199所示，效果如图14-200所示。

图14-196　　　　图14-197

图14-198

图14-199　　　　图14-200

04 在"外观"面板中修改第一个填色为暗黄色，设置混合模式为"变亮"，不透明度为50%，如图14-201所示。单击第二个填色属性，在"渐变"面板中调整渐变颜色，如图14-202、图14-203所示。

图14-201　　　　图14-202

图14-203

05 双击"喷色描边"属性，如图14-204所示，在打开的对话框中将喷色半径参数改为16，如图14-205所示。在画板空白处单击，取消对象的选取状态。

图14-204　　　　　　图14-205

06 打开"图层样式"面板，按住Shift键单击面板中的所有样式，如图14-206所示，拖动到删除图形样式按钮 🗑 上面，将它们删除。单击新建图形样式按钮 🔲，将上面编辑的样式保存到"图形样式"面板中，如图14-207所示。

图14-206　　　　　　图14-207

07 选择翅膀图形，单击新创建的样式，为它添加该样式，如图14-208所示。将前面操作中复制的翅膀显示出来，选择其中的一个翅膀图形，单击"纹理"面板中的"RGB鹅卵石"样式，如图14-209所示，用该样式表现网状翅脉效果，如图14-210所示。

图14-208

图14-209　　　　　　图14-210

08 该样式所包含的属性显示在"外观"面板中，将"描边"拖动到 🗑 按钮上面删除，如图14-211～图14-213所示。

图14-211　　　　　　图14-212

图14-213

09 双击"染色玻璃"属性，在打开的对话框中将单元格大小设置为15，如图14-214、图14-215所示。

图14-214　　　　　　图14-215

10 设置混合模式为"叠加"，单击"图形样式"面板底部的 🔲 按钮，创建新样式，如图14-216所示。为翅膀图形设置该样式，效果如图14-217所示。

图14-216　　　　　　图14-217

11 选择文字后面的白色图形，调整渐变颜色，如图14-218所示。设置该图形的混合模式为"叠加"，效果如图14-219所示。

图14-218　　　　　　　图14-219

12 用钢笔工具 🖊 绘制翅膀的骨干部分，填充灰色，如图14-220所示。设置混合模式为强光，效果如图14-221所示。

图14-220　　　　　　　图14-221

13 绘制翅膀凹陷处的投影，如图14-222所示。执行"效果>风格化>羽化"命令，设置羽化半径为2mm，效果如图14-223所示。

图14-222　　　　　　　图14-223

14 在翅膀末端绘制两个黑色图形，按下Shift+Ctrl+[快捷键将其移至底层，如图14-224所示。

图14-224

14.7.3　添加装饰物

01 执行"窗口>符号库>自然"命令，打开符号库，将"植物1"符号拖动到画板中，如图

14-225所示。将填充颜色设置为绿色，用符号着色器工具 🖌 改变符号的颜色，如图14-226所示。按下Shift+Ctrl+[快捷键将它放在所有图形的后面，复制并调整角度，注意图层前后位置的安排，如图14-227所示。

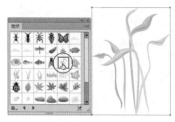

图14-225

图14-226

图14-227

02 执行"窗口>画笔库>装饰>装饰_横幅和封条"命令，打开画笔库。将"横幅2"拖动到画板中，如图14-228所示。

图14-228

03 用直接选择工具 ▷ 在横幅上单击，单独选择每一部分，填充渐变，如图14-229所示。在横幅上面输入文字，如图14-230所示。

图14-229　　　　　　　图14-230

04 选择文字与横幅，执行"对象>封套扭曲>用变形建立"命令，设置参数如图14-231所示，效果如图14-232所示。

图14-231

图14-232

05 最后，将"自然界"面板中的"瓢虫"符号拖动到画板中，装饰在翅膀的末端，效果如图14-233所示。

图14-233

14.8 海报设计——香水海报

□菜鸟级 □玩家级 ☑专业级

■ 实例类型：平面设计类
■ 难易程度：★★★★☆
■ 使用工具：渐变、不透明度蒙版、混合模式、效果
■ 技术要点：通过不透明度蒙版和混合模式合成背景图像。绘制气泡状图形并与人物头像合成。绘制水滴和光晕图形。

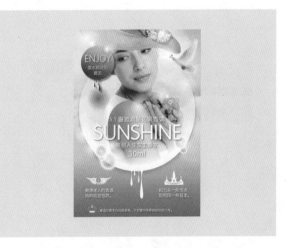

01 创建一个与画板大小相同的矩形，填充线性渐变，如图14-234、图14-235所示。

图14-234

图14-235

02 执行"文件>置入"命令，选择光盘中的云彩素材，取消"链接"选项的勾选，如图

14-236所示，单击"置入"按钮，将素材嵌入文档中，如图14-237所示。

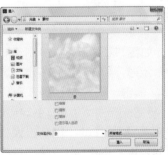

图14-236

图14-237

03 在"透明度"面板中设置混合模式为"明度"，如图14-238、图14-239所示。

图14-238　　　　　　　图14-239

04 绘制一个矩形，填充线性渐变，如图14-240
所示。使用选择工具 ➤ 按住Shift键单击云
彩图像，将其与矩形一同选取，单击"制作
蒙版"按钮，如图14-241所示，创建蒙版，
取消"剪切"选项的勾选，如图14-242、图
14-243所示。

图14-240　　　　　　　图14-241

图14-242　　　　　　　图14-243

05 置入人物素材，如图14-244所示。分别绘制
一个圆形和一个矩形，如图14-245所示，选
取这两个图形，单击"路径查找器"面板
中的 🔲 按钮，将它们合并，如图14-246所
示。使用选择工具 ➤ 按住Shift键单击人物
图像，将其一同选取，按下Ctrl+7快捷键建
立剪切蒙版，隐藏人物图像的两个边角，使
底边呈现弧形，如图14-247所示。

图14-244　　　　　　　图14-245

图14-246　　　　　　　图4-247

06 创建一个圆形，填充为白色，无描边。按下
Ctrl+C快捷键复制圆形，后面的操作中会使
用。执行"效果>风格化>投影"命令，设置
参数如图14-248所示，效果如图14-249所示。

图14-248　　　　　　　图14-249

07 设置圆形的混合模式为"正片叠底"，如图
14-250所示，在画面中只显示出投影，如图
14-251所示。

图14-250　　　　　　　图14-251

08 按下Ctrl+F快捷键，将前面操作中复制的圆形粘贴到前面，在"渐变"面板中选择"径向"渐变，将滑块颜色设置为白色，设置左侧滑块的不透明度为0%，位置为61%，如图14-252所示，使渐变中心呈现透明效果，如图14-253所示。

图14-252

图14-253

09 创建一个矩形，填充线性渐变，如图14-254所示。将其与圆形一同选取，单击"透明度"面板中的"制作蒙版"按钮，创建不透明度蒙版，将圆形上半部分隐藏，如图14-255、图14-256所示。

图14-254

图14-255

图14-256

10 用钢笔工具 🖋 在圆形下面绘制水滴图形，在人物背后绘制衣服，填充为线性渐变，如图14-257、图14-258所示。

图14-257

图14-258

11 分别置入帽子和鸽子素材。绘制一个与背景大小相同的矩形，单击"图层"面板底部的 🔲 按钮，建立剪切蒙版，如图14-259、图14-260所示。

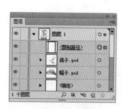

图14-259

图14-260

12 在人物头部左侧绘制圆形及水滴图形，单击"路径查找器"面板中的 🔲 按钮，将图形合并，填充线性渐变。执行"效果>风格化>投影"命令，添加投影效果，如图14-261、图14-262所示。

图14-261

图14-262

13 绘制圆形，填充径向渐变。将左侧滑块的颜色设置为淡紫色，不透明度为0%，使渐变中心为透明；设置右侧滑块为白色，不透明度为0%，如图14-263、图14-264所示。

14 再分别制作出紫色和白色的渐变图形，如图14-265～图14-267所示，复制这些图形，调整大小，排列在人物周围，体现明亮的光晕效果，如图14-268所示。

图14-263

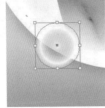

图14-264

图14-265

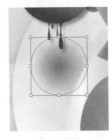

图14-266

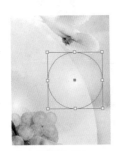

图14-267

图14-268

15 使用光晕工具 创建光晕图形，如图14-269所示，在画面左上角及葡萄上也创建出光晕图形，效果如图14-270所示。

图14-269

图14-270

16 选择文字工具 **T**，在"字符"面板中设置字体及大小，如图14-271所示，由于画面中内容较多，可以在画板以外的区域单击输入

文字，然后拖入画面中，如图14-272所示。

图14-271

图14-272

17 执行"效果>风格化>羽化"命令，为文字添加投影效果，如图14-273、图14-274所示。

图14-273

图14-274

18 输入其他文字，设置同样的投影效果。执行"窗口>符号库>至尊矢量包"命令，载入该符号库，如图14-275所示，将符号样本直接拖入画面中，按下Shift+Ctrl+F11快捷键打开"符号"面板，单击面板底部的 按钮，断开符号的链接，将符号颜色设置为白色，装饰在画面中，效果如图14-276所示。

图14-275

图14-276

14.9 创意设计——音符灯泡

□菜鸟级 □玩家级 ☑专业级

■ 实例类型：平面设计类
■ 难易程度：★★★☆☆
■ 使用工具：符号工具、"符号"面板
■ 技术要点：调整符号喷枪工具参数，创建符号组，调整符号的位置和角度，复制和粘贴符号，制作出创意新颖的音乐符号灯泡。

01 打开光盘中的素材文件，如图14-277所示。打开"符号"面板，如图14-278所示，面板中保存着这个实例要用到的音符符号。

图14-277   图14-278

02 锁定"图层1"，新建一个图层，如图14-279所示。双击符号喷枪工具，在"符号工具选项"对话框中设置参数，如图14-280所示。

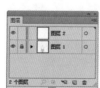

图14-279   图14-280

03 单击"符号"面板中的"二分音符"符号，如图14-281所示。在灯泡区域内拖动鼠标创建符号组，如图14-282所示。

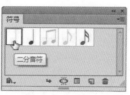

图14-281   图14-282

04 保持符号组的选取状态，单击"符号"面板中的"四分音符"符号，如图14-283所示，在符号组上拖动鼠标，添加符号，如图14-284所示。

图14-283   图14-284

05 依次选取其他符号样本，添加到符号组中，如图14-285所示。单击"符号"面板中的"二分音符"符号，按住Shift键单击"十六分音符"符号，选取面板中的所有符号，如图14-286所示。

图14-285　　　　　　图14-286

06 使用符号紧缩器工具 在符号组上单击并拖动鼠标，聚拢符号，如图14-287所示；使用符号位移器工具 在符号组上单击并拖动鼠标，移动符号的位置，如图14-288所示。

图14-287　　　　　　图14-288

07 使用符号旋转器工具 在符号组上单击并拖动鼠标旋转符号，如图14-289所示；使用符号喷枪工具 添加更多符号，如图14-290所示。

08 按下Ctrl+C快捷键复制符号组，按下Ctrl+F快捷键粘贴到前面，如图14-291所示。使用符号位移器工具 移动符号的位置，使符号错落排列，如图14-292所示。

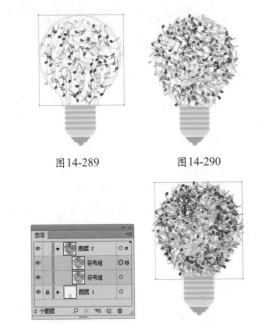

图14-289　　　　　　图14-290

图14-291　　　　　　图14-292

09 重复两次以上操作，粘贴符号组，调整符号的位置，使符号更加密集，如图14-293、图14-294所示。

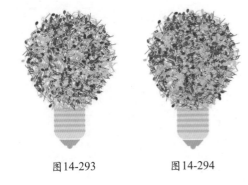

图14-293　　　　　　图14-294

14.10　创意设计——看风景

☐菜鸟级　☐玩家级　☑专业级

■ 实例类型：平面设计类
■ 难易程度：★★★☆☆
■ 使用工具：绘图工具、羽化
■ 技术要点：将人物图像导入文档中，根据人物的姿态设计制作场景及相应物品，使画面虚实结合，充满趣味。

14.10.1　给人物添加投影效果

01 打开光盘中的素材文件，如图14-295所示。单击"图层"面板底部的 按钮，新建一个图层，如图14-296所示。

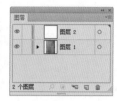

图14-295　　　　　　图14-296

02 执行"文件>置入"命令，打开"置入"对话框，选择光盘中的素材文件，取消"链接"选项的勾选，如图14-297所示，这是一个PSD文件，置入时会弹出"Photoshop导入选项"对话框，如图14-298所示，单击"确定"按钮，将已经去除背景的人物图像导入画面中，如图14-299所示。

图14-297

图14-298　　　　　　图14-299

03 使用铅笔工具 绘制人物的投影，位置在人物的右侧稍向下，并且要大于人物的轮廓，如图14-300所示。将图形填充黑色，按下

Ctrl+[快捷键将其移到人物后面，如图14-301所示。

图14-300　　　　　　图14-301

04 执行"效果>风格化>羽化"命令，设置羽化半径为6mm，如图14-302所示。在"透明度"面板中设置混合模式为"正片叠底"，如图14-303、图14-304所示。

图14-302　　　　　　图14-303

图14-304

05 再绘制一个大一点的图形，设置同样的羽化效果和混合模式，将不透明度设置为55%，使这个影子变浅，如图14-305所示。锁定该图层，单击"图层1"，如图14-306所示，在这个图层中制作丰富有趣的背景效果。

图14-305　　　　　　图14-306

14.10.2 根据人物绘制场景

01 根据人物的姿态绘制一把椅子，使人物看起来像是坐在椅子上晒太阳。使用钢笔工具 ✎ 绘制椅子面图形，设置描边宽度为2pt，如图14-307、图14-308所示。

图14-307　　　　　　　　图14-308

02 绘制一个呈螺旋扭曲的把手，如图14-309所示，选择镜像工具 ⚲ ，按住Alt键在椅子的中间位置单击，弹出"镜像"对话框，选择"垂直"选项，单击"复制"按钮，如图14-310所示，镜像并复制图形，如图14-311所示。

03 绘制椅子背和椅子腿，如图14-312所示。

图14-309　　　　　　　　图14-310

图14-311　　　　　　　　图14-312

提示：

绘制完椅子后，可以按下Ctrl+A快捷键全选，按下Shift键单击背景的素材图像，将其排除在选区外，这样就可以将椅子图形全部选取了，按下Ctrl+G快捷键编组。在图形较多的文件中，适当为图形划分编组，可以为编辑图形带来方便。

04 锁定椅子和背景图层，如图14-313所示。使用钢笔工具 ✎ 绘制如图14-314所示的图形，描边粗细为1pt，使用选择工具 ▶ 将图形移动到椅子左侧，下面就要开始复制了，按住Shift+Alt键向上拖动该图形，可以复制生成一个同样的图形，如图14-315所示。

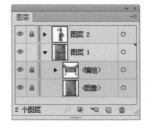

图14-313　　　　图14-314　　　　图14-315

05 不要取消选择，按下Ctrl+D键执行"再次变换"命令，不断复制生成新的图形，最后形成一条长长的绳子，如图14-316所示，对于画面外的部分会在以后的操作中用蒙版来遮盖。使用圆角矩形工具 ▢ 在绳子与椅子的衔接处绘制一个图形，如图14-317所示。使用选择工具 ▶ 拖出一个矩形选框，将绳子图形全部选取在内，按下Ctrl+G快捷键编组，然后复制到画面右侧，如图14-318所示。

图14-316　　　　　　　　图14-317

图14-318

06 使用椭圆工具 ⬭ 按住Shift键绘制一个圆形，描边粗细为1pt，如图14-319所示。使用螺旋线工具 ◎ 在圆形内部绘制，设置描边粗细为2pt，如图14-320所示。继续绘制圆形和螺旋线，组合成云朵的形状，如图14-321所示。将云朵图形选取并编组，移动到人物脚下，如图14-322所示。

图14-319

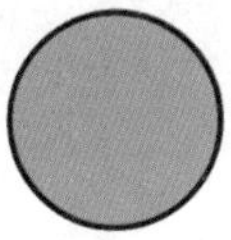

图14-320

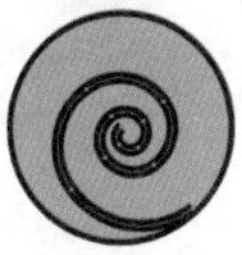

图14-321

图14-322

07 使用钢笔工具 绘制云彩图形，如图14-323所示，执行"窗口>画笔库>艺术效果>艺术效果_粉笔炭笔铅笔"命令，加载该画笔库，选择"炭笔-铅笔"样本，如图14-324所示，将图形的填充颜色设置为灰色，在控制面板中设置描边粗细为0.25pt，如图14-325所示。

图14-323

图14-324

图14-325

08 在云彩图形里面绘制一个小的图形，使云彩看起来更具装饰性。在图形左侧绘制一个圆形，如图14-326所示。使用选择工具 选取云彩图形，注意不要选取圆形，按下Ctrl+G快捷键编组。选择旋转工具 ，按住Alt键在圆心上单击，弹出"旋转"对话框，设置角度为30°，单击"复制"按钮，如图14-327所示，旋转并复制图形，如图14-328所示。

图14-326

图14-327

图14-328

09 不要取消图形的选取状态，按下Ctrl+D快捷键执行"再次变换"命令，复制生成更多的图形，直到云彩图形排满太阳四周，如图14-329所示。复制一个云彩图形，将图形适当放大，调整角度，如图14-330所示；使用旋转工具 ，用与上面相同的方法对图形进行旋转和复制，生成一圈新的云彩图形，如图14-331所示。继续制作出更多的云彩，形成一个古典风格、颇具气势的太阳图案，如图14-332所示。

图14-329

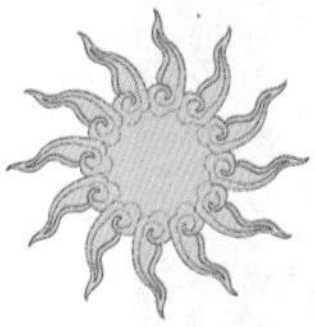

图14-330

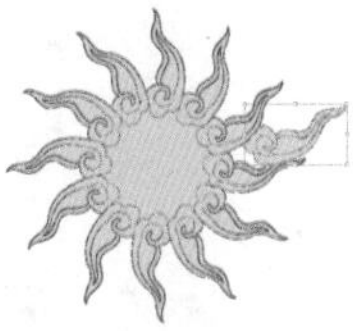

图14-331

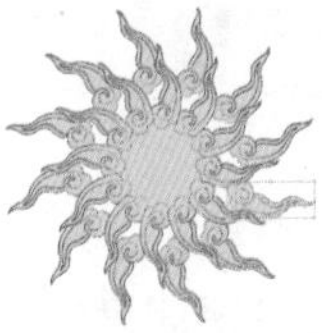

图14-332

10 将太阳图案全部选取后编组，拖动到画面左上角，按下Ctrl+[快捷键向下移动位置，直到位于秋千图层下方。创建一个与画面大小相同的矩形，单击"图层"面板底部的 按钮，创建剪切蒙版，将画板以外的图形隐藏，如图14-333、图14-334所示。

图14-333

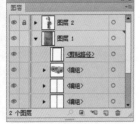
图14-334

11 执行"窗口>符号库>点状图案矢量包"命令，加载该符号库，选择如图14-335所示的符号，拖入画面中，按下Shift+Ctrl+[快捷键移至底层，再按下Ctrl+] 快捷键向上移动一层，使它正好位于背景素材上方，在"透明度"面板中设置混合模式为"正片叠底"，不透明度为40%，如图14-336、图14-337所示。

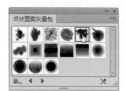

图14-335　　　　图14-336

图14-337

12 使用铅笔工具 ✐ 绘制两条飘带，填充灰色，描边颜色为黑色，设置不透明度为40%，如图14-338所示。

图14-338

13 在画面下方绘制一些石头，由远至近、由小到大铺满地面，以不同的灰色填充，如图14-339～图14-341所示。

图14-339　　　　图14-340

图14-341

14 绘制一个与背景宽度相同的矩形，填充透明-黑色渐变，如图14-342所示，设置该图形的混合模式为"正片叠底"，不透明度为50%，使地面由近到远呈现深浅变化，如图14-343所示。

图14-342　　　　图14-343

15 打开光盘中的素材文件，如图14-344所示。将素材全选，按下Ctrl+C快捷键复制，按下Ctrl+F6快捷键切换到人物文档中，单击"图层"面板底部的 ▢ 按钮，新建一个图层，将该图层拖至"图层"面板顶层，按下Ctrl+V快捷键将素材图形粘贴到文档中，如图14-345所示。

图14-344　　　　图14-345

14.11 创意设计——图形的游戏

□菜鸟级 □玩家级 ☑专业级

■ **实例类型**：平面设计类
■ **难易程度**：★★★★★
■ **使用工具**：绘图工具、剪切蒙版
■ **技术要点**：在人物周围添加大量图形
元素，使视觉形象秩序化，由重复构成到群
化构成，形成繁复且和谐统一的装饰效果。

14.11.1 创建重复构成形式的符号

01 使用钢笔工具 ✐ 绘制一个图形，执行"窗口
>色板库>渐变>色彩调和"命令，打开该面
板，选择"原色互补1"为图形填色，如图
14-346、图14-347所示。

02 使用选择工具 ▶ 按住Shift键向下拖动图
形，在放开鼠标时按下Alt键进行复制，如
图14-348所示。按住Shift键单击原图形，将
两个图形选取，按下Alt+Ctrl+B快捷键建立
混合，如图14-349所示。

图14-346　　　图14-347　图14-348　图14-349

03 双击混合工具 ▣，打开"混合选项"对话
框，设置指定的步数为20，如图14-350、图
14-351所示。

图14-350　　　　　图14-351

04 使用直接选择工具 ▶ 在混合图形中间位置
单击，显示混合轴路径，如图14-352所示。
使用添加锚点工具 ✐ 在混合轴路径上单

击，添加锚点，如图14-353所示。使用直接
选择工具 ▶ 拖动锚点，改变混合形状，如
图14-354所示。

图14-352　图14-353　　图14-354

05 使用转换锚点工具 ▷，在锚点上拖动鼠
标，拖出两个方向线，使路径变得平滑，
如图14-355所示；按住Ctrl键切换为直接选
择工具 ▶，在最上面的图形上单击将其选
取，如图14-356所示，向右侧拖动，如图
14-357所示。

图14-355　　　图14-356　　　图14-357

06 再次双击混合工具 ▣，打开"混合选项"对
话框，单击对齐路径按钮 ，使混合图形
垂直于路径，如图14-358、图14-359所示。

图14-358　　　　　图14-359

07 使用直接选择工具 ▶ 选取上面的图形，按下 V 键显示定界框，拖动定界框的一角将图形旋转，如图14-360所示。用同样方法调整下面的图形，如图14-361所示。

图14-360　　　　　图14-361

08 使用选择工具 ▶ 选取混合图形，如图14-362所示，执行"对象>混合>扩展"命令，将混合对象扩展为单独图形，扩展后的图形处于编组状态，按下 Shift+Ctrl+G 快捷键取消编组。选取上面的图形，执行"效果>风格化>投影"命令，在打开的对话框中设置参数，如图14-363、图14-364所示。

图14-362　　　　图14-363　　　　图14-364

09 选取其他图形，按下 Shift+Ctrl+E 快捷键应用同样的"投影"效果，并逐一修改渐变颜色，使用"色彩调和"面板中的其他颜色进行填充，效果如图14-365所示。选取这些图形，单击"符号"面板底部的 ▣ 按钮新建符号，如图14-366所示。画面中的图形对象也同时被转换为符号。

 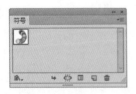

图14-365　　　　　图14-366

> **提示：**
>
> 将复杂图形创建为"符号"库中的符号样本，在图中重复使用，可以减小文件的大小。

14.11.2　群化构成

01 使用矩形工具 ▭ 创建一个与画板大小相同的矩形，按下"图层"面板底部的 ▣ 按钮建立剪切蒙版，如图14-367所示。使用选择工具 ▶ 选取画面中的符号，拖动到画板下方并调整角度，如图14-368所示。

图14-367　　　　　图14-368

02 按住 Alt 键拖动符号进行复制，并适当缩小，如图14-369所示。继续复制符号，调整大小和角度，使符号布满画面，可以使用镜像工具 ▷ 对个别符号进行翻转，如图14-370、图14-371所示。

图14-369　　　　　图14-370

图14-371

> **提示：**
>
> 重复构成是将视觉形象秩序化、整齐化，体现整体的和谐与统一，重复构成包括基本形式重复构成、骨骼重复构成、重复骨骼与重复基本形的关系以及群化构成等。

03 执行"文件>置入"命令置入文件，适当调整人物大小以适合画面，如图14-372所示。将符号图形复制并缩小，放置在人物的腿部，按下 Ctrl+[快捷键移动到人物后面，如图14-373所示。

图14-372　　　　　图14-373

04 将符号复制到画板以外的区域，如图14-374
所示，按住Alt键向上拖动再次复制，如图
14-375所示，使用镜像工具 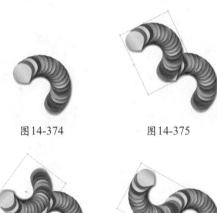 拖动符号，
将符号进行垂直翻转，如图14-376所示，再
使用旋转工具 ◯ 拖动鼠标，调整符号的角
度，效果如图14-377所示。

图14-374　　　　　图14-375

图14-376　　　　　图14-377

05 继续排列符号，使符号形成蜿蜒的效果，使
用倾斜工具 ✓ 在符号上拖动鼠标，使符号
产生倾斜，然后将符号选取后按下Ctrl+G
快捷键编组，如图14-378所示，复制到画面
中，效果如图14-379所示。

图14-378　　　　　图14-379

06 继续添加更多的符号，形成有层次的排列，
如图14-380所示。

图14-380

07 使用铅笔工具 ✎ 根据人物的外形绘制一个图
形，作为人物的投影，执行"效果>风格化
>羽化"命令，设置羽化半径为14mm，如图
14-381、图14-382所示。

图14-381　　　　　图14-382

08 接下来要将投影图形移动到人物后面，现
在画面中的图形很多，如果使用Ctrl+[快
捷键向后移动需要很多次。有一种方法比
较快捷，先按下Ctrl+X快捷键将投影图形
剪切，然后单击人物图像将其选取，按下
Ctrl+B快捷键执行"贴在后面"命令，投影
图形就被粘贴在人物后面了。单击"图层"
面板右上角的 ⬛ 按钮，打开面板菜单，选
择"面板选项"命令，打开"图层面板选
项"对话框，选择"大"选项，如图14-383
所示，增大图层缩览图，便于查看所需图
层。单击 ▶ 按钮展开"图层1"，可以看到
投影路径的位置正好在人物图层的下方，如
图14-384所示。

　　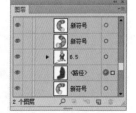

图14-383　　　　　图14-384

271

实用技巧：快速定位对象在图层面板中的位置

当文档中的子图层数量较多时，选择对象后，要快速找到该图层，可单击"图层"面板底部的定位对象按钮 🔍，Illustrator就会自动查找该图层。这种方法在定位重叠图层中的对象时特别有用。

09 在"透明度"面板中设置投影图形的混合模式为"正片叠底"，如图14-385、图14-386所示。

图14-385

图14-386

10 在人物腿部绘制红色的图形，设置羽化半径为3mm，如图14-387所示，红色图形的位置应在人物的上方，不要遮挡腿部的其他图形。用上面学习的方法，先将红色图形剪切，然后选取人物，按下Ctrl+F快捷键执行"贴在前面"命令，在"图层"面板中可以看到图形的位置，如图14-388所示。

图14-387

图14-388

11 设置图形的混合模式为"柔光"，不透明度为50%，如图14-389、图14-390所示。

图14-389

图14-390

12 使用铅笔工具 ✏ 在脚部绘制投影图形，如图14-391所示。执行"效果>风格化>羽化"命令，设置羽化半径为5mm，混合模式为"正片叠底"，效果如图14-392所示。添加投影可以增加画面的空间感与层次感。

图14-391

图14-392

13 在衣服位置绘制投影图形，如图14-393所示，设置同样的羽化参数与混合模式，效果如图14-394所示。

图14-393

图14-394

14 在头部绘制投影图形，这个图形较小，如图14-395所示，为它添加"羽化"效果使它变虚，可以将羽化半径设置为4mm，效果如图14-396所示。

图14-395

图14-396

14.11.3 为人物化妆

01 锁定"图层1"，单击 🔲 按钮新建"图层2"。使用钢笔工具 ✏ 绘制眼影和口红图形，如图14-397所示。为它们添加"羽化"效果，设置眼影图形的羽化半径为2mm，口红图形为1mm，在设置羽化效果时，羽化半径参数越大，图形所呈现的颜色越浅，羽化后眼影的效果略浅于口红，如图14-398所示。

图14-397　　　　　　图14-398

02 绘制黑色的眼线图形，设置混合模式为"变暗"，不透明度为90%，如图14-399、图14-400所示。

图14-399　　　　　　图14-400

03 使用铅笔工具 ✐ 绘制如图14-401所示的图形，设置混合模式为"柔光"，如图14-402所示，强化一下皮肤的亮度，效果如图14-403所示。完成后的效果如图14-404所示。

图14-401　　　　　　图14-402

图14-403

图14-404

14.12 插画设计——矢量风格插画

□菜鸟级　□玩家级　☑专业级

- 实例类型：插画设计类
- 难易程度：★★★★★
- 使用工具：3D效果、绘图工具
- 技术要点：使用钢笔工具绘制图形和路径，使用路径对图形进行分割，制作出若干小的图形，填充以绚丽的色彩，再通过透明渐变来表现明暗与光影，制作出一幅矢量气息浓郁的插画作品。

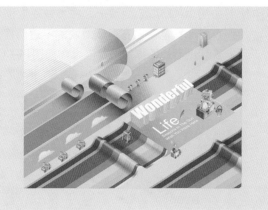

14.12.1 分割图形

01 使用钢笔工具 ✐ 绘制如图14-405所示的闭合式路径图形。绘制时可以适当超出画板，在复杂的图稿制作完成后，使用蒙版隐藏画板以外的部分就可以了。

图14-405

02 再绘制一条开放式路径，路径的两个端点可以超出图形，如图14-406所示。使用选择工具 ▶ 按住Alt键拖动路径进行复制，如图14-407所示。

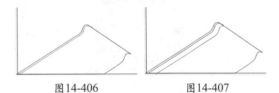

图14-406 　　　　　　　　图14-407

03 继续移动并复制路径，排列成如图14-408所示的效果。选取路径及图形，如图14-409所示。

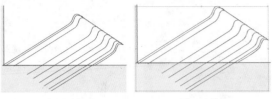

图14-408 　　　　　　　　图14-409

04 单击"路径查找器"面板中的分割按钮 ，使用路径分割图形，如图14-410、图14-411所示。

图14-410 　　　　　　　　图14-411

14.12.2 图形填色

01 分割后的图形依然是一个整体，按下Shift+Ctrl+G快捷键取消编组，使它们成为单独的图形。选取每个图形重新填色，如图14-412所示。用同样方法制作另外一组彩条图形，如图14-413、图14-414所示。

图14-412 　　　　　　图14-413 　　　　　　图14-414

02 绘制如图14-415所示的图形，在"渐变"面板中设置渐变角度，调整渐变颜色，设置三个滑块的颜色均为黑色，左右两侧滑块的不透明度为0%，中间滑块的不透明度为40%，如图14-416所示，表现出彩虹图形的暗部效果，如图14-417所示。

图14-415 　　　　　　图14-416 　　　　　　图14-417

03 用同样方法表现彩虹图形的暗部与高光效果，如图14-418～图14-420所示。

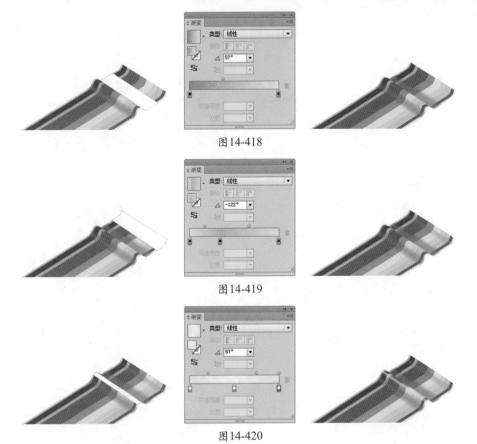

图14-418

图14-419

图14-420

04 使用选择工具 ▶ 框选彩虹图形，按下Ctrl+G 快捷键编组，按住Alt键拖动图形进行复制，如图14-421所示。依然有超出画板的图形，在以后的操作中可以通过剪切蒙版将其隐藏。使用钢笔工具 ✐ 绘制一个闭合式路径，填充蓝色渐变，按下Ctrl+[快捷键将图形向后移动，放在彩虹图形下面，如图14-422、图14-423所示。

图14-421

图14-422

图14-423

05 绘制两个图形，分别填充蔚蓝色与蓝灰色，按下Shift+Ctrl+[快捷键将图形移至底层，如图14-424所示。绘制两个长条图形，分别填充蓝色-蔚蓝色、红色-黄色渐变，如图14-425 ～图14-427所示。

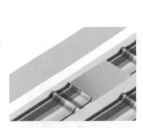

图14-424

图14-425

图14-426

图14-427

06 绘制两个长条图形，使画面丰富、有节奏感，如图14-428所示。在彩虹图形左侧绘制图形，填充蓝色-深蓝色渐变，如图14-429、图14-430所示。

图14-433   图14-434

图14-428   图14-429

图14-435

09 选择矩形网格工具 ▦，在画面中拖动鼠标创建网格图形，拖动过程中按下←键减少垂直分隔线，直至为0；按下↑键增加水平分隔线，如图14-436所示。将描边颜色设置为白色，粗细为2pt，使用选择工具 ▶ 将网格图形移动到画面左上角，调整角度，如图14-437所示。

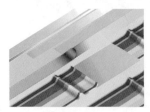

图14-430

07 再分别绘制两个闭合式路径图形，填充不同的渐变颜色，形成卷起的纸页效果，如图14-431、图14-432所示。

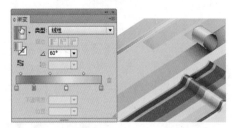

图14-431

图14-436   图14-437

10 创建一个与画面大小相同的矩形，单击"图层"面板底部的 ▣ 按钮，创建剪切蒙版，如图14-438所示，将画板以外的图形隐藏。使用椭圆工具 ◯ 绘制椭圆形，填充粉色-白色渐变，白色滑块的不透明度为0%，如图14-439、图14-440所示。

图14-432

08 将组成纸页的三个图形选取，按下Ctrl+G快捷键编组，将编组后的图形复制两个，按下Ctrl+[快捷键向后移动，将其中一个的颜色调整为粉红色，如图14-433所示。在画面左上角绘制一个三角形，填充较浅的蓝色渐变，如图14-434、图14-435所示。

图14-438   图14-439

图14-440

11 设置混合模式为"强光"，如图14-441、图14-442所示。

图14-441

图14-442

12 复制该图形并缩小，将渐变颜色调整为黄色-白色（透明），如图14-443所示。

图14-443

13 再制作两个椭圆形，分别填充蓝色-白色、黄色-白色渐变，选取这两个图形，设置混合模式为"正片叠底"，如图14-444、图14-445所示。

图14-444

图14-445

14.12.3 制作立体字

01 锁定"图层1"，新建"图层2"，如图14-446所示。选择文字工具 **T**，在画板中单击输入文字，如图14-447所示。

图14-446

图14-447

02 执行"效果>3D>凸出和斜角"命令，设置参数如图14-448所示，效果如图14-449所示。不要关闭对话框，在"底纹颜色"下拉列表中选择"自定"，单击后面的颜色按钮，弹出"拾色器"对话框，将颜色设置为蓝色，如图14-450～图14-452所示。

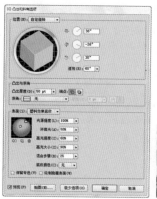

图14-448　　　　图14-449

图14-450

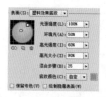

图14-451　　　　图14-452

03 再输入其他文字，设置小字为18pt，大字为70pt，如图14-453所示的文字。执行"效果>3D>旋转"命令，对文字进行透视旋转，如图14-454、图14-455所示。

图14-453

图14-454

图14-455

选取素材复制粘贴到插画文档中，最终效果如图14-457所示。

图14-456

图14-457

04 打开光盘中的素材文件，如图14-456所示。

14.13　插画设计——Mix & match风格插画

☐菜鸟级　☐玩家级　☑专业级

- 实例类型：插画设计类
- 难易程度：★★★★★
- 使用工具：投影效果、绘图工具
- 技术要点：通过钢笔工具和铅笔工具绘图，并创建虚线描边的效果，为图形添加投影，制作出一幅时尚的Mix & match风格插画。

14.13.1　制作插画元素

01 执行"文件>置入"命令，置入光盘中的素材文件，取消"链接"选项的勾选，将图像嵌入文档中，如图14-458所示。锁定"图层1"，新建"图层2"，如图14-459所示。

图14-458

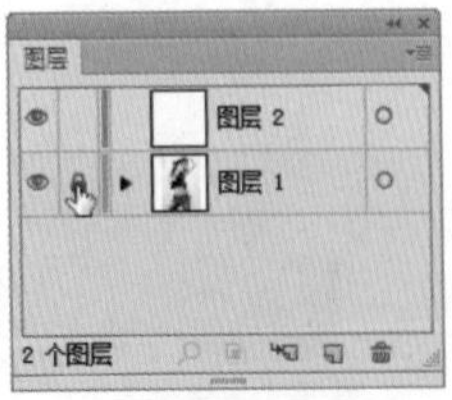

图14-459

02 用钢笔工具 绘制图形，如图14-460所示。设置描边粗细为0.5pt，勾选"虚线"选项并设置参数，创建虚线描边，如图14-461、图14-462所示。

图14-460

图14-461

图14-462

03 绘制多个不同形状的图形，组合成头发的外观，如图14-463所示。外形简单的图形用铅笔工具 绘制会更加方便，如图14-464所示为本案例中使用最多的3个图形。

图14-463　　　　　　图14-464

04 复制图形，调整它们的大小和角度，制作出更多的白色图形，使之分布在人物四周，位于画面底边的图形则需要使用钢笔工具 绘制，如图14-465所示。

图14-465

05 制作四个彩色图形，分别填充红色和径向渐变，按下Ctrl+[快捷键将图形后移一层，使它们位于白色图形的下方，如图14-466、图14-467所示。

图14-466　　　　　　图14-467

06 用钢笔工具 在人物头部绘制一个水滴形状的图形，填充线性渐变，如图14-468、图14-469所示。在它上面绘制一个白色的椭圆形，如图14-470所示。选择这两个图形，按下Ctrl+G快捷键编组。

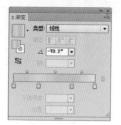

图14-468

图14-469　　　　　　图14-470

07 根据人物的姿态绘制出不同形态的图形，填充不同的颜色，使画面变得更加生动，如图14-471、图14-472所示。

图14-471　　　　　　图14-472

14.13.2　添加投影效果

01 单击"图层2"前面的眼睛图标 ，将该图层隐藏，新建"图层3"，如图14-473所示。在人物腰部绘制一个图形，执行"效果>风格化>投影"命令，为它添加"投影"效果，如图14-474、图14-475所示。

图14-473　　　　　　图14-474

图14-475

02 设置它的混合模式为"正片叠底",如图14-476、图14-477所示。

图14-476

图14-477

03 使用选择工具 ▶ 按住Alt键拖动该图形进行复制,将复制的图形缩小,如图14-478、图14-479所示。

图14-478

图14-479

04 在腰部布满图形,如图14-480所示。显示"图层2"的效果如图14-481所示。

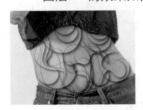

图14-480

图14-481

05 用同样的方法在手臂上添加图形,如图14-482所示,如图14-483所示为显示"图层2"时的效果,图像的整体效果如图14-484所示。

图14-482

图14-483

图14-484

06 新建一个图层,在画面左上角绘制一个台词框形状的图形,并在图形旁边添加一些装饰,在上面输入文字,如图14-485所示。在画面中加入更多的彩色图形,完成后的效果如图14-486所示。

图14-485

图14-486

14.14 插画设计——梦幻风格插画

☐菜鸟级　☐玩家级　☑专业级

➥ 实例类型：插画设计类

➥ 难易程度：★★★★★

➥ 实例描述：这是一个表现太空场景的实例。一只小猫站在绿色的星球上，好奇的看着空中飘浮的蘑菇飞行物，画面朦胧、梦幻。这个实例中有许多发光体，如星球、飞行物、云朵等。发光效果的制作可以通过"效果"菜单中的"内发光"和"外发光"命令来完成。矢量化图形所特有的刀削般整齐的边缘就不见了，图形边缘变得柔和。值得称赞的还有一项功能，那就是渐变滑块的不透明度设置，它使渐变颜色可以从有到无，即适合表现发光效果，也可以丰富图形的颜色，使不同图形之间能巧妙的融合在一起。

14.14.1 绘制太空猫

01 使用钢笔工具 ✍ 绘制一个类似椭圆的图形，填充径向渐变，如图14-487所示。执行"效果>风格化>内发光"命令，单击模式右侧的颜色块，设置发光颜色为草绿色，如图14-488、图14-489所示。

图14-487

图14-488 　　　 图14-489

02 执行"效果>风格化>羽化"命令，设置半径为0.4mm，使图形边缘变得柔和，如图14-490、图14-491所示。

图14-490 　　　 图14-491

03 使用椭圆工具 ◯ 按住Shift键绘制一个圆形，填充径向渐变，设置描边颜色为红色，粗细为1pt，如图14-492所示。再绘制一个小一点的圆形，调整渐变颜色，如图14-493所示。

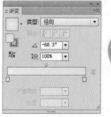

图14-492

图14-493

04 选择多边形工具 ⬡，创建一个六边形，填充径向渐变，如图14-494所示。执行"效果>扭曲和变换>收缩和膨胀"命令，设置参数为25%，使六边形变成花瓣状，如图14-495、图14-496所示。

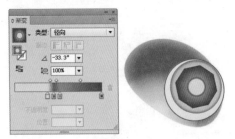

图14-494

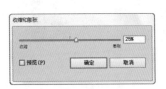

图14-495

图14-496

05 在花心绘制黑色的圆形作为眼珠，在上面绘制白色的小圆形作为高光，在花瓣上绘制淡黄色和淡粉色的圆形，如图14-497所示。使用钢笔工具 ✐ 绘制一个三角形，填充径向渐变，如图14-498所示。

图14-497

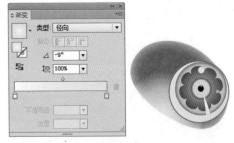

图14-498

06 按下Ctrl+A快捷键全选，使用选择工具 ▶ 按下Shift键单击面部图形，将其从选区内减去，只选择组成眼睛的图形，如图14-499所示。按下Ctrl+G快捷键编组，按住Alt键拖

动进行复制，再按住Shift键将图形成比例缩小，如图14-500所示。

图14-499

图14-500

07 绘制一个椭圆形作为鼻子，调整一下它的角度，使它与脸部角度一致，填充径向渐变，如图14-501所示。

图14-501

08 使用钢笔工具 ✐ 绘制一个弯弯的路径作为嘴巴，设置描边粗细为0.75pt，如图14-502所示。在"外观"面板中将"描边"属性拖动到 □ 按钮上进行复制，如图14-503所示。

图14-502   图14-503

09 在第二个"描边"属性上单击，设置描边颜色为深棕色，描边粗细为3pt，如图14-504、图14-505所示。

图14-504   图14-505

10 绘制头发，填充线性渐变，如图14-506所示。绘制耳朵，填充径向渐变，如图14-507所示。

图14-506

图14-510

图14-511

图14-507

图14-512

11 在耳朵上绘制条纹图形，填充棕红色线性渐变，如图14-508所示。选取组成耳朵的图形，按下Ctrl+G快捷键编组，按下Shift+Ctrl+[快捷键将耳朵移至底层，再复制耳朵图形，放置在面部左侧，如图14-509所示。

13 在"渐变"面板中调整渐变颜色，如图14-513所示。使用椭圆工具 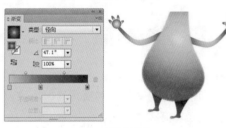 画手，使用钢笔工具 画出胳膊和腿，填充径向渐变，如图14-514所示。

图14-508

图14-513

图14-514

图14-509

12 绘制小猫的身体，再将图形移至底层，如图14-510所示。保持该图形的选取状态，使用吸管工具 在小猫的面部图形上单击，复制面部图形的属性，在"外观"面板中可以看到，图形有了渐变、内发光和羽化效果，如图14-511、图14-512所示。

14 画一个椭圆形作为投影，填充径向渐变，设置混合模式为"正片叠底"，如图14-515～图14-517所示。

图14-515

图14-516

图14-517

15 使用钢笔工具 ![pen] 画出脖子上挂着的项链，设置描边颜色为洋红色，粗细为0.6pt，再画一个椭圆形的项链坠，填充径向渐变，如图14-518所示。画一个小一点的椭圆形，填充径向渐变，如图14-519所示。

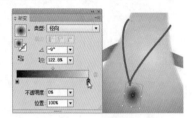

图14-518

图14-519

14.14.2 添加高光效果

01 绘制出耳朵的高光，填充线性渐变，如图14-520所示。在下嘴唇和嘴角画出小一点的图形，也填充线性渐变，如图14-521所示。

图14-520

图14-521

02 在脸、头发上绘制高光，在眼睛上再添加几个小圆点，使小猫变得亮丽起来，如图14-522所示。在身上也绘制一个高光图形，如图14-523所示。

图14-522　　　　　　图14-523

14.14.3 制作外太空星球

01 锁定"图层1"，单击"图层"面板底部的 ![btn] 按钮，新建一个图层，将其拖到"图层1"下方，如图14-524所示。使用矩形工具 ![rect] 绘制一个与页面大小相同的矩形，填充线性渐变，如图14-525所示。

图14-524

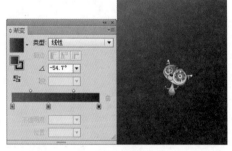

图14-525

02 在画面下方绘制一个圆形，调整渐变颜色，将最右侧滑块的不透明度设置为0%，使图形边缘的颜色逐渐变浅，直至透明，这样就形成了一个类似边缘羽化的效果，如图14-526所示。在画面右上方绘制一个大一点的圆形，调整渐变颜色，如图14-527所示。

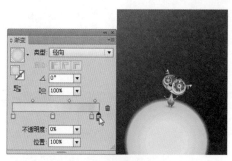

图14-526

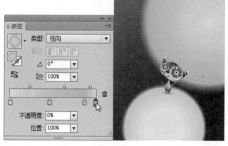

图14-527

03 再绘制一个圆形，填充径向渐变，将渐变中的一个颜色滑块设置为透明，使图形与底层图像能够自然的融合，如图14-528所示。在"透明度"面板中设置混合模式为"正片叠底"，用同样方法在画面下方制作两个圆形，丰富画面颜色和层次，如图14-529所示。

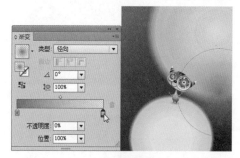

图14-528

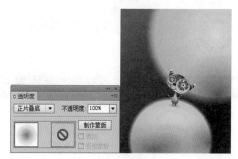

图14-529

04 画一个椭圆形，填充径向渐变，如图14-530

所示。分别为图形添加"羽化"和"外发光"效果，如图14-531～图14-533所示。

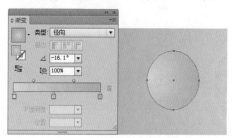

图14-530

图14-531

图14-532

图14-533

05 复制这个图形，调整大小和位置，散落分布在星球上，形成星球表面的陨石坑。小猫脚下的星球，由于颜色发绿，所以陨石坑的颜色也要调成绿色，如图14-534所示。

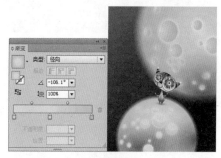

图14-534

06 绘制4个不同大小的圆形，如图14-535所示。单击"路径查找器"面板中的 ▢ 按钮，将图合并到一起，形成一个云朵形状，将图形填充紫色，无描边颜色，如图14-536所示。

图14-535

图14-536

07 分别添加"羽化"和"内发光"效果，如图
14-537～图14-539所示。

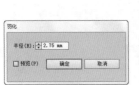

图14-537　　　　　图14-538

图14-539

08 复制云朵，调整大小、角度和颜色，放在画
面的边缘。创建一个与画面大小相同的矩
形，单击"图层"面板底部的 ▣ 按钮建立
剪切蒙版，将画板以外的图形隐藏，如图
14-540、图14-541所示。

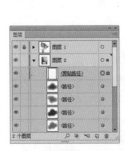

图14-540　　　　　图14-541

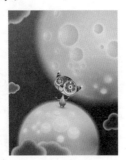

09 在小猫的后面创建一个圆形，填充径向渐
变，同样，将位于渐变边缘的滑块颜色设置
为透明，如图14-542所示。

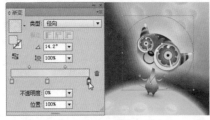

图14-542

<hr>

14.14.4　制作蘑菇飞行器

01 使用钢笔工具 ✎ 绘制一个蘑菇图形，填充线
性渐变，如图14-543所示。执行"效果>风

格化>羽化"命令，将图形边缘羽化，如图
14-544、图14-545所示。

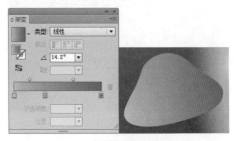

图14-543

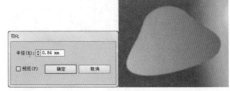

图14-544　　　　　图14-545

02 在图形里面绘制一个小一点的椭圆形，如图
14-546所示。使用极坐标网格工具 ⊛ 绘制一
个网格图形，设置描边颜色为红色，粗细为
0.5pt，设置混合模式为"叠加"，不透明度
为40%，如图14-547、图14-548所示。

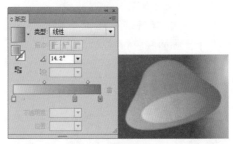

图14-546

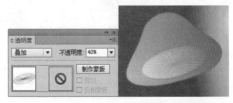

图14-547　　　　　图14-548

提示：

绘制极坐标网格图形时，一边拖动鼠标一边按住键盘
上的"↓"键，可以减少同心圆分隔线，按"→"键
可以增加径向分隔线，反之按"←"键则减少。

03 再分别绘制两个椭圆形，如图14-549所示。选
取这两个图形，单击"路径查找器"面板中

的 按钮，让两个图形相减，用小圆挖空大圆，将图形填充土黄色，如图14-550所示。

图14-549　　　　　　　图14-550

04 为图形添加"羽化"效果，如图14-551、图14-552所示。绘制蘑菇下面的部分，如图14-553所示。

图14-551　　　　　　　图14-552

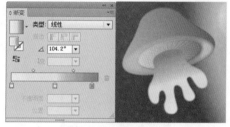

图14-553

05 使用钢笔工具 绘制出高光图形，填充线性渐变，将左侧渐变滑块的不透明度设置为0%，如图14-554所示。

图14-554

06 选取背景中的陨石坑图形，复制后粘贴到画面中，按下Shift+Ctrl+] 快捷键移至顶层，调整一下大小和颜色，如图14-555所示。然后再复制这个图形，分布在蘑菇的不同位置，如图14-556所示。

07 在蘑菇下方绘制一个椭圆形，填充径向渐变，渐变边缘颜色设置为透明，通过颜色

的自然过渡形成发光的效果，如图14-557所示。在蘑菇上绘制一些高光图形，衬托出光滑的质感，如图14-558、图14-559所示。

图14-555　　　　　　　图14-556

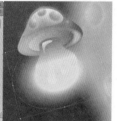

图14-557

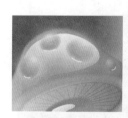
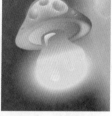

图14-558　　　　　　　图14-559

08 使用钢笔工具 绘制一条波浪线，设置描边粗细为6pt，如图14-560所示。执行"对象>路径>轮廓化描边"命令，将路径转换为轮廓，如图14-561所示。为图形填充渐变颜色，如图14-562、图14-563所示。

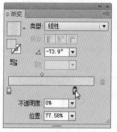

图14-560 图14-561　　　图14-562　　　　图14-563

09 执行"效果>风格化>内发光"命令，设置参数如图14-564所示。将图形的不透明度设置为80%，如图14-565、图14-566所示。

10 将图形放在蘑菇飞行物的下方，复制并调整角度，如图14-567所示。绘制一个圆形，填

充径向渐变。设置左侧滑块的不透明度为52%，右侧滑块为0%，使得图形的中心半透明，而边缘则完全透明，颜色过渡非常柔和，如图14-568所示。

图14-564

图14-565

图14-566

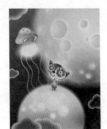
图14-567

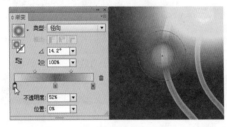
图14-568

11 使用星形工具 ☆ 绘制如图14-569所示的星形，在其里面再绘制一个小一点的星形，如图14-570所示。

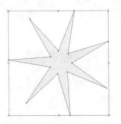

图14-569　　　　　　图14-570

12 选取这两个图形，按下Alt+Ctrl+B快捷键创建混合。双击混合工具 ，打开"混合选项"对话框，设置混合参数为5，如图14-571、图14-572所示。在画面中制作更多的闪光球体和星星，复制蘑菇飞行物，调整大小、角度和颜色，使画面内容更加丰富，如图14-573所示。

图14-571　　　　　　图14-572

图14-573

14.15　工业设计——F1方程式赛车

□菜鸟级　□玩家级　☑专业级

- 实例类型：**工业设计类**
- 难易程度：★★★★★
- 使用工具：绘图工具、混合工具
- 技术要点：在这个实例中，将学习FI赛车的制作方法，车身主要用钢笔绘制图形，用混合和渐变填色，用符号作为装饰图形。赛车的结构看似复杂，但只要分成几个部分来表现，就会使制作过程变得有条理，并且轻松多了。

01 打开光盘中的素材文件，如图14-574所示。这是F1赛车轮廓图，轮胎、车身和车头都位于单独的图层中，如图14-575所示。

图14-574　　　　　　图14-575

02 分别选择轮胎上的两个大的圆形，填充线性渐变和黑色，如图14-576所示。选择这两个圆形，按下Ctrl+Alt+B快捷键建立混合，双击混合工具 ，修改混合步数，如图14-577、如图14-578所示。

图14-576　　　　　　图14-577

图14-578

03 轮胎内部由三个大圆形和一个轴承组成，这三个圆形的填充效果如图14-579所示。放在轮胎中的效果如图14-580所示。

图14-579　　　　　　图14-580

04 下面主要讲解一下轴承的制作方法。选择星形工具 ，在画板中单击，弹出"星形"对话框，设置参数如图14-581所示，创建一个多角星，如图14-582所示。执行"滤镜>扭曲>内陷和膨胀"命令，对星形进行扭曲，如图14-583、图14-584所示。

图14-581　　　　　　图14-582

图14-583　　　　　　图14-584

05 创建一个圆形，如图14-585所示，将它和星形同时选择，单击"对齐"面板中的 和 按钮，进行对齐。单击"路径查找器"面板中的 按钮，只保留相交的形状区域，如图14-586所示。为图形填充径向渐变，如图14-587所示。

图14-585　　　图14-586　　　图14-587

06 调整该图形的宽度，创建一个黑色的椭圆形，按下Ctrl+[快捷键将其后移一层，如图14-588所示。创建一个略大一点的椭圆形，填充线性渐变，按下Shift+Ctrl+[快捷键置于底层，如图14-589所示。选择这三个图形，按下Ctrl+G快捷键编组。

图14-588　　　　　　图14-589

07 将编组后的图形移动到轮胎上，选择如图14-590所示的椭圆形，按下Ctrl+C快捷键复制。再次选择编组图形，如图14-591所示，单击"透明度"面板中的"制作蒙版"按钮，创建不透明度蒙版，单击蒙版缩览图，进入蒙版编辑状态，按下Ctrl+F键粘贴，如图14-592所示，效果如图14-593所示。

图14-590

图14-591

图14-592

图14-593

08 用椭圆工具 ⬭ 创建一个椭圆形，设置描边粗细为2pt，如图14-594所示。执行"对象>路径>轮廓化描边"命令，将描边转换为轮廓，填充渐变，如图14-595所示。用钢笔工具 🖊 在轮胎上绘制两个图形，分别填充白色和灰色，如图14-596所示。

图14-594

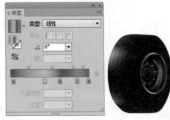
图14-595

图14-596

09 将它们选择，执行"效果>风格化>羽化"命令，进行羽化处理，设置半径为3mm，效果

如图14-597所示。选择轮胎图形，按下Ctrl+G快捷键编组，按住Alt键拖动轮胎进行复制，将复制后的轮胎缩小，如图14-598所示。

图14-597

图14-598

14.15.2 制作车身

01 选择"车身"图层，将"轮胎"图层锁定，如图14-599所示。为组成车身的图形填充不同颜色的渐变，如图14-600所示。在上面制作一个黑色图形，如图14-601所示。

图14-599

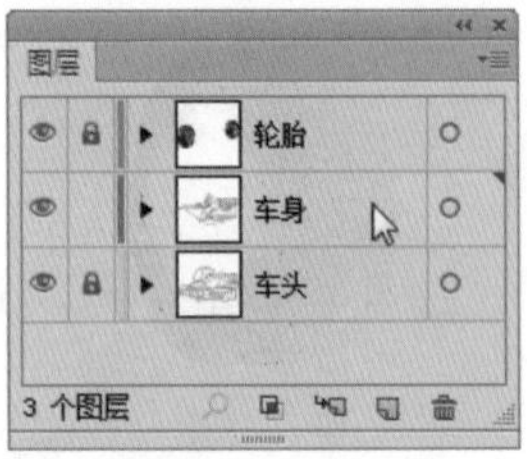

图14-600

图14-601

02 再绘制如图14-602所示的小图形，添加羽化效果（设置羽化半径为2mm），如图14-603所示。制作其他图形，填充灰色与白色渐变，如图14-604所示。

图14-602

图14-603

图14-604

03 用钢笔工具 ✍ 分别绘制如图14-605、图14-606 所示的两个图形。

图14-605　　　　　　图14-606

04 将这两个图形选择，选择混合工具 ⌂，在如图14-607所示的锚点上分别单击，创建混合效果。双击混合工具 ⌂，在打开的对话框中修改混合步数，如图14-608、图14-609所示。

图14-607　　　　　　图14-608

图14-609

05 继续制作其他图形，效果如图14-610所示。用铅笔工具 ✐ 在车身上面绘制贴图图形，填充线性渐变，如图14-611、图14-612所示。

图14-610　　　　　　图14-611

图14-612

06 下面制作后视镜，它的制作方法并不复杂，除了对各个图形填充不同的颜色外，还要对暗部和高光图形设置羽化效果，如图14-613所示。另一个后视镜则是复制它得到的，再对其进行水平翻转，按下Shift+Ctrl+[快捷键移至底层，适当缩小，如图14-614所示。

图14-613　　　　　　图14-614

14.15.3 制作车头

01 选择"车头"图层，将"车身"图层锁定，如图14-615所示。分别为车头图形填充蓝色渐变和灰色渐变，如图14-616所示。再制作出灰白色的边缘，如图14-617所示。

图14-615

图14-616　　　　　　图14-617

02 在车头上面制作一个白色图形，如图14-618所示，设置羽化效果（半径为2mm），混合模式为"叠加"，效果如图14-619所示。制作其他图形，填充不同的颜色和渐变，在表现投影时，需要对投影图形设置羽化效果。复制一个轮胎到该图层，按下Shift+Ctrl+[快捷键将其移至底层，适当缩小，效果如图14-620所示。

图14-618　　　　　　图14-619

图14-620

03 绘制图14-621所示的图形，将其选择后编组，放置在轮胎位置，再次复制出一个图形并调整角度，在它下面制作一个黑色图形，表现出车头的暗部区域，设置羽化效果，使图形边缘更加柔和，如图14-622所示。制作出汽车后面的挡板，如图14-623所示。

图14-621

图14-622

图14-623

14.15.4 制作贴图

01 新建一个图层，命名为"贴图"，将它移动到"图层"面板的最上方，执行"窗口>符号库>地图"命令，打开该面板，如图14-624所示，选择一些符号拖动到画板中。单击"符号"面板中的断开符号链接按钮，将画面中的符号扩展为图形，对它们的外形、颜色或描边进行修改，效果如图14-625所示。

图14-624　　　　　图14-625

02 选择五星图形，执行"对象>封套扭曲>用变形建立"命令，设置参数如图14-626所示。将扭曲后的图形放到车身上，调整不透明度为60%，如图14-627所示。制作其他贴图，可以设置混合模式，使贴图与车身颜色溶为一体，如图14-628所示。

图14-626　　　　　图14-627

图14-628

03 用文字工具 **T** 输入文字，如图14-629所示。执行"对象>封套扭曲>用变形建立"命令，参数设置如图14-630所示，将扭曲后的文字放到车身上，适当调整大小，效果如图14-631所示。

图14-629

图14-630　　　　　图14-631

04 制作车身其他文字，效果如图14-632、图14-633所示。

图14-632　　　　　图14-633

05 新建一个图层，命名为"背景"，将它拖动到"图层"面板的最下方，在轮胎下面绘制投影图形，填充黑灰色的线性渐变，如图14-634所示，添加羽化效果（羽化半径为1.69mm），如图14-635所示。

图14-634　　　图14-635

06 绘制大面积的投影图形，填充线性渐变，如图14-636所示，通过设置羽化效果使边缘模糊，设置图形的混合模式为"正片叠底"，如图14-637所示。

图14-636

图14-637

07 打开光盘中的素材，拷贝并粘贴到赛车文档中，如图14-638所示。

图14-638

14.16　UI设计——纽扣图标

□菜鸟级　□玩家级　☑专业级

■ 实例类型：UI设计类
■ 难易程度：★★★★★
■ 使用工具：外观属性、波纹效果、投影、外发光、图形样式、混合模式
■ 技术要点：在这个实例中，将使用许多小技巧来表现图标的纹理和细节。首先，将圆形设置波纹效果，通过各项参数的调整，使波纹呈现粗、细、疏、密的变化。再让波纹之间的角度稍错开一点，就出现了好看的纹理。另外，还通过纹理样式表现质感，投影表现立体感，描边虚线化表现缝纫效果，通过混合模式体现图形颜色的微妙变化。

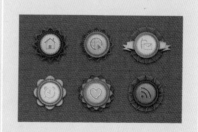

14.16.1　制作图标

01 创建一个A4大小、RGB模式的文档。选择椭圆工具 ，在画板中单击，弹出"椭圆"对话框，设置圆形的大小，如图14-639所示，单击"确定"按钮，创建一个圆形，设置描边颜色为棕色（R189、G91、B37），无填充颜色，如图14-640所示。

图14-639

图14-640

02 执行"效果>扭曲和变换>波纹效果"命令，设置参数如图14-641所示，使平滑的路径产生有规律的波纹，如图14-642所示。

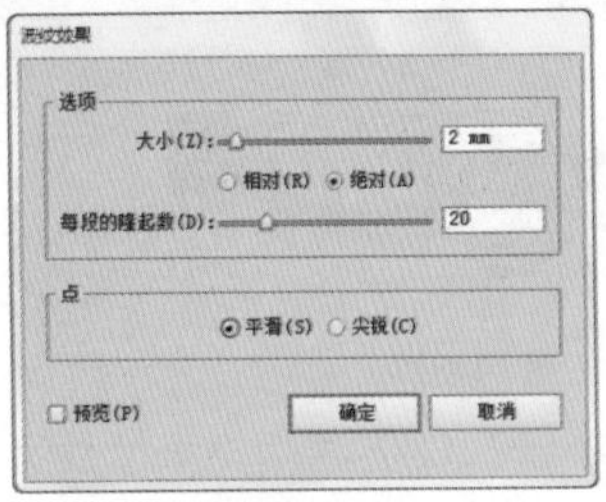

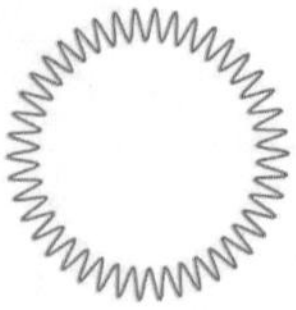

图14-641　　图14-642

03 按下Ctrl+C快捷键复制该图形，按下Ctrl+F快捷键粘贴到前面，将描边颜色设置为浅黄色（R255、G228、B109），如图14-643所示。使用选择工具，将光标放在定界框的一角，轻轻拖动鼠标将图形旋转，如图14-644所示，两个波纹图形错开后，一深一浅的搭配使图形产生厚度感。

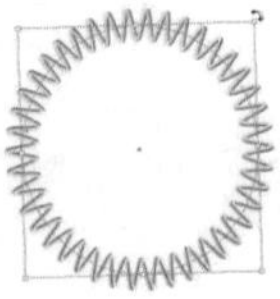

图14-643　　图14-644

04 使用椭圆工具按住Shift键创建一个圆形，填充线性渐变，如图14-645、图14-646所示。

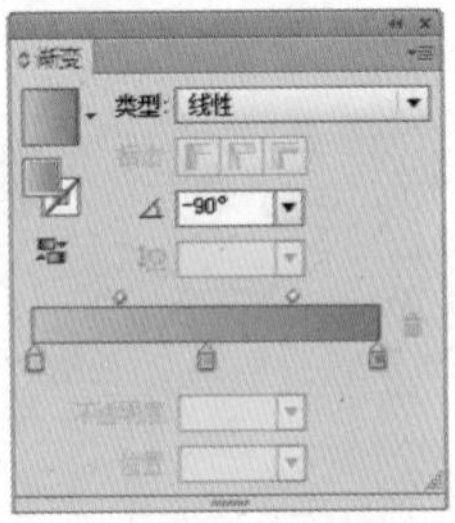

图14-645　　图14-646

05 执行“效果>风格化>投影”命令，设置参数如图14-647所示，为图形添加投影效果，产生立体感，如图14-648所示。

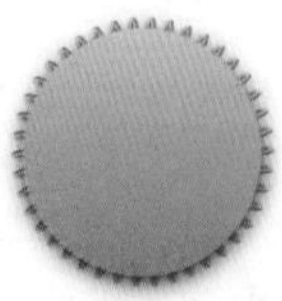

图14-647　　图14-648

06 再创建一个圆形，如图14-649所示。执行“窗口>图形样式库>纹理”命令，打开“纹理”面板，选择“RGB石头3”纹理，如图14-650、图14-651所示。

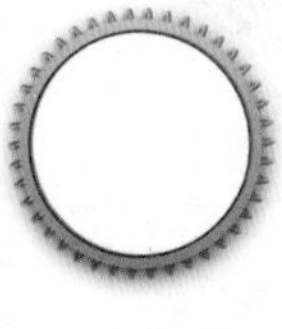

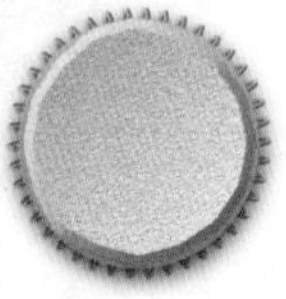

图14-649　　图14-650　　图14-651

07 设置该图形的混合模式为“柔光”，使纹理图形与渐变图形融合到一起，如图14-652、图14-653所示。

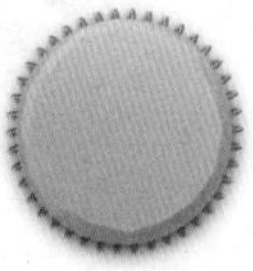

图14-652　　图14-653

08 在画面空白处分别创建一大、一小两个圆形，如图14-654所示。选取这两个圆形，分别按下“对齐”面板中的按钮和按钮，将图形对齐，再按下“路径查找器”中的按钮，让大圆与小圆相减，形成一个环形，填充赭石色（R149、G88、B36），如图14-655所示。

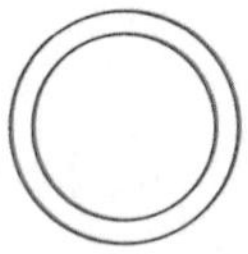

图14-654　　图14-655

09 执行“效果>风格化>投影”命令，为图形添加投影效果，如图14-656、图14-657所示。

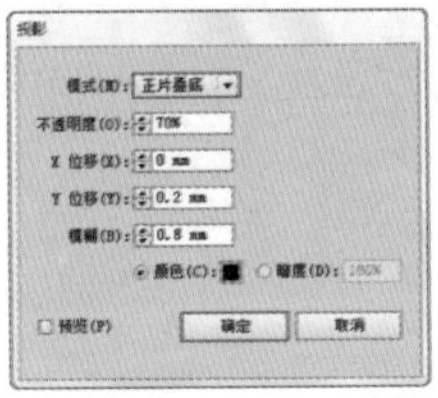

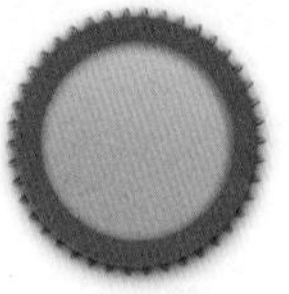

图14-656　　图14-657

10 选择一开始制作的波纹图形，复制以后粘贴到最前面，设置描边颜色为黄色（R240、G175、B85），描边粗细为0.75pt，如图14-658所示。打开“外观”面板，双击“波纹效果”，如图14-659所示，弹出“波纹效果”对话框，修改参数如图14-660所示，使波纹变得细密，如图14-661所示。

图14-658　　　　　　图14-659

图14-660　　　　　　图14-661

图14-664　　　　图14-665　　　　图14-666

图14-667　　　　　　图14-668

提示：

当大小相近的图形重叠排列时，要选取位于最下方的图形似乎不太容易，尤其是某个图形设置了投影或外发光等效果，那么它就比其他图形大了许多，无论需要与否，在选取图形时总会将这样的图形选择。遇到这种情况时，可以单击"图层"面板中的▶按钮，将图层展开显示出子图层，要选择哪个图形的话，在其子图层的最后面单击就可以了。

⑪ 按下Ctrl+F快捷键再次粘贴波纹图形，设置描边颜色为暗黄色（R196、G116、B0），描边粗细为0.4pt，再调整它的波纹效果参数，如图14-662、图14-663所示。

图14-662　　　　　　图14-663

⑫ 再创建一个小一点的圆形，设置描边颜色为浅黄色（R243、G209、B85），如图14-664所示。单击"描边"面板中的圆头端点按钮 和圆角连接按钮 ，勾选"虚线"选项，设置虚线参数为3pt，间隙参数为4pt，如图14-665、图14-666所示，制作出缝纫线的效果。

⑬ 执行"效果>风格化>外发光"命令，设置参数如图14-667所示，使缝纫线产生立体感，如图14-668所示。

⑭ 绘制一个大一点的圆形，按下Shift+Ctrl+[快捷键将其移至底层，在"渐变"面板中将填充颜色设置为径向渐变，如图14-669所示，按下"X"键或单击"渐变"面板中的描边图标，切换到描边编辑状态，设置描边颜色为线性渐变，如图14-670所示，效果如图14-671所示。

图14-669　　　　图14-670　　　　图14-671

⑮ 执行"效果>扭曲和变换>波纹效果"命令，设置参数如图14-672所示，单击"确定"按钮，关闭对话框。执行"效果>风格化>投影"命令，为图形添加投影效果，如图14-673、图14-674所示。

图14-672　　　　　　图14-673

图14-674

提示：

提示：

制作到这里，需要将图形全部选取，在"对齐"面板中将它们进行垂直与水平方向的居中对齐。

14.16.2 制作贴图

01 打开"符号"面板，单击右上角的 按钮，打开面板菜单，选择"打开符号库>网页图标"命令，加载该符号库，选择"转到Web"符号，如图14-675所示，将它拖入画面中，如图14-676所示。

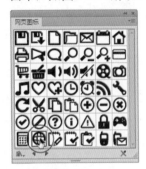

图14-675　　　　　　图14-676

02 单击"符号"面板底部的 按钮，断开符号的链接，使符号成为单独的图形，如图14-677、图14-678所示。符号断开链接变成图形后，还需要按下Ctrl+G快捷键将图形编组。

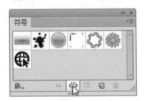

图14-677　　　　　　图14-678

03 按下Ctrl+C快捷键复制该图形，设置图形的混合模式为"柔光"，如图14-679、图14-680所示。

图14-679　　　　　　图14-680

04 按下Ctrl+F快捷键粘贴图形，设置混合模式

为"叠加"，设置描边颜色为白色，描边粗细为1.5pt，无填充颜色，如图14-681、图14-682所示。

图14-681　　　　　　图14-682

05 执行"效果>风格化>投影"命令，设置参数如图14-683所示，使图形产生立体感，如图14-684所示。用相同的方法，为图标填充不同的颜色，制作出更多的彩色图标，如图14-685所示。打开光盘中的素材文件，拷贝粘贴到图标文档中，放在最底层作为背景，如图14-686所示。

图14-683　　　　　　图14-684

图14-685

图14-686

14.17 卡通设计——哆啦A梦

☐菜鸟级 ☐玩家级 ☑专业级

■ 实例类型：卡通设计类
■ 难易程度：★★★★★
■ 使用工具：渐变网格工具、渐变工具
■ 技术要点：本实例主要使用渐变和渐变网格表现图形的立体效果。渐变涉及实色到透明渐变，半透明到全透明渐变的调整。渐变网格则要掌握根据对象的明暗进行填色的方法。

14.17.1 绘制轮廓图

01 选择椭圆工具 ⬭，在画面中单击弹出"椭圆"对话框，设置大小，如图14-687所示。单击"确定"按钮，创建一个椭圆形，使用直接选择工具 ▷ 单击路径上方的锚点，显示方向线，如图14-688所示。

图14-687　　　　图14-688

02 按住Shift键将方向线向两侧拖动，如图14-689、图14-690所示，再分别调整两侧锚点的方向线，如图14-691、图14-692所示。

图14-689　　图14-690　　图14-691　　图14-692

03 用同样方法制作一个略小的图形，如图14-693所示。绘制眼睛，如图14-694所示。

图14-693　　　　　　图14-694

04 使用选择工具 ▶ 按住Shift键选取组成眼睛的两个图形，双击工具面板中的镜像工具 ⬚，在打开的对话框中选择"垂直"选项，单击"复制"按钮，如图14-695所示，镜像并复制眼睛，移动到脸部右侧，如图14-696所示。

图14-695　　　　　　图14-696

05 使用椭圆工具 ⬭ 按住Shift键绘制鼻子。使用直线段工具 ╱、钢笔工具 ✎ 绘制嘴和胡须，如图14-697、图14-698所示。

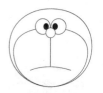

图14-697　　　　　图14-698

06 绘制身体部分，机器猫图形是完全对称的，可以先绘制身体左侧图形，然后镜像并复制到右侧，将光标放在头部图形上，如图14-699所示，双击进入隔离模式，如图14-700所示。

图14-699　　　　　图14-700

14.17.2　使用渐变网格表现立体效果

01 在"颜色"面板中调整颜色，用蓝色填充头部图形，如图14-701、图14-702所示。

图14-701　　　　　图14-702

02 选择网格工具，在图形下方单击，添加网格点，在"颜色"面板中设置填充颜色为深蓝色，如图14-703、图14-704所示。

图14-703　　　　　图14-704

03 分别单击左右两侧的网格点，填充深蓝色，如图14-705、图14-706所示。

图14-705　　　　　图14-706

04 选取最下方的网格点，填充黑蓝色，如图14-707、图14-708所示。

图14-707　　　　　图14-708

05 使用选择工具在画面空白处双击，退出隔离模式，如图14-709所示。将光标放在面部图形上，如图14-710所示，双击鼠标进入隔离模式，将图形填充灰色，如图14-711、图14-712所示。

图14-709　　　　　图14-710

图14-711　　　　　图14-712

06 使用网格工具在图形上单击，添加网格点，在"颜色"面板中调整网格点的颜色，如图14-713～图14-718所示。

图14-713　　　　　图14-714

图14-715　　　　　图14-716

图14-717　　　　　图14-718

07 使用选择工具 ▶ 在画面空白处双击，退出隔离模式，选择眼睛图形，如图14-719所示。将描边设置为无，执行"效果>风格化>外发光"命令，设置发光颜色为白色，其他参数设置如图14-720所示，效果如图14-721所示。

图14-719　　　　　图14-720　　　　　图14-721

08 选取黑色眼珠图形，使用网格工具 ▦ 单击，添加网格点，填充灰色，如图14-722所示。用同样方法处理右侧眼珠。使用椭圆工具 ◯ 绘制眼珠上的高光，如图14-723所示。

09 选取鼻子图形，填充暗红色，无描边颜色，如图14-724所示。添加网格点，填充黑红色，如图14-725所示。

图14-722　　图14-723　　图14-724　　图14-725

10 使用椭圆工具 ◯ 按住Shift键创建一个圆形，在"渐变"面板中调整渐变颜色，设置滑块颜色为棕色，右侧滑块的不透明度为0%，使渐变边缘呈现透明状态，如图14-726所示。连续按下Ctrl+[快捷键将其向后移动，移至鼻子下方，如图14-727所示。

图14-726　　　　　图14-727

11 选取组成嘴巴及胡须的路径，按下Ctrl+G快

捷键编组，执行"效果>风格化>投影"命令，设置投影颜色为白色，其他参数如图14-728所示，效果如图14-729所示。

图14-728　　　　　图14-729

12 选取项圈图形，填充无黑色，无描边颜色，如图14-730、图14-731所示。在图形左右两侧添加网格点，填充黑红色，如图14-732、图14-733所示。

图14-730　　　　　图14-731

图14-732　　　　　图14-733

网格颜色的设置

在用渐变网格制作项圈前，先将项圈填充为黑色，这是因为项圈边缘深中间浅，出于对明暗色调的考虑，以项圈边缘的颜色作为图形的填充色，在表现起来会很简单。调整颜色参数时，在黑色中加入了100%红色、90%黄色，为图形添加红色网格点以后，红色与黑色之间的过渡颜色平滑自然，如果单纯只是100%黑色，那么它与红色之间的过渡会偏向灰色。

中间色过渡自然

中间色呈现灰色

13 制作机器猫的其他部分，通过制作渐变网格或填充渐变颜色来表现明暗效果，如图14-734、图14-735所示。

图14-734　　　　图14-735

14 在项圈上绘制圆形，填充褐色，如图14-736所示，添加网格点，填充黄色，如图14-737所示。

图14-736　　　　图14-737

15 执行"效果>风格化>投影"命令，为图形添加投影效果，如图14-738、图14-739所示。

图14-738　　　　图14-739

16 使用圆角矩形工具绘制图形，填充线性渐变，如图14-740、图14-741所示。

图14-740　　　　图14-741

14.17.3　制作金属线

01 绘制一个圆形，填充线性渐变，如图14-742、图14-743所示。

02 按下Ctrl+C快捷键复制圆形，按下Ctrl+F快捷键执行"贴在前面"命令，将光标放在定

界框右上角，按住Alt+Shift键拖动鼠标，将圆形成比例缩小，如图14-744所示。在画面空白处单击鼠标，取消小圆形的选取状态，按下Ctrl+B快捷键执行"贴在后面"命令，将圆形粘贴在最后面，将圆形调大并旋转角度，如图14-745所示。

图14-742

图14-743　　　图14-744　　　图14-745

03 选取这3个图形，按下Alt+Ctrl+B快捷键创建混合效果，双击工具面板中的混合工具，打开"混合选项"对话框，设置指定的步数为20，如图14-746、图14-747所示。

图14-746　　　　图14-747

04 绘制一个圆形，填充线性渐变，设置左侧滑块的不透明度为50%，右侧滑块的不透明度为0%，使渐变呈现半透明效果，如图14-748、图14-749所示。

图14-748　　　　图14-749

05 使用选择工具选取这几个图形，按下Ctrl+G快捷键编组，执行"效果>风格化>投影"命令，设置参数如图14-750所示，将图

形放在白色口袋上，再复制一个放在铃铛左侧，如图14-751所示。

图14-750   图14-751

06 创建一个矩形，填充线性渐变，如图14-752、图14-753所示。

图14-752   图14-753

07 执行"对象>扩展"命令，将渐变颜色扩展为多个实色填充的图形，如图14-754、图14-755所示。

图14-754   图14-755

08 在左侧绘制一个黑色矩形，选取这些图形，如图14-756所示。单击"画笔"面板底部的 按钮，打开"新建画笔"对话框，选择"图案画笔"选项，将图形创建为画笔，如图14-757、图14-758所示。

09 单击"画笔"面板中的"图案画笔1"，如图14-759所示，使用画笔工具 绘制金属线，设置描边宽度为0.5pt，如图14-760所示。

图14-756

图14-757   图14-758

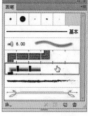

图14-759   图14-760

14.17.4 制作舞台

01 分别使用椭圆工具 和矩形工具 绘制变速杆，填充渐变颜色，如图14-761～图14-763所示。

02 使用圆角矩形工具 绘制舞台，如图14-764、图14-765所示。

图14-761   图14-762

图14-763   图14-764   图14-765

03 按下Ctrl+C快捷键复制舞台图形，按两次Ctrl+F快捷键将图形粘贴到前面，使用选择工具 单击最上面的图形，将其选取然后向下拖动，如图14-766所示。按住Shift键选取舞台图形，如图14-767所示，单击"路径查找器"面板中的减去顶层按钮，将两个图形相减，形成图14-768所示的形状。

图14-766　　　　图14-767　　　　图14-768

04 将图形填充线性渐变，如图14-769、图14-770所示。

图14-769　　　　　　图14-770

05 用同样的方法制作舞台下方的图形，如图14-771、图14-772所示。

06 在舞台中间的位置绘制圆角矩形，如图14-773、图14-774所示。

图14-771　　　　　　图14-772

图14-773　　　　　　图14-774

07 绘制一个矩形，填充红色渐变，如图14-775所示，按下"X"键切换到描边编辑状态，设置描边颜色为灰黑色渐变，描边宽度为0.4pt，如图14-776、图14-777所示。

08 选择文字工具，按下Ctrl+T快捷键打开"字符"面板，设置字体和大小，如图14-778所示；在画面中单击，输入文字，如图14-779所示。

图14-775　　　　　　图14-776

图14-777　　　　图14-778　　　　图14-779

14.17.5　制作萤火虫

01 锁定"图层1"，新建一个图层，将其拖至"图层1"下方，如图14-780所示。绘制一个矩形作为背景，填充径向渐变，如图14-781、图14-782所示。

 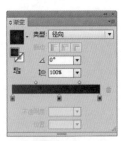

图14-780　　　　　　图14-781

图14-782

02 使用椭圆工具按住Shift键绘制圆形（直径25mm），在"渐变"面板中调整渐变颜色，设置左侧滑块为黄色，不透明度为50%，右侧滑块为黑色，不透明度为100%，如图14-783、图14-784所示。

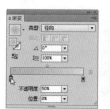
图14-783

图14-784

03 在其下面绘制一个小一点的圆形，填充径向渐变，设置左侧滑块为橙黄色，不透明度为100%，右侧滑块为深红色，不透明度为0%，如图14-785、图14-786所示。

04 绘制一个半圆形，填充同样的渐变颜色，如图14-787所示。双击镜像工具 ，在打开的对话框中选择"垂直"选项，单击"复制"按钮，镜像并复制出一个半圆形，如图14-788所示。

图14-785

图14-786

图14-787

图14-788

05 绘制圆形，填充径向渐变，如图14-789、图

14-790所示。绘制黑色的眼睛，使用选择工具 选取这两个图形，按住Alt键拖动进行复制，如图14-791所示。

图14-789

图14-790

图14-791

06 将组成萤火虫的图形选取，按下Ctrl+G快捷键编组，复制到画面的不同位置，调整大小和角度，在"透明度"面板中可调整萤火虫的透明度，形成远近虚实的效果，如图14-792所示。

图14-792

14.18　动漫设计——美少女

□菜鸟级　□玩家级　☑专业级

■ 实例类型：动漫设计类

■ 难易程度：★★★★★

■ 使用工具：绘图工具、网格工具

■ 技术要点：在这个实例中，将使用Illustrator的绘图工具绘制可爱的卡通美少女，表现皮肤与头发的质感。

14.18.1 绘制五官和身体图形

01 使用钢笔工具 ✐ 绘制出美少女的面部轮廓，如图14-793所示，填充渐变颜色，如图14-794、图14-795所示。

图14-793　　　图14-794　　　图14-795

02 绘制出身体轮廓，也填充渐变颜色，如图14-796、图14-797所示。

图14-796　　　　　图14-797

03 执行"窗口>画笔库>艺术效果>艺术效果_粉笔炭笔铅笔"命令，打开该画笔库，选择"炭笔-平滑"画笔，如图14-798所示。使用画笔工具 ✐ 绘制眉毛，设置描边粗细为0.1pt，如图14-799所示。

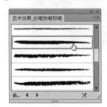

图14-798　　　　　图14-799

04 使用钢笔工具 ✐ 绘制眼睛，如图14-800所示，填充线性渐变，如图14-801、图14-802所示。

图14-800　　　图14-801　　　图14-802

05 绘制眼珠，在"类型"下拉列表中选择"径向"，调整渐变颜色，如图14-803所示，使用渐变工具 ▭ 由眼睛的右上角向左下角拖动鼠标，填充径向渐变，使眼睛的右上角发亮，其他区域为黑色，如图14-804所示。

图14-803　　　　　图14-804

06 使用钢笔工具 ✐ 绘制眼线和睫毛，如图14-805所示。绘制眼睛的边线，如图14-806所示，可以再添加一些细小的睫毛，使眼睛看起来毛茸茸的，如图14-807所示。用同样方法绘制另一只眼睛，效果如图14-808所示。

图14-805　　图14-806　　图14-807　　图14-808

07 绘制一个圆形，填充径向渐变，如图14-809、图14-810所示。

图14-809　　　　　图14-810

08 在该圆形上面绘制一个稍大一点的圆形，如图14-811所示。在"渐变"面板中将两个滑块的颜色均设置为黑色，右侧滑块的不透明度为0%，使渐变颜色为黑色-透明，如图14-812所示，使用渐变工具 ▭ 由左上方向右下方拖动鼠标，填充线性渐变，如图14-813所示。

图14-811　　　图14-812　　　图14-813

09 使用选择工具 选取这两个圆形，单击"透明度"面板中的"制作蒙版"按钮，以上面的圆形作为蒙版图形，对下面的圆形进行遮盖，如图14-814、图14-815所示，凡是被黑色区域覆盖的都会被隐藏起来。

图14-814　　　　图14-815

10 单击左侧的对象缩览图，结束不透明度蒙版的编辑状态，如图14-816所示。将图形放在眼睛上，使眼睛看起来更加明亮，按住Alt键拖动该图进行复制，放在右侧眼睛上，并将图形缩小以适合眼睛大小，如图14-817所示。

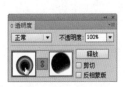

图14-816　　　　图14-817

11 绘制如图14-818所示的图形，设置不透明度为7%，如图14-819所示。

图14-818　　　　图14-819

12 在眼睛上绘制4个圆形，作为眼睛的高光。选取其中两个大的圆形填充径向渐变，如图14-820、图14-821所示。

图14-820　　　　图14-821

13 执行"效果>风格化>外发光"命令，设置参数如图14-822所示，单击"确定"按钮关闭对话框后，再执行"效果>风格化>羽化"命令，设置羽化半径为0.4mm，如图14-823所示，使圆形产生发光效果，如图14-824所示。

图14-822　　　　　　　　图14-823

图14-824

14 使用钢笔工具 在眼睛下边绘制细一点的图形，填充的依然是白色-黄色渐变，使眼睛呈现水汪汪的感觉，如图14-825所示。绘制双眼皮，填充线性渐变，如图14-826、图14-827所示。

图14-825　　　图14-826　　　图14-827

15 绘制鼻子，填充径向渐变，如图14-828、图14-829所示。在该图形上面再绘制一个图形，填充粉色，如图14-830、图14-831所示。

图14-828

图14-829　　　图14-830　　　图14-831

16 绘制嘴巴，填充线性渐变，如图14-832、图14-833所示。在该图形上面绘制稍小一点的图形，调整渐变颜色，如图14-834、图14-835所示。

图14-832　　　　图14-833

图14-834　　　　图14-835

17 再绘制一个非常小的图形，表现出嘴唇的厚度，如图14-836、图14-837所示。

图14-836　　　　图14-837

14.18.2　表现肌肤色泽

01 在面部绘制一个椭圆形，填充皮肤色，如图14-838所示。选择网格工具，在椭圆形的中心位置单击，添加一个网格点，在"颜色"面板中调整颜色为粉色，如图14-839、图14-840所示。

图14-838　　图14-839　　图14-840

02 调整这个网格点上的方向线，将方向线缩短，使粉色的影响范围变小，将其他方向线调长，以增加皮肤色的范围，如图14-841、图14-842所示。复制这个图形，放在另一侧脸颊和耳朵上，适当调整大小和角度，效果如图14-843所示。

图14-841　　　图14-842　　　图14-843

03 用同样方法在下巴上制作一个网格图形，在添加网格点时使用淡淡的黄颜色，使下巴产生立体感，如图14-844、图14-845所示。

04 在腋窝处绘制两个图形，如图14-846所示，执行"效果>风格化>羽化"命令，设置羽化半径为1mm，效果如图14-847所示。

图14-844　　图14-845　　图14-846　　图14-847

14.18.3　绘制衣服

01 使用钢笔工具绘制衣服，填充线性渐变，如图14-848所示。使用"炭笔-平滑"笔刷描边，设置描边粗细为0.1pt，描边颜色为灰色，如图14-849所示。

图14-848　　　　图14-849

02 绘制衣服上的带子，填充线性渐变，如图14-850、图14-851所示。

图14-850　　　　图14-851

03 使用钢笔工具描绘轮廓，使用"炭笔-平滑"画笔描边，描边粗细为0.1pt，描边颜色为棕色，如图14-852、图14-853所示。

图14-852　　图14-853

14.18.4　绘制头发和面部轮廓光

01 单击"图层"面板底部的 🔲 按钮，新建"图层2"，如图14-854所示。使用钢笔工具 ✒️ 绘制头发的轮廓，如图14-855所示。

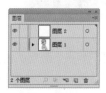

图14-854　　图14-855

02 在"渐变"面板中调整颜色，将头发填充线性渐变，如图14-856、图14-857所示。绘制开放式路径，使用默认的基本画笔进行描边，设置描边粗细为0.5pt，表现出头发的层次，如图14-858所示。

图14-856　　　图14-857　　　图14-858

03 绘制刘海儿，如图14-859所示，在"渐变"面板中调整颜色，将左侧滑块的不透明度设置为0%，为图形填充线性渐变，如图14-860～图14-862所示。

图14-859　　图14-860　　图14-861　　图14-862

04 绘制发丝的高光部分，填充渐变，如图14-863、图14-864所示。继续绘制路径图形，表现出头发的层次感，如图14-865所示。

图14-863　　　图14-864　　　图14-865

05 在刘海上面绘制一个路径，填充线性渐变，表现头发的明暗，如图14-866、图14-867所示。执行"效果>风格化>羽化"命令，设置羽化半径为1.3mm，使图形边缘变得柔和，如图14-868所示。

图14-866　　　图14-867　　　图14-868

06 用同样方法绘制多个图形，表现出头发的明暗效果，如图14-869、图14-870所示。

图14-869　　　　　图14-870

07 再绘制一缕被风吹起的秀发，使美少女看起来更有动感，如图14-871～图14-873所示。

图14-871　　　图14-872　　　图14-873

08 选择"图层1"，如图14-874所示。绘制出脸颊另一侧的头发，按下Shift+Ctrl+[快捷键将其移至底层，如图14-875所示。

图14-874　　　　　　图14-875

09 使用选择工具 ▶ 选取面部图形，复制并粘贴到画面空白处，如图14-876所示。按住Alt键拖动图形进行复制，如图14-877所示，两个图形之间有一点点错位。

图14-876　　　　　　图14-877

10 选取这两个图形，单击"路径查找器"面板中的 ▣ 按钮，得到如图14-878所示的图形，将图形填充浅黄色，再将左下角多余的小图形删除掉，将其移至面部边缘，形成面部轮廓光的效果，如图14-879所示。图14-880所示为整体效果。

图14-878　　　　　　图14-879

图14-880

14.18.5　添加背景及环境光

01 打开光盘中的素材文件，如图14-881所示。选取图像，Ctrl+C快捷键复制，按下Ctrl+F6快捷键切换到美少女文档，新建一个图层，

拖到"图层1"下方，如图14-882所示，按下Ctrl+B快捷键粘贴，如图14-883所示。

　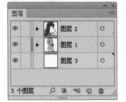

图14-881　　　　　　图14-882

图14-883

02 在"图层2"上方新建一个图层。在头顶绘制光斑图形，填充白色，如图14-884所示。为图形添加"羽化"和"外发光"效果，设置参数如图14-885、图14-886所示，效果如图14-887所示。

图14-884　　　　　　图14-885

图14-886　　　　　　图14-887

03 再绘制一些光斑，设置同样的效果，完成美少女的绘制，如图14-888所示。

图14-888